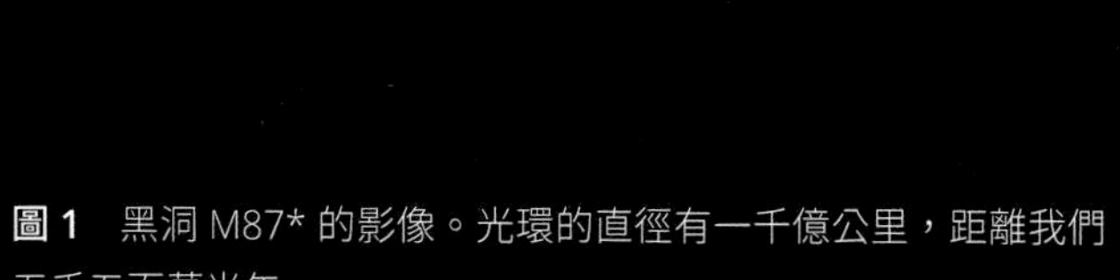

圖 1　黑洞 M87* 的影像。光環的直徑有一千億公里，距離我們五千五百萬光年。

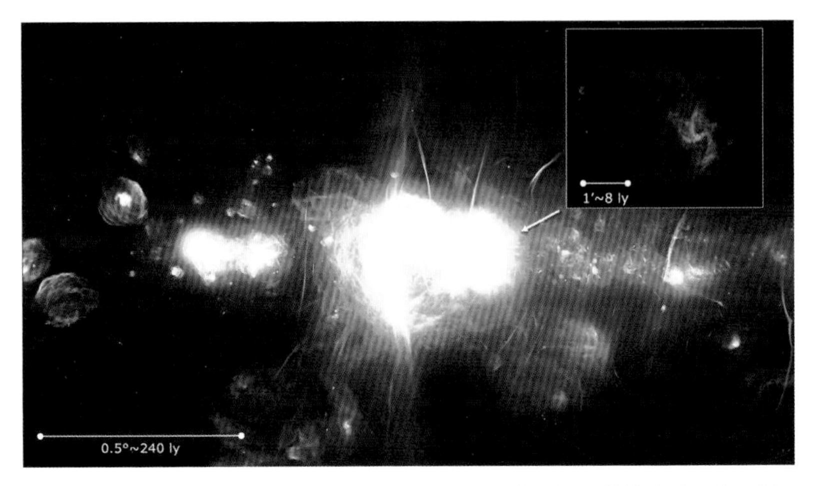

圖 2　用電波望遠鏡（南非的狐獴望遠鏡〔MeerKAT〕和美國的特大陣列〔VLA〕）所觀測到的銀河系中心影像。銀河系中心距離我們大約兩萬七千光年；呈不規則盤狀結構。圖中亮光代表由該處熾熱氣體和強烈磁場所產生的電波強度。中心右側的亮點是人馬座 A*，那是我們星系的中心黑洞。

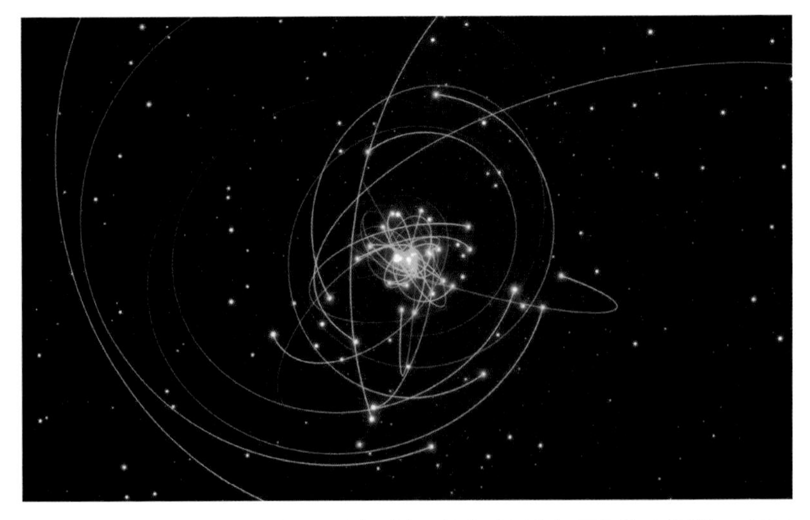

圖 3　恆星繞著銀河中心的黑洞跳舞（依照真實量測的恆星運動來模擬）。恆星以每秒數千公里的速度繞著電波源人馬座 A* 奔跑。

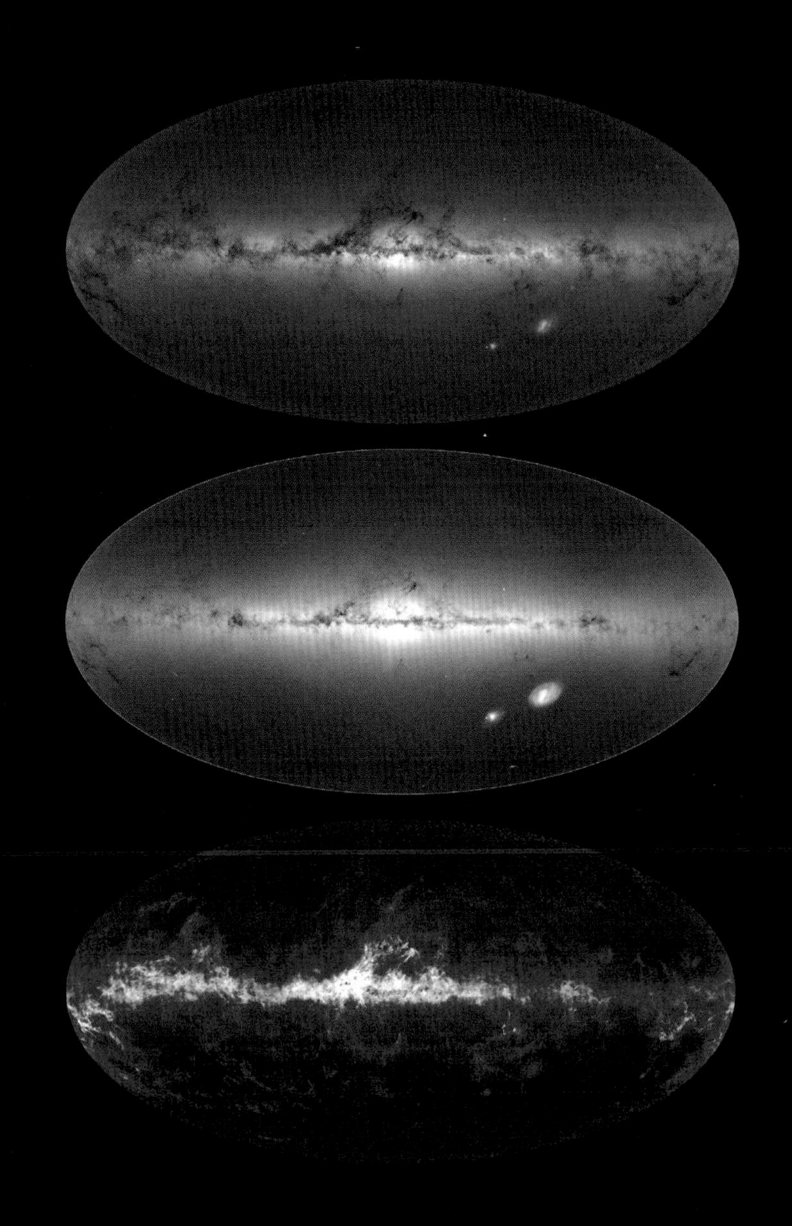

圖 4　由歐洲太空總署（ESA）的蓋亞任務（Gaia Mission）獲得的銀河系全景圖。蓋亞任務完成科學史上最豐富、最詳盡的星表（star catelogue）紀錄，提供將近十七億顆星星的精準位置，並揭示銀河系前所未見的結構細節。上方的全景圖呈現出所有星體的總和亮度與顏色；中圖代表星體的總和密度；下圖是瀰漫在銀河系中的星際塵埃。

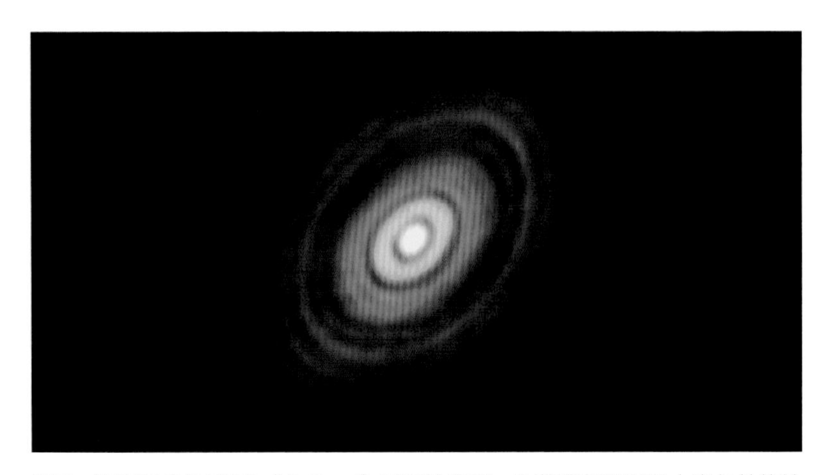

圖 5 原恆星金牛座 HL（HL Tauri）周圍的塵環。距離我們四百五十光年外的地方正在形成新的太陽系。原行星盤的尺寸是海王星繞日軌道的三倍。影像是阿爾瑪陣列（ALMA）所攝。

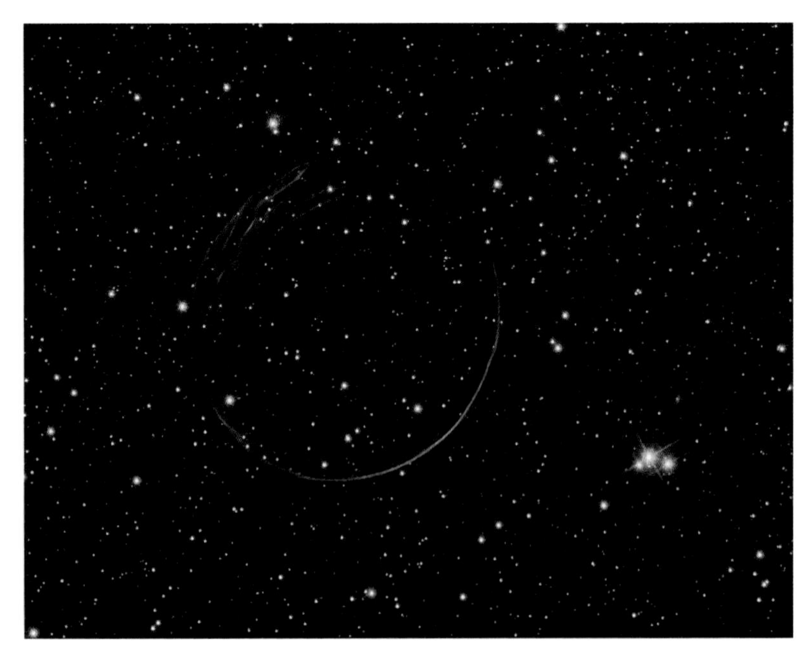

圖 6 紅色圓環爲超新星的殘骸，直徑有二十三光年。恆星爆炸後，除了會形成如圖示的殘骸，原來的星體有一部分會轉變成緻密的中子星，有時甚至會產生黑洞。

圖 7 仙女座星系。爲銀河系的姐妹星系，距離我們兩百五十萬光年，橫跨數十萬光年，具有數千億顆恆星。星盤的棕色塵雲裡會形成新星。

圖 8 武仙座 A（Hercules A）是一個大型的橢圓星系，位於兩百一十萬光年外的星系團中。黑洞射入太空的電漿噴流有一百六十萬光年之遠。紅色部分是特大陣列所攝的無線電波影像；黑色和其他顏色則是哈伯太空望遠鏡在可見光波段所攝。

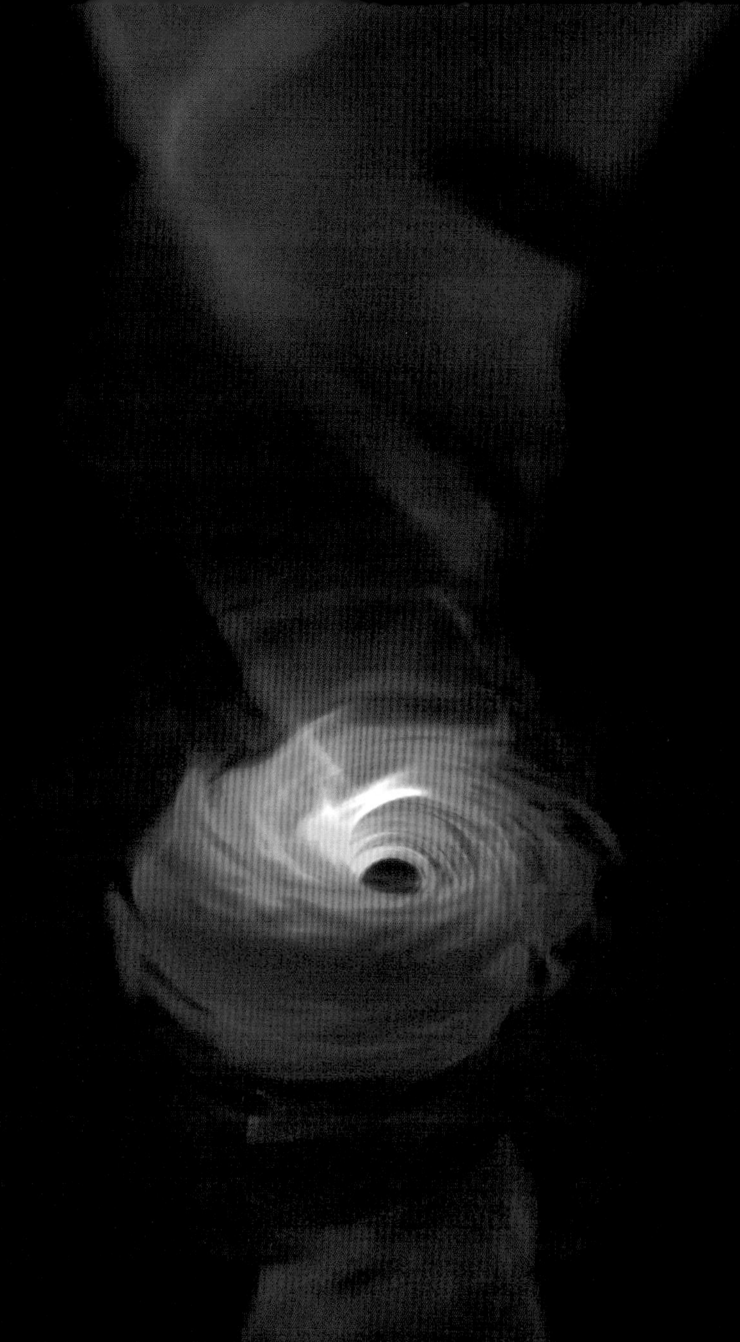

圖 9　以廣義相對論性磁流體力學（GRMHD）計算模擬出黑洞的細節，紅色的是吸積盤、灰色的是電漿噴流。在中心可以看到黑洞陰影，表示光線消失在事件視界裡。

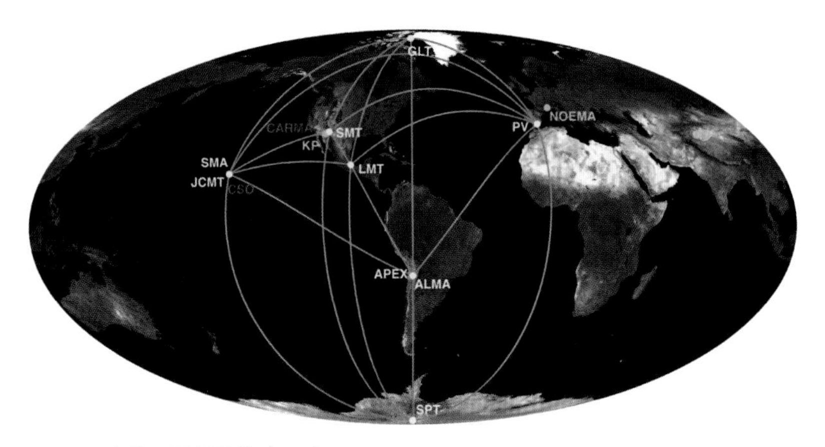

圖 10　事件視界望遠鏡（EHT）。

圖 11　事件視界望遠鏡的其中一座望遠鏡：伊朗姆 30 米望遠鏡（IRAM 30 m），位於西班牙韋萊塔峰，海拔兩千八百公尺。2017 年觀測後與團隊人員合影（由左至右爲：桑切斯〔S. Sanchez〕、亞祖麗〔R. Azulay〕、魯伊斯〔I. Ruiz〕、法爾克〔H. Falcke〕、克里希包姆〔T. Krichbaum〕）。

圖 12　事件視界望遠鏡的其中一座望遠鏡：麥斯威爾望遠鏡（JCMT），位於夏威夷毛納基亞火山上，海拔四千公尺。

圖 13　事件視界望遠鏡的其中一座望遠鏡：阿爾瑪陣列，位於智利查南托高原上，海拔五千公尺。

解密黑洞與人類未來

LICHT IM DUNKELN

Schwarze Locher, das Universum und wir

Heino Falcke
法爾克 ······ 著 ······ 羅 默
Jörg Römer

姚若潔 譯

本書相關資料及作者的最新動態，可參閱：

http://hight-in-the-darkness.org

Instagram & Twitter: @hfalcke

https://heinofalcke.org

目次

第四部　超越極限

前言
我們真的看得見黑洞

歐盟執行委員會位於總部布魯塞爾的大型記者招待室中，燈光全滅。我們等待了那麼久、工作那麼多年、為了它而近乎筋疲力竭的這一刻，終於來臨。現在是 2019 年 4 月 10 日星期三，下午 3 點 06 分過 20 秒。只要再 40 秒，全世界的人將首次目睹一個巨大黑洞的影像。這個黑洞位於梅西爾 87 星系（Messier 87 Galaxy，簡稱 M87，即室女 A 星系）中央，距離地球五千五百萬光年。長久以來，黑洞的深沉黑暗似乎永遠也無法為我們所見，但就在今天，那份黑暗將首次步入光天化日之中。

記者會已經開始，但我們還完全不知道接下來會看到什麼。人類數千年來航向知識極限的發現之旅、關於空間與時間的劃時代理論、最先進的科技、新一代電波天文學家的研究，還有我做為科學家的整個人生——今天，全都將匯聚於這一張黑洞的影像上。天文學家、科學家、記者、政治人物，全都目不轉睛的盯著螢幕，等待即將在布魯塞爾和世界多個首都揭曉的畫面。要到後來，我才知道原來全世界還有幾百萬人盯著自家螢幕，而且僅僅幾個小時之內，便有近四十億人看到我們的影像。

會場前排坐著的，是我們的傑出同事和年輕科學家，其中有許多人是我的學生。我們密切合作、並肩奮戰了許多年。每個人都把自己的能力發揮到極致，遠遠超過他們自己和我的期待。為了這一個目標，有許多人前往地球上最偏遠的地方，有時還得冒生命危險。而今，當他們坐在黑暗中時，這份成功的結果、他們工作的累積，會成為世界矚目的焦點。此刻我真想對他們致謝，因為這項突破是由於他們每一個人的幫助，才得以實現。

然而時間繼續。我覺得自己彷彿置身於隧道中，各種印象從我身邊飛掠，就像吹在賽車選手身上的疾風。我沒有注意到第三排的手機鏡頭正對著我。那段影片後來在一個受兒童歡迎的網站上變成「熱門主題」——位於有關美國總統臀部的粗鄙笑話和某位饒舌歌手的最新單曲之間。記者緊張而聚精會神，每雙眼裡都有著期待，而我自己也開始感到緊張：我的脈搏加速。每個人都盯著我看。

歐盟執委會科學委員莫伊達斯（Carlos Moedas）在我之前發言。我們事先跟他說「別講太久」；他的致詞引起觀眾的好奇心，但結束得太早了。我必須即興發揮把時間補滿，同時還不能顯露自己有多緊張。

這第一張影像將會全球同步揭開面紗。就在歐洲中部時間下午 3 點 07 分整，影像將出現在會場的巨大螢幕上。而在華盛頓、東京、智利聖地牙哥、上海以及台北的夥伴也將同時揭曉這張黑洞影像，做出說明、回答記者提問。每塊大陸的電腦伺服器已經預先以程式設定，將對世界各個角落送出論文和新聞稿。時間無情流逝。我們已經用最高的精準度預先做好協調與計畫，只要稍有差池，就會讓所有事情無法同步，這與我們的團隊蒐集觀測資料時毫無二致。而現在我就在最後一扇大門前開始動搖。

我先以一點簡介開始，同時後面播放影片，快速聚焦放大，潛入巨大星系的中心。我一開始就說錯話，把光年講成公里，這對天文學家來說可謂天差地遠，但現在不是心碎滿地的時候；我必須繼續說下去。

然後時間到了。下午 3 點 07 分。從外太空無垠黑暗的深處，從梅西爾 87 星系的中心，出現一個發著紅光的環。輪廓幾乎難以捉摸，在螢幕上停滯而有些模糊，但這個環發著光。每個凝視它的人都受到魔咒般的吸引，多少感覺到：這個公認不可能捕捉到的影像，終於藉著無線電波穿越了 5 億兆公里，來到地球上的我們眼前。

超大質量黑洞是外太空的墳場。它們是由燃燒殆盡的死亡恆星變成的。但太空也餵給它們巨大的氣體星雲、行星、及更多恆星。憑藉著它們巨大的質量，它們以非常極端的方式扭曲周遭的空曠太空，而且似乎連時間的流動都能夠阻止。無論何物，只要太靠近黑洞，就無法逃脫它的掌握，連光線都逃脫不了。

但，如果連光線都無法從那裡面來到我們面前，我們又怎麼可能看到黑洞？我們怎麼知道這個黑洞在成為超大質量黑洞的過程中，把相當於六十五億個太陽的質量壓縮到一個點？畢竟，這個發光的環所圈住的，是中心無限深邃的黑暗，在那裡沒有光也沒有語言可以逃脫。

「這是史上第一張黑洞影像。」當它在螢幕上完整呈現時，我這樣說。[1] 現場立刻響起掌聲。過去幾年累積在我肩上的沉重壓力忽然落下了。我感到解放，祕密終於曝光。一個宇宙等級的神祕物體終於以一種人人可見的形象和顏色現身。[2]

第二天，報紙會說我們寫下了科學史。我們帶給人類一同喜悅與驚嘆的一刻。那些超大質量黑洞真的存在！它們並不只是瘋狂科幻小說家的幻想。

這個影像之所以能夠實現，是因為世界各地有許多人，不管各自的煩惱和每個人的歧見，貢獻了多年時光以追求這個共同目標。我們都想要捕捉物理學中最大的謎團之一，也就是黑洞。這個影像帶領我們來到知識的邊界。而儘管這已經是個壯舉，但我們的測量和研究能力都到黑洞的邊緣為止。究竟能否越過這個邊界，是個大哉問。

物理學和天文學的此一嶄新章節，始於我們之前世世代代的科學家。二十年前，捕捉黑洞影像仍被視為不可能的夢想。那時，身為追捕黑洞的年輕科學家，我捲入了這場冒險，直到今天仍深深著迷。

我當初一點都不知道這場冒險會有多刺激、會如何決定和改變我的生命軌跡。它變成前往時間和空間盡頭的遠航，也成為進入數百萬人內心的旅程——即使我自己是最後一個瞭解到這件事的人。世界幫助我們捕捉這個影像，現在我們把它與世界分享，而世界擁抱它，比我能想像的更加真心誠意。

對我而言，一切都從五十年前開始。從我小時候第一次凝望夜空以來，便以只有小孩能夢想的方式想著天空。天文學是科學最古老也最迷人的一支，直到今天也仍給予我們驚人的新洞見。從天文學之始直至今日，天文學家在好奇心和需求的驅動下，持續從根本處改變我們的世界觀。

今天我們以自己的心智、數學、物理學，以及愈來愈精良的望遠鏡探索宇宙。配備著最先進的科技，我們前往地球的盡頭，甚至進入太空，都是為了探索未知。在深不可測的遙遠外太空，在無垠而神聖的宇宙，知識與神話、信仰與迷信一向糾纏難分，所以目前每個人凝視著夜空時都會如此自問：在那無垠的黑暗之中，還有什麼在等著我們？

關於本書

本書邀請你與我一起，進行這趟穿越宇宙的個人之旅。在第一部，我們從地球啟程，飛越為我們帶來四季、日子和年歲的月球和太陽，經過各個行星，學習天文學的歷史；這門學問至今仍持續形塑我們對世界的瞭解。本書的第二部則探訪現代天文學的發展。時間和空間變成相對的。恆星誕生、死亡，有時變成黑洞。然後我們離開自己的銀河系，繼續前進，直到看見難以想像的廣大宇宙，裡面散布著星系和怪獸般的黑洞。星系告訴我們時間和空間的起始，也就是大霹靂。黑洞則代表時間的結束。

人類第一次拍攝到的黑洞影像，是由好幾百位科學家共同努力多年的重大科學計畫。關於這個影像的構想，從小小的芥菜子成長為大規模實驗，變成拜訪世界各地電波望遠鏡的大遠征，還有令人神經緊繃的工作與等待的時光，直到這幅影像終於得見天日——我自己在這場冒險中的經歷，將是本書的第三部。

最後，在第四部，我們大膽提出科學家依然未解的最後幾個大哉問。黑洞是一切的終點嗎？在時空開始之前，發生了什麼事？到了終點又會發生什麼？對我們這些存在於並不起眼卻又如同奇蹟的地球上的渺小人類而言，這樣的知識又意味著什麼？自然科學的勝利是否意味我們很快就能夠瞭解、測量、預測一切？是否還有空間留給不確定性、希望、懷疑，以及上帝？

第一部

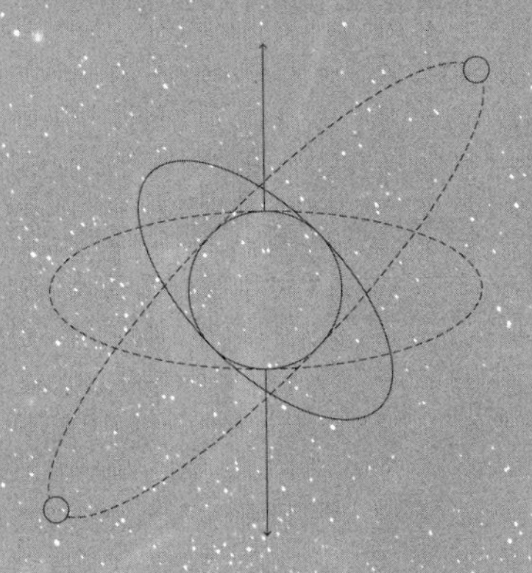

穿越空間與時間

簡單介紹我們的太陽系和早期天文學史

1

CHAPTER

人類，地球，月亮

倒數計時

讓我們一起進行一趟穿越空間和時間的精采旅程。這趟旅程從地球開始。在此，火箭高聳在綠色大地之上，景色令人驚嘆。不知情的飛鳥振翅飛過這具工程學傑作。晨曦剛要顯露，黑暗仍籠罩著發射場，呈現出暴風雨前的寧靜。大自然還不知道的是，再過一會兒，煉獄般的烈火即將噴發。

工作人員和觀眾聚集在觀測台，既疲憊又興奮。事實上這一切看起來如此可愛，每樣東西、每個人都彷彿娃娃屋的場景。其中一名觀眾取出手機，開始直播，直播網站上滿載中文和閃爍圖示。我正是透過網路觀看這場直播。此時我身處地球另一邊充滿綠意的愛爾蘭，坐在一間舒服的民宿裡，感謝的同時也覺得情緒高昂。我目不轉睛的看著事情發展。

忽然，從鏡頭外的某處傳來很大的聲音。那聲音斷斷續續又難以判別，有種金屬般的感覺，足以令人起雞皮疙瘩。那聲音以平板的音調開始倒數。雖然是聽不懂的語言，我仍加入一起倒數。隨著怒吼般的響聲，火箭基部發出紅黃色的光，照亮了黑暗。推進器點燃，引爆出隆隆的噪音，甚至在這愛爾蘭的怡人田園中也一樣震耳欲聾——雖然這聲音只是從我的筆記型電腦發出來的。大地震動，發射架落下，火箭獲得自由，莊嚴雄偉的上升，在尾端留下高溫耀眼的尾跡，有如反向的彗星，直到最後它從視野消失，射向太空。

我覺得自己就像回到發現號太空梭的發射現場。1997 年 2 月 11 日，我與疲憊但又興奮的家人來到卡納維爾角，在清晨觀看發射。當年四歲的女兒在前一天從遠處觀看矗立火箭時臉上的那份神采，直到今天仍歷歷在目。從她眼中流露的光采中，我認出自己也有同樣的眼神。

二十一年後的 2018 年 5 月 20 日，我只是看著畫質粗糙又不順暢的直播，但完全瞭解如果身歷其境會是什麼感覺。而且這次的發射別具意義。火箭上載著我的一部分：我的荷蘭奈梅亨（Nijmegen）團隊的實驗。我覺得自己像是又變回小孩子一般。這具火箭有個特別的目的地：月球的背面。

在我心中，我正與它一起飛翔，前往月亮的背面，還有更遠的地方。我一向如此。我總是飛往心中渴望之處：外太空。

太空之中

天堂般的平靜。在抵達外太空時，首先會注意到的，是完全的寧靜。引擎已經關閉，外面所有聲音消失。哈伯太空望遠鏡飄浮在地表上方 550 公里處——幾乎是聖母峰的七十倍。望遠鏡滑過的大氣比地表稀薄約五百萬倍。[1] 聲波，也就是空氣的振動，在此已經無法為人耳聽聞：沒有騷動，沒有言語；甚至地球上最猛烈的爆炸聲也無法傳到這裡。

身為天文學家，我使用繞行地球的太空望遠鏡，傾聽去過那裡的太空人說的故事，也看他們帶回來的影像。在我腦海中，我安靜漂浮於太空，看似沒有重量，但實際上我是以每小時 27,000 公里的驚人速度繞著地球。我身上巨大的離心力是有可能把我拋出軌道的，但地球重力的強大拉力平衡了這個力量，讓我維持運行。這是所有軌道運動背後的祕密。失重狀態不表示你免於重力的拉扯。在軌道上，我們仍處於重力的掌握之下，我們之所以覺得沒有重量，只是因為離心力和重力達到完美平衡。事實上我們處於自由落體狀態，卻一直沒有落到地球，因為我們繞著地球轉的軌跡非常寬，精確到可以用一個巨大的圓規畫出來。如果速度減慢，軌跡就會變得愈來愈窄小而彎曲，到最後我們的自由落體狀態會在地表製造出一個隕擊坑，戛然而止。當然，沒有人想要如此。

我們的太空船要抗衡的些微大氣摩擦力是如此之小，因而可以繞行地球多年而滑順無阻，[2] 用不著再點燃火箭。

只要我們仍在太空中繞行，就可以從這裡享受絕無僅有的地球景觀。襯著黑色天鵝絨般的宇宙為背景，我們如上帝般看著這顆藍色珍珠。大陸、雲和海洋泛著豐富多變的色彩。夜裡，瞬間的閃電、明亮的城市，還有變幻的極光，都點亮了地球這個舞台，甚是壯觀。國界消失；在此包羅萬象的視野下，地球是人類共享的家鄉。而把我們與冰冷太空分隔的界線是如此銳利清晰。只有現在，從這裡，我們才瞭解到：保護我們不受無情太空傷害、並使生命成為可能的這層大氣，是如此單薄。所有天氣變化都發生在地表上方如此狹窄的一層。突然間，這顆令人驕傲的星球竟顯得如此脆弱易碎！能擁有這份太空中令人著迷的視野及洞察，必須感謝現代科技。但也因為過度使用現代科技，在這顆獨特的藍色行星上，我們正在破壞自己維生的基礎。

每次我看著地球的這些美麗景象，也同時會浮出一種世人皆能感受的寂寞與空虛、痛苦與磨難。「神將北極鋪在空中，將大地懸在虛空」悲痛欲絕的約伯在幾千年前如此呼喊。[3]天堂的虛空有如黑色畫布般展開，而位在中央的，是我們的大地！這位《聖經》作者無法從上方俯視，然而在他的想象中，已經把大地視為一個整體。現在，拜現代科技之賜，人類過去的想像已經有了許多新畫面。配備著相機和感測器的成群衛星指著我們居住的行星，以驚人的詳細程度，一刻不停的捕捉雲、大陸與海洋的圖像。

認為大地懸吊在空無之中的約伯，將自己的苦痛交給上帝。約伯經歷的，是某種屬於人類的深刻特質：毫無道理的折磨。今天的地球依然是苦難與美的複雜混合。從太空中無法看到個人。苦難只能從近距離瞭解；從遠處，地球上的所有事物看起來都偉大而不凡。即使是颶風、洪水、森林大火，從上方觀看時也令人病態的著迷。在太空中遠遠感受不到個人的苦難，然而在地面上有數十億人正在承受折磨。從太空中，塵世的困苦變得難以理解。這種「全知觀點」豈不是往往忽視了人類本身嗎？

明明是超然冷靜的科技研究，卻連頑強的太空旅行者都受到深遠的影響，著實令人吃驚。蘇聯宇航員加加林（Yuri Gagarin）在 1961 年首次登上太空之後，已經有超過 550 人去過太空。幾乎每一個人都表示，地球那宏偉的脆弱性對他們的影響如此深刻，連自己都覺得驚訝。凝視整個地球的經驗似乎很類似某種狂喜狀態。作家懷特（Frank White）研究過這種經驗並描述其心理細節，他把這種現象稱為「總觀效應」。看見地球，激發了我們內心的什麼？這件事如何改變我們？我們又能夠如何利用這種效應？「總觀效應」第一次由懷特提出後，便不斷受人研究。地球是獨特的，太空裡沒有其他東西可與之相較；至少目前為止就我們所知是如此。太空人有同樣的印象。如天使般飄浮於地球之上，從上方俯視每樣事物，並沒有使人變得疏離冷漠。因此，讓我們別忘了人類的個體性，讓這些得自於太空的新影像繼續帶給我們啟發。

時間是相對的

一旦來到繞地軌道，我們對空間和時間的觀點也改變了。不只是對自己居住的行星有了不同的觀看角度，我們感受一天、一個月和一年的方式也改變了。正如古老詩篇中的一句名言：「在您眼中，千年如一日」。[4] 時間是相對的。人類從一開始便如此懷疑，但這種體驗在外太空最為直接而激烈。

我第一次寫哈伯太空望遠鏡的觀測程式時，必須把命令列以每 95 分鐘分成一段，因為這是它繞行地球一周所花的時間。每 95 分鐘，太陽便升落一次。對望遠鏡來說，一天的長度是 95 分鐘。國際太空站的太空人也以 95 分鐘的間隔經歷日出，而我則是坐在自己桌前，在腦海中做觀測的準備、飄浮於宇宙時、體驗這種時間。

不過，關於時間的相對性，不只在於一天的長度不同而已。雖然很少人想到這種可能性，但時鐘在太空中的運轉與地球上不同。在地球上方 2 萬公里處運行時，時鐘每天會快 39

微秒。因此七十年過後，地球上的鐘會比太空中的鐘慢一秒。這似乎不多，但今天我們能輕而易舉的測量這種微小的差異。這種看似無關緊要的差異，卻顯示了愛因斯坦（Albert Einstein）廣義相對論的一個重要面向：時間真的是相對的。這個理論不僅能描述我們的太陽系，也包含黑洞和整個宇宙的時空結構。

這條發現之路格外漫長。廣義來說，它從太陽系結構、掌管太陽系運行的自然律等基本發現開始，然後延伸到對整個宇宙的結構和定律的瞭解。精確來說，這條發現之路的起點，在於瞭解光兼具波與粒子行為的矛盾特性，然後逐漸與愛因斯坦著名的相對論聯繫起來。

而達到這一切的關鍵，是精確掌握光的非凡性質。特別驚人的是，光不僅讓我們看得見，因而使我們能探索地球、月球和恆星；事實上，光、時間、空間、重力全都互相緊密連結。

讓我們先簡單回顧一下現代物理學的歷史。在重力理論創立者牛頓（Isaac Newton）眼中，光是由最微小的粒子構成。後來到了十九世紀，蘇格蘭物理學家麥斯威爾（James Clerk Maxwell）基於法拉第（Michael Faraday）精采的開創性研究，認為光和所有形式的輻射都是電磁波。不管是 Wi-Fi、行動電話、汽車收音機所需的無線電信號、夜視鏡讀取的熱輻射、讓我們看見皮肉下方骨頭的 X 光、甚或是我們眼睛接收的可見光，根據麥斯威爾的理論，全都是電場和磁場的振動。它們之間的不同，只在於頻率，還有產生與測量的方式而已。本質上這些振動全都代表同樣的現象，也就是光：無線電波、紅外光、X 光、可見光。

行動電話使用的頻率範圍為每秒振動十億次，波長長達20公分。可見光的振動是每秒數百兆次，波長比頭髮直徑的百分之一還小。因為特定顏色和頻率的光總是以同樣的速率振動，所以光可以完美設定時鐘速度，也成了計時上的標準工具。目前最精準的光鐘，誤差不超過 10^{-19} 秒；[5] 以宇宙現在的歲數，也就是約一百四十億年來看，誤差只有半秒！這種精準度，幾代之前的人根本無法想像。

但到底是什麼在振動？有很長一段時間，人們相信外太空充滿一種叫做「以太」（ether）的東西。這不是指乙醚那樣的化學溶劑，而是一種假想的媒介，讓電磁波（或說光和電波）可以像聲波在空氣中那樣傳遞與擴散。

麥斯威爾方程式中，有一個令物理學家驚訝、甚至到今天仍難以理解的面向，就是不管觀察者的移動速度有多快，所有顏色的光在穿越真空時，都應該以固定的速度前進。無論是X光、無線電波或雷射光束，速度都一樣快，而且在麥斯威爾方程式中，光速不會因發射者或接收者的速度而有所不同。十七世紀末時，羅默（Ole Rømer）和惠更斯（Christiaan Huygens）測量了木星的衛星的運動，並當作時鐘來使用；[6] 我們至少從那時起就已經知道光速不是無限快。但是，如果一個人以非常快的速度穿越神祕的以太，光速難道不會改變、或變成相對靜止的嗎？

假設我在海中，趴在衝浪板上。強風吹向陸地，我垂直於浪頭游去。海浪向我衝來，速度就和打到岸上時一樣快。但如果我改變方向，開始乘風衝浪，我的速度就和衝浪板下的海浪一樣了。相對於我的衝浪板，海浪的速度很慢；然而相對於岸邊，海浪的速度很快。

同樣的情況也發生在聲波。如果我騎自行車的方向與風向相同，那麼我後方汽車的喇叭聲抵達我耳朵所需的時間，會比無風時快些，因此我也會比較早聽到警告聲。如果我是逆風而行，那麼後方喇叭聲也必須逆風而行，抵達我的時間就會晚一點。如果我拚命踩踏板，車速相對於風速能夠達到超音速，那我就不會聽到喇叭聲。如果我騎得更快，比我自己發出的聲波還快，那麼我就突破了音障，這會導致一聲巨響，因為我製造出的各種聲音全都同時抵達聽的人耳裡。不過，和噴射機飛行員不同，目前還沒有自行車選手能夠產生音爆。

電波想必也以相同方式表現，至少百餘年前人們是這麼想的。就像我們的大氣層裡有空氣一樣，外太空充滿了以太，而地球就像我的自行車或衝浪板，以每小時 10 萬公里的速度穿過以太，繞日而行。如果你順著地球繞日的方向測量「光速」，得到的測量值應該與直角或反方向測量時完全不同。也就是說，光速應該要視地球穿越以太時是順風或逆風而定。

美國物理學家邁克生（Albert A. Michelson）[7]和莫立（Edward W. Morley）在十九世紀快結束時，想要著手驗證這種效應。為此，他們用了兩個互為直角方向的管子，測量當中的相對光速。這次實驗一敗塗地。他們無法證實光速有任何顯著不同。因此也沒有證據能清楚顯示以太的存在——以太只是一種幻覺。

失敗也可能是突破，而這個失敗的實驗將把物理學和天文學導向今天的路徑。因為以太理論毫無預警的失敗，導致整個理論殿堂搖搖欲墜，因此舊的思考方式被放到一邊，新的想法成為可能。其中最佳的新想法來自年輕的愛因斯坦，[8] 他準備以完全不同的方式重新思考一切，並把物理學放在新的理論基礎上。當其他物理學家仍百思不得其解時，愛因斯坦一馬當先，奔向時間與空間不再以絕對之姿存在的新紀元。一個大膽的理論出現，那就是相對論。隨著相對論，愛因斯坦基本上拋棄了盛行數百年的物理世界觀。

夢見月亮的小男孩

在軌道上環繞地球多次後，現在我們可以進入下一階段的太空艙任務，向月球前進。飛向月球，是人類自古以來的夢。1969 年 7 月 20 日，阿姆斯壯（Neil Armstrong）來到月球表面，踏出了或可稱為人類最著名的一步，實現了那個古老夢想。即使過了幾年，我仍能感覺到那一刻的重要性。

那是 1971 年一個燠熱的夏日，地點是德國北萊茵－西法倫邦貝格之地風光怡人的小城施特龍巴赫（Strombach）。地平線上鑲嵌著和緩的綠色山丘與森林，小住宅區中有一群孩子高興的在巷弄裡玩耍。他們只需要桶子和鏟子、小三輪車和幾顆球，就能夠玩得很開心。大人則坐在院子前的椅子上放鬆，一邊看顧著小孩。

然而有一個圓臉的小個子男孩，沒有和其他小朋友一起玩。他獨自待在黑暗的房間裡，坐在一台巨大的映像管電視前，目不轉睛的盯著螢幕上閃爍而模糊的黑白影像。阿波羅15 號的登月艙獵鷹號（Falcon）剛剛登陸月球，正把影像傳送回地球。在最初幾次精采又成功的太空任務之後，法克爾家的人很快就不再對登月覺得興奮了。

這個獨自盯著螢幕的小男孩卻完全無法把眼睛轉開。快滿五歲的他，對於太空的大小、美國航太總署的太空人要跨越多少距離才能抵達月球，還完全沒有概念。他甚至無法想像這項科技傑作需要耗費多少能量，或者此科學成就有多麼重要。然而，在他內心深處，卻能感到這大膽任務有多宏偉、多迷人。小男孩盡情享受這場冒險的每分每秒；每個片刻都點燃他的想像。既然現在人類可以在月球行走、在月球表面跳上跳下、甚至駕駛交通工具（阿波羅 15 號任務的太空人確實做到了），那麼其他還有哪些事是可能的？在無垠的天空中，還有什麼等待著人類發現？

這個小男孩當然就是我。我們在我姑婆格爾妲家住幾天。那時，在我眼中，由指揮官史考特（David Scott）帶領的太空人簡直像是漫畫裡走出來的英雄。他和同伴艾爾文（James Irwin）乘坐著獵鷹號，降落在很接近月球最大山脈亞平寧山（Montes Apenninus）的地方，同時第三名太空人沃登（Alfred Worden）則待在繞月軌道的指揮艙裡。史考特踏上月球表面時，說了句充滿人性的話：「我稍微瞭解到，我們天性裡有一個很基本的事實：人類必須探索！」「沒錯！」我想：「我就是這樣。」而今，全人類應該都適用這句話。

和很多小朋友一樣，我的志願是成為太空人。後來我多少直覺的瞭解到自己並不是太空人的料子。我的能力還算蠻全面的：運動細胞不錯，能夠與他人合作，對理論和實驗工作都拿手，在新科技中優游自在，而且抗壓性不錯。然而我的手卻很容易發抖，在高壓情境下會犯太多錯。多年後，在某次太空旅行的研討會中，我有機會和德國太空人沃特（Ulrich Walter）和梅塞施密德（Ernst Messerschmid）談到自己的情形。他們自知能力出眾，但並不傲慢。其中一人告訴我：「我們太空人必須通過無止境的挑選過程——所有面向都得合乎要求。」而我並非每個面向都合格。儘管如此，我那親近月球的夢想從未熄滅。

視月球在其橢圓形軌道上的不同位置而定，太空船必須飛越 356,000 到 407,000 公里的距離才能抵達月球。大部分汽車還沒達到這個里程數就已經壞掉了，但光線越過這段距離卻只需要 1.3 秒左右。從天文學視角來看，最棒的車能走的距離原來比不上光行走一秒的距離（也就是「光秒」，是重要的天文學測量單位），實在發人深省。

光速是宇宙間唯一真正恆定的測量基準。因此，以光為單位來描述外太空的大小，完全合理。不要被「年」這個字誤導，「光年」測量的不是時間而是長度。我們談論宇宙時，有時會提到數十億光年，這讓我們稍微體會到宇宙所容納的距離多麼巨大。對天文學家來說，月球既不是我們在宇宙的前院也不是後院，頂多是我們進入宇宙的閘門而已。

月球距離我們一光秒之外，也意味我們在地球上看到的任何月球景象，總是超過一秒之前的舊景象。當我們探看太空，看到的總是過去的太空。在月球的例子，只過了一秒多；但當我們研究的是星系時，我們看到的是數百萬年、數十億年前的過去。

由此，光來到我們眼前時總是「遲到」；在地球上發出的光只遲到一點點，但從宇宙深處而來的光則遲到非常久。結果就是，我們永遠無法得知別的地方現在正發生什麼事——在宇宙間不能，甚至地球上也不能。

順帶一提，要測量和體驗光來自月球時的延遲，有個非常實際的做法。我的一位荷蘭同事在電波望遠鏡的控制室裡舉辦結婚典禮。他把他的「我願意」透過電波送到月球，經過月球表面的反射，於 2.6 秒後回到控制室。這一切發生得很快，在那短短的時間內新娘根本來不及逃跑，婚姻關係也就正式成立了。這或許是世界首次透過月亮反彈而結成的婚禮。[9]

現下我們其實經常把雷射光射到月球，並不是為了什麼典禮，而是純粹為了科學和科技上的理由。這些雷射光會由阿波羅任務放置在月球上的鏡子反射回來（無論美國航太總署從未登陸過月球的陰謀論怎麼說）。這些鏡子不管是現在或當年，都一樣作用著。透過光回聲的延遲，我們可以極度精確的測量月球的運動和距離，也可測試廣義相對論的一些預測。

我們還可以看到，月球每年以四公分的距離遠離我們，地球的自轉也變慢一點點。重力把月球和地球綁在一起，潮汐力則使兩者的運轉稍微減慢。每個月、每天都以極小量變長。理論上，我們年歲增長的速度也會因此減慢，但也因此稍微早死一點（如果我們的壽命是以月份和天數來計算的話）。四十五億年前，一天只有六小時[10]——對於像我一樣的工作狂來說，真是恐怖到難以想像。

月球的自轉已經幾乎完全停滯。它繞著地球轉一圈時，也只繞著自己的軸心正好轉一圈，因此總是以同一面朝向我們，所以我們看到的月面圖形總是不變。直到月球任務開始，我們才看得到月球的另一面。那裡並非詩意描述的「月球的暗面」，因為每個月有兩週時間會暴露在陽光之下。不過，月球的背面仍是神祕而幾乎未經探索的世界。

我從未完全放棄探索月球的夢想，而從某方面來說，這夢想真的透過荷蘭的 LOFAR 電波望遠鏡 [11] 實現了。LOFAR 的意思是「低頻陣列」（low-frequency array），是一個由許多低頻無線電天線組成的網絡，我曾經主持過一段時間。這些天線相互連結，形成單一的天文觀測台，原理是用一台超級電腦把資料結合起來，產生出一具虛擬的望遠鏡。它旨在讓我們盡可能回溯到接近大霹靂的時間，並幫助我們找出宇宙中所有活躍的黑洞。

目前低頻陣列網絡由分布在歐洲各地的三萬具天線組成，這讓低頻陣列變成了一個大陸望遠鏡。不過，要不受干擾的接收宇宙電波，理想的地點在月背。因為在地球上，天文學家最大的問題是從地面無線電發射機逃逸的輻射，以及大氣最頂層「電離層」對宇宙電波的扭曲。正如我們在地球上從來沒看過月球的背面，在那裡也探測不到從地球逃逸的無線電。我喜歡半開玩笑的說：「世界上最適合做電波天文學研究的地方，或許是在月球。」不過，有很長一段時間，在那裡建造天線的想法似乎是不可能實現的夢。

在太空旅行及科學中，都需要擁有很大的耐心。耐心夠的話，有時候就會發生驚喜。我在 2015 年 10 月就經歷了這樣的事情。那時，在一次國事訪問中，荷蘭國王威廉－亞歷山大（Willem-Alexander）和中國國家主席習近平達成協議，要在太空旅行上共同合作。做為協議的一部分，中國同意把我們為低頻陣列計畫發展的一具月球天線送上太空。這是史上第一次中國月球計畫中包含了荷蘭的儀器。2018 年 5 月，中國國家航天局建造的火箭載著這具天線，從西昌衛星發射中心發射。這正是我在愛爾蘭度假時透過直播追蹤的那次火箭發射——與此同時，黑洞的第一張影像正逐漸成形。當時我所有的精力都投入黑洞影像裡；那是我科學生涯最吃緊的時期，因此我只能不情願的把兒時夢想交給同事處理。

我們的低頻陣列觀測站安裝在中國中繼通訊衛星「鵲橋號」上。這個衛星停在月球另一面 4 萬至 8 萬公里處。鵲橋號的主要工作是把月背的無線電訊號送回地球。不過在 2019 年秋天，我們把天線升級，開始傾聽宇宙的訊號。最近我們開始尋找一個極端微弱的無線電雜訊，根據現在的理論，這雜訊應該來自宇宙的黑暗時代，比第一顆恆星誕生還要早幾十億年。它含有大霹靂（時間和空間誕生）的電波回聲。我們可能需要很多年才能完成這個非常困難的資料分析，而且很可能只有未來的太空任務才足以找到某些東西。

不過，在抵達目的地之前，這顆衛星就已經為我帶來一幅特殊的景象。在鵲橋號前往它軌道的路途中，衛星上的小相機拍了一張獨特的快照。照片上顯示了月球，而且月球後面還有幾乎同樣大小的地球。照片角落是我們還沒有展開的天線。

當我看到這張照片時，覺得自己又成了那個盯著黑白電視機的小男孩：在我眼前浮現的，是神祕的月背，在那後面有一個小而模糊的圓球，是我們的藍色行星，也是我正坐著的地方。我還沒有親自到過月球，但這一刻，我卻有種「回到家」的感覺。從那以後，每當我抬頭看到月亮，總想著有一小部分的我就在那裡。

2

CHAPTER

太陽系與我們的宇宙演化模型

太陽：距我們最近的恆星

離開月球後，我們的下一站便是太陽。從地球出發，必須航行 1.5 億公里，對光而言要花 8 分鐘的時間，也就是說我們與太陽的距離是 8 光分。我們看太陽時，等於看著 8 分鐘前的過去。

從各方面來說，太陽都是給予我們生命的恆星。人類的生命要有太陽（以及地球）才成為可能。太陽影響氣候，對人類文化帶來長遠影響，也透過日夜交替而掌管著我們每天的活動。我們只有在缺了太陽時，才開始瞭解它的重要。也難怪日食為史前和古代的人與社會帶來很大的不安，直到今日也仍殘留著些許影響。

1999 年夏天，我站在我們當地小學校長面前，幾乎是求她讓我帶女兒出去旅行。那年 8 月 11 日早晨，日全食將使德國和法國部分地區黑暗下來。媒體已經報導了這次事件好幾天。特殊的護目鏡銷售一空；整個德國都在等待這次的天大掩星事件。對我和女兒來說，這是一生僅此一次的機會：下一次我們附近要有同樣狀況的日食是在 2081 年，我早就不在這個世界上了。

然而德國義務教育的規矩嚴格，並不在乎這種感性的理由。德國的教育法允許學校在發布熱浪警示時放假，但日食可不行。校長搔搔她的耳朵，同情的告訴我們：根據學校規定，她沒辦法讓小孩為了百年一遇的天文事件而離校，就算是天文學家的小孩也一樣。「不過呢……」她意味深長的補充：「如果你為了工作上的理由而必須暫時遷居他處，學生的出席要求則不在此限。這樣的話你就可以帶著潔娜一起去了。」我謝謝她提供的資訊，並遷居他處一天——至少在書面上如此。

我和六歲女兒一同跳上車子，充滿興奮和好奇。身為科學家，有時意味著為了滿足好奇心，在探尋宇宙的奧祕時必須遠征天涯海角。現在我們正展開自己的小遠征。

要看到日食本影，必須在中午時待在一條畫過西南部少數地方的狹窄帶狀地區。那正是我想去的地方，因為只有從那裡才能體驗日全食最引人入勝的一面：中午時分，隨著世界突然陷入昏暗，不祥的感覺也瀰漫空中。不管是誰，只要經歷過這一刻，都不會忘記陽光對我們和地球上的生命是如此重要的感覺。但有一個問題，所有天文學家再熟悉不過的問題：天公不作美。整個德國都多雲。

我們家在夫雷亨（Frechen），就在科隆（Cologne）旁邊；我們從那裡開車西行，沿路尋找適當的地點。我們拚命飛馳，追逐著從雲層各處探出頭來的陽光，最後來到法國，距離梅茲（Metz）不遠的一片田野。現在只剩幾分鐘，日食就要開始了。而在這一刻，天空打開了，陽光照耀。在生命中有時需要的正是好運，我這個小小科學家也不例外。慢慢的，莊嚴的，月球的圓盤滑到太陽前面，直到使太陽完全變暗。我們在對的時間來到對的地方。這真是美妙得令人讚嘆。在一片昏暗之中，我們體驗著名副其實的「日月同光」罕見時刻。

日食為我們揭露出太陽系裡最了不起的天大巧合。因為體積小得多的月球距離地球的位置如此剛好，才能準確的完全遮蔽巨大太陽的圓盤。如果月球更近一些，遮住的部分就會大於太陽；如果稍微遠一些，太陽閃耀刺眼的外圈便依然可見。然而，月球精準的遮住太陽熾熱燃燒的球體，才讓我們看到非常特殊的景觀：日冕。日冕由高熱氣體構成，溫度達攝氏幾百萬度，有時會因大量電漿的噴發而攪動、向外拋出。

日食給予我們短暫的片刻，可以見證太陽並不是穩定平和的星體；它會冒泡攪動，就像巫婆廚房裡的魔法鍋。不過在太陽表面大大小小的爆炸之間，還有其他同樣神奇的東西存在。在那裡，鬼魅般的最小粒子形成，射向太空。那是原子在太陽的高熱中分裂後剩下的東西，隨後高速飛掠太陽系。原子核中，是帶正電的沉重質子及幾乎一樣重的中性的中子。它們的周圍則是一層或數層很輕、帶負電的電子。

這些充滿能量、快速飛翔的粒子有個略為誤導人的名字：宇宙射線。當這些宇宙射線（或許我們可以稱之為宇宙粒子）進入大氣層時，會造成壯觀的極光，在拉普蘭（Lapland）或阿拉斯加的黑暗天空中空靈的發光舞動。不過，這些由較激烈的太陽風暴送來的粒子洪流，對人類還有其他的重要性。這些風暴足以破壞衛星上敏感的電子儀器，改變地球的磁場，影響無線電波的傳送。特別嚴重時，甚至可能為電網造成超額電壓，癱瘓整個城市的電力供應。幸好這些風暴很少發生，也感謝現在例行性的外太空天氣報告，讓人可以儘速小心應變。

只有在日食的時候，我們才能以肉眼看到這些宇宙粒子的來源之處。這個景象對我有相當特殊的影響。我從研究中知道，我和女兒在太陽邊緣看到的粒子物理學，同樣也在黑洞的邊緣運作著，雖然黑洞那裡的運作規模更為極端。在磁場和激烈渦流的相互影響下，微小的帶電粒子就像乒乓球一樣衝來衝去，而且負載了更多能量。以這種方式加速、並在磁場中轉向的電子，使得太陽及黑洞邊緣以無線電的頻率閃耀出光芒。從爆炸的恆星和黑洞附近產生的宇宙粒子，可以達到的能量比我們太陽產生的宇宙粒子更高，並穿越我們銀河系和外太空波濤洶湧的磁場。

有些粒子撞入我們的大氣層，而且可以測量到。大規模的實驗會以分散數千平方公里的許多偵測器來測量這些粒子，例如我現在仍參與的阿根廷奧格宇宙射線天文台（Pierre Auger Observatory）。

如果我們不瞭解太陽和宇宙粒子的物理學，也就無法瞭解黑洞的物理學。宇宙中的所有事物以同樣的過程聯繫在一起，以同樣的法則運作，實在是令人驚嘆。黑洞發出的輻射，太陽的噴發，地球的極光，全都屬於物理學，而物理學無限相互交纏的絲線，延伸至整個宇宙。

在 8 月 11 日的這次日食中，我覺得自己可以看見這一切就在眼前。而對我女兒來說，這是一次帶著冒險與好奇、很棒的童年遠足。在那之後，她會用鋁箔紙製作太陽觀測眼鏡，送給每個她認識的人，邀他們觀察太陽。真不知鄰居會怎麼想？

當我和自己的孩子一起看向太陽時，一種對於宇宙力量的驚嘆油然而生。變暗的太陽穿透薄霧所發出的紅光，尤其令我印象深刻。日食翻騰的環具有強大的催眠效果。後來，在我們預測黑洞電波影像的文獻中，這個印象啟發了我對影像顏色的選擇。

我有幸知道造成日食的天體機制，但人類從石器時代以來都為日食現象感到顫慄。特別是早期，人們特別恐懼日食，覺得是神聖力量降下的訊息。有一份記載日食的文獻，可以追溯到四千年前。那時，中國的宮廷天文學家嘗試透過觀察天空來預測日食現象，但並不是每次都成功。根據一個古老傳說，有兩名官員因為沒有正確預測到日食的時間，而且還在日食時喝醉，被皇帝下令處死。[1] 當然，這個故事有可能完全是虛構的，但無論如何，現今的天文學家能夠安心的準確預測日食發生時間。這並不是說我們在知識邊界探索時不會常常犯錯，而是謝天謝地，我們不用再擔心因此被處死！

太陽和其他星星一樣，也是恆星，只不過它是我們的恆星，所以它比其他恆星更靠近我們，看起來也更明亮得多。要不是這顆熾熱的巨星，我們也看不見月球和其他行星，因為它們都得反射陽光。太陽之大，占據了整個太陽系超過 99% 的質量。把我們的太陽系牽繫在一起的是重力，而我們之所以能瞭解恆星和重力，都要歸功於我們的太陽系。

太陽是非常巨大又熱得讓人害怕的一團氣體，原子在裡面燃燒。太陽絕大部分的成分是氫，它也是太陽的燃料。這種輕元素在熾熱太陽的核心融合，轉變成氦。核心的溫度是高到難以想像的攝氏 1,500 萬度。表面則仍是相當熱的攝氏 5,500 度。太陽所釋放的熱，是我們地球上所有能量的終極來源；如果不是重力，還有太陽核心因重力導致的高壓，也無法產生這樣的能量。沒有陽光，植物無法生長，畢竟植物要透過光合作用來產生能量。因為植物需要陽光，而動物也必須靠植物過活，所以人類不管是素食或吃肉，都要仰賴陽光才有食物可吃。

我們燃燒木材時，實際上也是燃燒來自太陽的能量。石油、天然氣和煤都是生物過程的遺留物，可以追溯到地球開始的時候，這些燃料可說是儲存下來的太陽能。然而，在短短的時間內，我們揮霍這些積蓄，用掉累積超過數百萬年的物質和能量，為氣候帶來負擔。你不需要成為氣候科學家，也會知道如果我們繼續這樣下去，事情絕對不會有好的結果。

沒有太陽，我們也無法產生任何電力。發明不出太陽能，這自不用說，不過水力發電廠要能運作，也需要太陽持續讓水蒸發、產生降雨，讓水落入湖泊和河川中。甚至風力發電機也是因為太陽加溫大氣，讓溫度產生區域性的差異，才產生了風。潮汐發電廠的能量來源是月球，核能發電廠需要的元素，則產自太空中黑洞和中子星的誕生過程。然而，還是要感謝太陽的重力，這些元素才能抵達我們的所在之地。不過，太陽、月球、恆星和元素裡所有能量的終極來源，是大霹靂，那才是宇宙最初的能量來源。

太陽甚至推動我們成為擁有兩條腿、能夠抽象思考的生物。太陽的宇宙粒子灑落地球，提高生物細胞的突變率，因此這些細胞能夠發育得更為不同，演化得以進展，而人類從小型哺乳類演化出來，都要算是太陽的功勞。從某方面來看，我們可說是宇宙的突變。然而，突變率提高也帶來了癌細胞，以及隨之而來的死亡與腐化。我們人類的存在不是輕鬆得來的，代價是深刻的苦痛。但若沒有這些具潛在危險性的遺傳改變，我們仍會是單細胞生物。

相較於其他更狂野的恆星，我們太陽的脾氣算是相當穩定，而以恆星的標準來說，它其實十分平凡，並沒有特別大、特別重，也沒有特別活躍。[2] 以它現在四十六億年的年紀來說，正是年輕氣盛的時期。考慮它的整體質量，核心處的核融合反應器是以低火力燃燒；每單位體積產生的能量，比人體代謝要低得多。我們的身體是鍛造良好的機器，永遠全力運轉。如果人類全都緊緊靠在一起，會相當於一顆小恆星。[3]

但感謝太陽如此之大，它的確讓其他東西都相形見絀。如果想產生和太陽一樣多的能量，世界人口必須要增加將近千兆（十的十五次方）倍。

太陽名副其實是在燃燒自己。透過氫融合為氦的過程，物質轉變為能量。也因此我們的太陽每秒鐘都減輕四十億公斤。考慮它釋放的能量之大，卻只用了自身極小部分的質量，可以說效率真是高到不可思議。目前為止，人類建造的機器都無法用如此少的燃料產生這麼多的能量。如果我們的身體和太陽一樣高效而經濟，每個人一生所需的食物根本不到半公克。在外太空，如果要比較質量轉為能量的效率，唯一勝過恆星的只有黑洞了。

儘管如此，在此還是有個令人傷心的消息：太陽的燃料終有用盡的一天。而且燃料不可能補充。太陽之火將會熄滅，地球上的生命也將隨之而逝（如果我們能活到那時的話）。只是那天距離我們還很久。目前預測太陽還有五十億到六十億年的壽命。如果你想投資更多太陽能板，時間還很夠！

天上的諸神：行星軌道之謎

一旦離開太陽，把目光移往繞著太陽轉的行星，我們討論的距離就從光線行走幾分鐘進展到以小時來計算的尺度。在行星之間，存在著我們如何瞭解重力、發展出目前世界觀的關鍵。人類建造的太空船已經航行到行星最外圍之處。超過太陽系之外，目前只能用望遠鏡觀察。

最接近太陽的行星是水星，距太陽只有 6 千萬公里左右，而距離最遠的海王星運行軌道則距太陽 45 億公里之遙，相當於光行進 4 小時的距離。海王星公轉一圈要花費地球的 165 年。幾千年來，我們的祖先看著各個行星，驚嘆於它們既規律又不規律的運動。在我們世界的運轉之上，恆星在蒼穹中占據固定的位置，但行星卻似乎在恆星之間遊走。所以才有「行走之星」這樣的名稱。

在我們的天空中，所有行星、太陽、月球都在同一條帶子上行動，就好像有某種星體的跑道存在一樣。我們把這條看不見的天空之帶稱為「黃道」，在英文稱為 ecliptic，此字源於希臘文，意思是「消失無蹤或沒有出現；黑暗」。正如這個字的來源顯示，它和日食有關，日食會在這個區域發生。

黃道之所以存在，是因為所有行星都在同一個平面上繞著太陽運行。行星因此形成一個虛擬的巨大圓盤。地球的公轉也屬於這面圓盤的一部分，而因為我們就位在這面圓盤上，所以圓盤看起來像是天空中一條狹窄的帶子——有點像是從側面看一張黑膠唱片一樣。比我們靠近太陽的行星，運行速度也比地球快，這樣才能讓它們的離心力和更強大的太陽重力相抗衡。距離太陽愈近，感受到的重力拉力愈強。距離較遠的行星因為受到的重力比較弱，運行速度也比地球慢。如果它們運行得更快些，就會脫離繞行太陽的軌道。

從地球上看，相對於天空中的恆星，行星的路徑很奇特。它們就像田徑場上的短跑選手，而我們也是其中一位。外圈的選手必須跑更長距離，速度也慢得多。水星和金星則是內圈的衝刺者，跑得特別快，也永遠很靠近太陽。這也是我們只能在早晨與黃昏看到這兩顆星的原因——金星是晨昏時分最容易看到的星星。較大的行星是外圈的慢跑者，我們地球經常超越他們，也因此從我們的角度看來，他們像是在倒退，直到地球超過他們並來到太陽系運動場的對面邊之後，我們就開始像是朝著他們跑一樣。從對面邊看起來，他們就像是忽然朝反方向跑。

人類花了數千年才發現這件事。肉眼可見的行星，包括水星、金星、火星、木星和土星，它們的行徑一直以來都是個謎。也難怪它們影響我們的宗教、產生各種世界觀。

在人類瞭解這些天文現象之前，天文學長久以來的任務與今日相當不同。幾乎所有宗教都崇敬星星和天體。這很自然，因為天體標示出每日和每年循環的秩序。太陽在白天獨尊，而日出和日落的位置標示出年歲和季節嬗遞。月相讓我們能夠測量月份；月相和女性的經期不知為何大致相符。日月似乎掌管著生產力和人類的幸與不幸。難怪我們會崇敬這些屬於上天的力量。

天文學的起源

考古學上關於人類研究天象的最早線索，可追溯到數萬年前。[4] 觀察天空的人瞭解到日、夜、年的時間輪替後，產生了曆法。最先用來標記時間的是月；之後這種計時方法與太陽路徑合併起來。一個來自古代歐洲的證據是著名的內布拉星象盤（Nebra sky disk）。這個超過三千七百年的青銅圓盤公認是明確描繪天空的最古老物品。[5]

有了這些精確的洞見後，人類可以從事農業，或進行當時十分危險的航海活動。今天我們有導航衛星，但導航衛星使用的坐標最終仰賴的也是天文學觀察——不是觀察星星，而是遠方黑洞發出的無線電。我們已經拿黑洞來做為宇宙的地標。[6]

公元前兩千多年前，在後來的美索不達米亞城市巴比倫，受過教育的神職人員會固定追蹤月亮和行星的位置。他們不僅透過月亮制定的曆法來決定節慶的日子，也用以決定收穫和賦稅的時間。他們的一個月有 30 天，一年為 360 天，不足的日子則以閏日來填補。他們的數字系統不是十進位制，而是六十進位制。現在我們把一天分為二十四小時、把一個圓形劃分為 360 度，很可能源自於巴比倫人。

隨著楔形文字的發展，使得不同時間觀測的天文資訊能夠相互比較。然後，在公元前一千年內的某個時期，出現了非常有組織的觀測方式，數學也有了戲劇性的進展。在底格里斯河和幼發拉底河流域之間，有一整批學者專門負責測量和計算天空中發生的事情。數以千計的楔形文字泥板上寫滿了天文學資料。忽然間，人類能夠分析跨越許多世代的天文事件，不必再局限於短暫的個人記憶。這也成了仔細記錄、建立檔案和分析資料的開始，即使主要仍是為宗教服務，或許已足以稱之為科學。

對美索不達米亞人來說，宇宙是有秩序的，但也受到諸神意志的掌控。諸神的計畫有可能透過預兆來詮釋，而行星便可視為一種預兆。[7] 天象觀察者一旦能夠預測行星的路徑後，就試著運用這份知識來詮釋未來。統治者畫出自己的星盤，好決定進行某些事務的最佳時機。

我很能想像新的算術方法和行星運行的可預測性，會帶給人多麼深刻的印象。這些進步或許讓人覺得「命運可能是注定的」。由此發展出的巴比倫占星術影響了許多不同文化。甚至是《聖經》中的「東方三博士」，也成了東方占星學家的文學見證。[8] 還要再過一千多年，人類才會瞭解到占星術建立於錯誤的假定之上：即使能夠預測幾個天體的路徑，也不能套用在人的身上。

在埃及，時間的韻律建立在尼羅河的氾濫，此時尼羅河從上游帶來肥沃的淤泥。對埃及人來說，天空有著神話基礎。太陽是拉（Ra）的一個面向，每天重生，從東方的水面上升起。埃及人認為拉賦予萬物生命。祂跨過天空，傍晚時降落在西方而死去，第二天早上再次重生。這是永恆的循環。

天堂和人間在地平線交接。那個時代的人如果環視自己周遭和天空，應該很容易感到自己生活在位於宇宙中央的大地上。過去的人普遍認為大地是平的，這種想法也符合以人為中心的世界觀。埃及人相信的宇宙有著上方和下方的世界。到處都有神，確保世界的結構維持穩定與平衡：大地之神蓋布 (Geb) 掌管下方的世界，上方的天空則由女神努特 (Nut) 統治，祂也是眾星的母親。在大地和天空之間，是空氣和光之神舒 (Shu) 的領域，祂撐起蒼穹，確保天上的東西不會掉落地上。

古代巴比倫人想像大地是一枚漂浮於環繞世界之海的圓盤。眾神住在天上，決定天體的運行。蒼穹像個鐘罩般扣在大地上。這個形象影響了整個古代，並符合當時的科學。

希臘人也相信上方和地下的世界。他們更加密切觀察天空，沉浸於數學，尤其是幾何學，並把巴比倫人的觀星術和埃及人的幾何學結合起來。早在公元前第六世紀，希臘思想家如畢達哥拉斯 (Pythagoras) 等人便瞭解到大地必然是圓的。柏拉圖 (生於公元前 428 或 427 年) 也在他的著作中提到球型的大地。

古代自然科學的許多成就中，有一項直到今天仍令我們佩服，那便是昔蘭尼 (Cyrene) 的埃拉托斯特尼 (Eratosthenes) 在公元前兩百年左右測量出地球的圓周。他命人於正午時，在埃及兩個相距遙遠的城市分別測量影子的角度。在第一個城市，太陽位於天頂，因此沒有影子；在另一個城市則有影子，看起來地面比第一個城市傾斜了七度。由於埃拉托斯特尼已經仔細測量兩個城市的距離，現在再加上影子的角度，他可以大致準確的計算地球的大小。這在當時來說是了不起的成就。關於大地是圓球形的知識，在歐洲一直留存到中世紀和近世，也在大學裡教授。[9] 關於哥倫布 (Christopher Columbus) 時代的學者相信地球是平的，其實是個迷思——就像今天有很多人把中世紀貶為「黑暗時代」一樣。[10]

然而，過去不管是對統治者或一般人，要說服他們地球不是宇宙的中心，的確是不可能的。從人類有思想開始，宇宙就是諸神和行星的家。巴比倫人甚至用肉眼可見的七大天體，也就是日、月、以及五個最靠近的行星，來把一週分為七天。羅馬人用自己的神幫行星重新命名：墨丘利（水星）、維納斯（金星）、馬爾斯（火星）、朱庇特（木星）、薩圖恩（土星）——全都來自羅馬的萬神廟。在歐洲語言中，一週裡每一天的名稱都衍生自這些神的名字，並根據不同的語言而有不同程度的變化。[11]

我們的宇宙觀受希臘思想家影響了很長一段時間，特別是亞里斯多德（生於西元前384年），具有無人能及的壓倒性影響力，從古代一直到基督教時代都公認他是哲學家的代表。由於他的影響之大，導致其他觀點都顯得不足為道。亞理斯多德本身並不是天文學家，他的宇宙模型相對簡單。不過在亞理斯多德死後，古代晚期的重要天文學家如希帕克斯（Hipparchus，生於西元前190年）和托勒密（Claudius Ptolemy，生於西元前100年）都在他的基礎之上加以擴充。但地球仍然是宇宙的中心。所有行星和恆星都位於一層層的天球，圍繞著中央的一個點：地球。托勒密把古代所有天文學知識匯集為《天文學大成》（*Almagest*），這十三冊鉅細靡遺的巨著形成了後來為人所知的托勒密體系。確實，仍有個別學者相信以太陽為宇宙中心的世界觀，如阿里斯塔克斯（Aristarchus of Samos，生於西元前310

年），但最終仍是以地球為中心的觀點取得勝利。

新的宇宙觀

以地球為中心的宇宙觀雖然在今天難以想像，卻也延續了約一千五百年之久。中國和印度的天文學家也持同樣觀點，[12] 還有伊斯蘭文化下的阿拉伯、基督教文化下的歐洲也一樣。直到哥白尼（Nicolaus Copernicus）和克卜勒（Johannes Kepler），才把這種局面推翻。他們身為精通數學的神學家，終於擺脫了古代哲學權威的誤導。

幾年前，我因工作前往在北京舉辦的第二十八屆國際天文學聯合會（International astronomical Union，簡稱 IAU）大會。數以千計來自世界各地的天文學家齊聚一堂，討論科學研究的最新成果，並決定天體命名等議案。在這場大會中，地主國的一名科學史學家發表了一場關於中國天文學史的演講。中國天文學家觀察夜空已有數千年，連古時候也有相當充裕的經費支持，也因此形成了長期觀察資料的寶庫，這些資料甚至到今天都還在使用。直到公元第十一和十二世紀，中國天文學仍比西方天文學進步許多。不過，根據這名歷史學家的說法，中國不曾產生像是哥白尼和克卜勒那樣精通數學的科學家。中國天文學家對自己的資料沒做更多研究。

「為什麼？」席間有人發問。講者推測：「或許和他們的世界觀有關。」當西方有許多思想家開始對蒼穹之謎尋求科學解釋時，中國的重心在於超自然。世界是一個複雜的有機體，天上充滿神靈和神話生物。每樣事物都緊密相關的思維，和西方盛行的獨一無二、遙遠崇高的造物主概念非常不同。[13] 對中國天文學家來說，詢問「什麼力量導致星體運行」並沒有意義。相對的，在西方，儘管迷信、異教信仰和占星術等一直沒有完全消失，猶太－基督教的一神論世界觀卻愈來愈強大，壓制了古代的多神論。

理性辯論也是猶太教的一大特徵。猶太《聖經》《妥拉》(Torah) 的詮釋來自激烈辯論、審慎而鉅細靡遺的證據，還有環環相扣的邏輯論證。有趣的是，相對於其他宗教，天文概念並未在猶太傳統世界觀中扮演特殊角色。的確，猶太傳統在成長時和巴比倫、希臘與羅馬一樣，也能接觸到東方的宇宙知識，然而在《創世紀》訴說的創世故事裡，太陽、月亮和星星都不再是神，而是降級為單純的「光」。在舊約開頭的宏偉故事中，現今的世界逐步浮現，用一天做為一個段落來描述：神說要有光，就有了光，然後有水和陸，最後有植物、動物和人類。天上的光並非在創造開始即有，而是創造過程接近中間才出現，簡直沒什麼重要性。這些天體並非神聖的存有，倒可以說只是為了讓我們能夠區分時間與晝夜之用。《創世紀》描述的是一個剪除了魔法的高度理性世界。在《聖經》的世界裡，唯一的例外可說只有奇蹟。

於是在猶太－基督教世界觀中，大自然沒有什麼超自然之處。它沒有自己的意志，只有獨一無二的上帝是唯一的造物主，是所有事物的來源，一向如此，總是如此，也永當如此。在這種概念中，我們看見現代自然科學的一個重要基礎，也就是接受大自然背後只仰賴一套法則。只有在接受這種假設時，科學才變得有道理。

是沒錯，我們在很多地方都一再讀到信仰和科學總是陷在永恆的鬥爭中，但這其實是十九世紀開始的世俗化時代很喜歡推銷的迷思。[14] 現在的歷史學者有著更加細緻入微的看法。[15] 在很長的時間中，科學並不是獨立的學門，而一直是神學的一部分。中世紀的修道院是知識的堡壘和傳播站，大學則是在教會的祝福下設立。很多重要的科學家接受神學教育、十分虔誠，且常常接受教會的職位。儘管如此，教會對各種科學分支都保有最後的詮釋權，而這在十五、十六世紀時導致愈來愈多衝突。文藝復興和宗教改革從此在人心中留下印象，並根本改革了人對世界的概念，以及個人在世界中的角色。

宇宙學的革命始於 1543 年，普魯士－波蘭神職人員哥白尼提出一份大膽的宇宙新藍圖（當然想法本身不是全新的）。在他的模型中，太陽成為宇宙的中心，而地球繞著自己的軸心轉，並且也和其他行星一樣，繞著太陽公轉。在數學上，這個構想非常具說服力和前瞻性，然而令人難解的地方是，這樣的宇宙必然比過去認知的大得多，而地球必然以非常高的速度旋轉。如果我們真的以那麼快的速度旋轉，為什麼會毫無知覺？

這個新的模型還要經過很久的時間才會立足。與哥白尼同時代的人，即使是學者，不管服務的對象是教會或世俗的君主，懷疑他的理由都很充分。當時頗具影響力的丹麥天文學家第谷（Tycho Brahe）就不相信有什麼強大的神祕力量能導致世界旋轉，但他也知道托勒密宇宙模型並不精確。第谷身為傑出的天文觀測執行者，留下了非常重要的資料，所以德國數學家、神學家暨天文學家克卜勒後來才得以用來發展出著名的行星運動定律。運用第谷的觀測資料，克卜勒發現行星繞行太陽時的軌道是橢圓形而非圓形，也發現愈靠近太陽的行星運行速度愈快。克卜勒希望找出上帝在宇宙中展現的美與和諧，對他而言，他的數學方程式所展現的優雅，在神學意義上也是一項令人滿意的發現，畢竟這符合了造物主的恆常性，祂就像建築師畫出藍圖般，可靠的讓世界運作。

第谷的重要測量很可能是望遠鏡出現前的最後一項偉大天文學成就。望遠鏡是由十七世紀初期尼德蘭王國密德爾堡（Middelburg）一位聰明的眼鏡製作師所發明，[16] 起初運用在航海，後來伽利略（Galileo Galilei）想到可以把它用來指向帕多瓦（Padua）的星空。1610 年，當他發現木星的第一顆衛星時，引起了義大利和整個歐洲的激烈討論。義大利人伽利略愈發肯定哥白尼模型是對的，因為事實擺在眼前，這顆新發現的衛星繞著木星轉，明確指出並非所有天體都繞著地球轉。

很快的，這名年輕科學家變得更有自信。伽利略長期受到天主教教會贊助，一開始教會對他的理論採取歡迎態度。然而企圖心強的伽利略忽視了克卜勒的研究，在他的著作中持續相信行星公轉軌道是圓形，因此嚴格說來，他的模型並不符合當時最精準的觀測資料。本身十分虔誠的伽利略為了堅持自己的主張，甚至質疑起教宗的權威；這種自負犧牲掉教宗一開始的善意。大約與此同時，哥白尼的著作甚至被納入「禁書索引」（Index of Prohibited Books），只有在經過若干更改後才能出版。

伽利略在 1632 年發表日心說著作，次年被羅馬宗教裁判所判定軟禁終生，不過他仍接受錫耶納大主教的資助。後來因為要在義大利發表他的著作頗為困難，所以他的著述便在歐洲其他地方出現。

伽利略擅長表達與修辭，知道如何把他的研究成果傳達給專家之外的更廣大讀者。然而，他並未對其他科學家的研究工作給予應有的認可。今天我們會聽到許多圍繞著伽利略的傳說和故事，但並不是每一個都禁得起詳細的歷史檢驗；相反的，裡面往往含有現代世界對他個人及其時代的投射。[17]

在克卜勒和伽利略之後，還要再花兩百年，反對這個新模型的科學辯論才終於完全平息。不過，相關的反思倒是早就開始了。

從今天的角度往回看，我認為克卜勒的成就更具有開創性。克卜勒本質上與伽利略正好相反，他是傑出的數學家，身體纖弱，一生自我懷疑，生命裡不斷遭受厄運打擊。他的母親被雷昂伯格（Leonberg）的領主認為是女巫，[18] 而他死了妻子後，尋找新伴侶時又格外艱辛——他生命中與女性的關係一直不太順。不過，直到今天，三條克卜勒定律仍是天體力學的基礎。恆星的質量和暗物質的存在，也正是從這些定律推演出來的。現今當我在課堂上解釋黑洞時，也會從掌管行星繞日運行的克卜勒定律開始。物質繞著黑洞轉的方式幾乎完全相同，只是速度快上許多。

在克卜勒的基礎之上，英國神學家和博學家牛頓（Isaac Newton）[19] 不只在五十年後建立起古典力學，也用他的重力定律解釋了地球上的重力運作、月球繞地，以及行星繞日運動。

在牛頓的模型中，重力是普遍存在、無遠弗屆的力量，不管一個物體的組成如何，有質量的物體一定具有引力。當兩個有質量的物體相距愈遠時，這種力量也會愈弱，但不會完全消失。牛頓的重力對整個宇宙間的物質都同時同樣適用；對行星和對地球上掉落的蘋果一樣，對平時海洋的潮汐和對春天滿月的大潮也相同。有了牛頓，幾乎整個太陽系都得到解釋。但僅止於幾乎。

愛神金星，以及宇宙的量尺

在對蒼穹的研究中，宇宙的大小和地球與眾星的距離，一直是長久未解的基本問題。如果地球繞著太陽轉，豈不是表示恆星在天空中的位置會改變？

這種恆星看起來改變位置的現象稱為視差（parallax），從兩個相距遙遠的地點觀察同一顆星時便會發生。這種效應很容易體驗：把手臂往前伸直，往上伸出拇指，先閉上一隻眼、看著拇指，然後換另一隻眼看。從略微不同的角度看，拇指似乎產生左右移動的效果。如果拇指愈靠近自己，這種運動看起來也愈大。當我們用同樣的方式看一個距自己遙遠的物體時，便可以感受到深度，並估計這個距離。

用我們眼睛在小範圍體驗到的現象，在地球繞日的尺度也同樣會發生。如果我們在夏天和冬天各測量一次某個恆星的位置，也就是對太陽來說當地球位在最左邊和最右邊時各測量一次，那麼這顆恆星也會左右偏移，偏移程度視它與我們的距離而定。只是過去沒有人觀察到此事。如果不是克卜勒或哥白尼的模型不精確，就是恆星的距離如此遙遠，所產生的偏移小到幾乎觀察不到。恆星究竟有多遠，以及可見的宇宙有多大，仰賴地球與太陽間的確實距離而定。找出這個距離，成了天文學的重大挑戰。想解決這個挑戰的話，就需要世界各地天文學家彼此協調——雖然這也意味全球型的競爭。

以羅馬愛與美之女神命名的金星，成了天文學家的目標。我們這顆鄰居行星實際上非常酷熱而不太容易親近。包圍著金星的大氣由溫室氣體組成，壓力大到可以把我們壓扁。金星表面的壓力相當於地球水下 900 公尺深，溫度比烤箱還熱。

然而金星為現代天文學提供了無比珍貴的服務。透過這顆行星的幫助，我們才測量出太陽和地球間的精確距離，這個距離成了「天文單位」（AU）。我們也因此知道了太陽系、甚至整個宇宙的大小。為此，研究者需要的是一次「金星凌日」，也就是金星直接通過太陽前面的短暫時間，這與日食有點像，只是規模太小，只有受過訓練的天文學家配備著望遠鏡才觀察得到。

月球因為距地球很近，有時可以幾乎遮住整個太陽，而遙遠的金星根本辦不到。它從散發耀眼金光的太陽前方經過的數小時之間，我們只能看到一個又小又不太明顯的黑點。人類在很長的時間中甚至沒有意識到這些事件。

早在十七世紀，克卜勒便預測了位於地球和太陽之間的金星和水星會凌日。然而他沒能親眼見證自己的預測成真；因為在下一次金星淩日發生的1631年之前，克卜勒便已經過世了。

我們在地球上的觀測位置，以及觀測位置與太陽的距離，都會影響金星的剪影越過太陽的軌跡。如果一個人在地球上愈往南邊移動，由於觀看金星的角度改變，剪影位置就愈往上移。藉由在地球上不同地點測量金星完成淩日的時間，便可以根據克卜勒定律來計算太陽和地球的距離。這真是非常棒的主意，問題只有一個：金星淩日不常發生。主要原因是金星和地球的公轉軌道角度稍微錯開。即使從地球上看來金星和太陽位在同一個方向，金星也可能從太陽上方或下方通過。金星淩日每243年只會發生四次，而且兩兩成對——最近的一組是2004和2012年，前一組則在1874和1882年。

即使條件都對了，科學家還必須確保無論如何都不能錯過事件發生。一次又一次，不同國家的天文學家出發到世界各地，從各種可能的角度追蹤金星的路徑。從某方面來說，他們是我們現代黑洞探險的先行者。在當年，這樣的任務可說是一點都不簡單。有的人甚至留在家鄉，仍險些失敗：在英格蘭，霍羅克斯（Jeremiah Horrocks）就差點錯過1639年12月4日的金星淩日。一開始，他在自己已對準太陽的望遠鏡旁等待。由於金星的蹤影還沒出現，霍羅克斯便離開崗位，可能是去參加教堂的禮拜。等到他回來時，差點就太晚了。淩日早已開始，金星已經來到太陽前面。結果對於淩日的完整時間，霍羅克斯只能用估計的。

科學家想要更仔細的觀察1761和1769年的金星淩日，因此展開各種跨國遠征。但事情也沒有想像中那麼容易。勒讓提（Guillaume Le Gentil）便經歷了最戲劇性的失敗。他的計畫是在印度觀察這次凌日。當他的船抵達印度東南的目的地朋迪治里（Pondicherry）時，英國剛在一次軍事行動中控制了這個城市。身為法國人的勒讓提沒辦法進城，被迫待在船上觀測。然而海上顛簸的木船並不是進行精確天文測量的好地方；觀測結果只能作廢。於是勒讓提決定留在當地，等待八年後的下一次凌日。但就在這重要時刻即將到來時，天空布滿烏雲。天文學有一部分在於天氣在正確時機站在你這邊，卻不是每個人都那麼幸運。在異鄉待了這麼多年，當勒讓提終於要啟程回家時，卻染上痢疾，差點死掉。而他在法國的家人早就以為他已經死了，還分了他的財產。連他在法國科學院的職位也已經讓給別人。

儘管如此，科學界最終還是為地球和太陽距離有多遠的問題，提出足夠正確的答案。當年得到的天文單位數值，和今天公認的 149,597,870,700 公尺只差了約百分之一點五。

到了 1839 年，德國天文學家貝索（Friedrich Bessel）首次透過視差和天文單位的幫助，測出天鵝座 61（61 Cygni）這顆恆星的精確距離。貝索花了六個月時間，測量出天鵝座 61 移動了極微小的 0.3 弧秒，相當於從 50 公尺的距離觀察一根頭髮的寬度。根據簡單的三角學和天文單位，他現在可以計算地球到這顆恆星間的距離：100 兆公里——相當於 11.4 光年。貝索驚訝的瞭解到，他測量的星光花了超過十年才抵達地球。有了這個測量結果，科學上反對日心世界觀的最後爭論終於平息。

由於幾乎所有天文學上的距離都是由視差來推算的，天文學家為此想出一個特殊的長度測量值：秒差距（parsec）。這個字代表「視差秒」（parallax second），相當於一顆恆星在一弧秒視差下的距離，約相當於 3.26 光年。秒差距測量的是長度而不是時間（某些《星際大戰》電影可能讓人產生誤解）。[20]

最接近我們的恆星是半人馬座比鄰星（Proxima Centauri），距我們 4.2 光年，也就是 1.3 秒差距。這表示距太陽 1 秒差距的範圍內沒有其他恆星。今天，借助於歐洲太空探測器「蓋亞」（Gaia），我們能夠測量銀河系中數千光年之遙、將近二十萬顆恆星的視差。透過全球電波望遠鏡的網絡，我們可以測量遠達六萬光年、位於銀河系另一邊的一些恆星和氣體雲的視差。[21]

今天，衛星探訪太陽系看似易如反掌，天文學家也能夠測量宇宙的大小，但對這些進展，我們仍然要感謝十七、十八、十九世紀天文學家進行的遠征，他們出發時所擁有的，只是早期的望遠鏡和幾個大膽的想法。這些天文學家都不是單獨出發。天空屬於我們每一個人，而有時你需要全世界一起進行研究。全球合作與競爭一直都是天文學的一部分。從《聖經》時代最早的東方占星學家，到太陽系的研究與觀測金星凌日的遠征，再到偵測重力波的嘗試與第一張黑洞電波影像的取得，天文學家一再出發，前往世界和宇宙，既並肩合作又相互競爭，以達成探索和觀測蒼穹的目標。

第二部

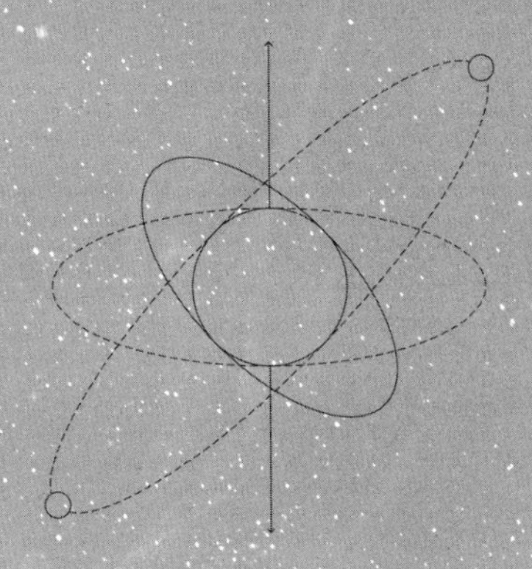

宇宙之謎

一遊目前已知的宇宙，探訪現代天文學與電波天文學的歷史：相對論引發的革命、恆星和黑洞的誕生、類星體之謎、擴張中的宇宙，以及大霹靂的發現

3
CHAPTER

令愛因斯坦
歡天喜地的想法

光與時間

我們天空中最明亮的光來自太陽，而太陽系的大小是天文學和宇宙的基準。我們用光行進不同時間量級的距離，來測量太陽系中的各種距離：從地球到月球為幾個光秒，到太陽以光分計算，到外行星則以光時計數。不過在日常生活中，我們其實也用光來測量各種距離，只是沒意識到。在 1966 年之前，所有長度單位都以「國際公尺原器」（International Prototype Meter）為準，這是一塊收藏在巴黎的鉑銥合金。國際公尺原器相當於地球圓周四分之一的千萬分之一，而圓周四分之一的測量值則來自北極穿過巴黎抵達赤道的經線長度。難怪英國人一直沒有完全接受公制。今天的公尺則基於光速，相當於光在真空中進行 1/299,792,458 秒的距離。為什麼是一個如此不工整的數字？因為這就是收藏在巴黎的國際公尺原器的長度，只是不再與國族榮耀綁在一起。不管是誰使用公制的尺量東西，實際上都是使用光行走的距離在測量。

由於光具有電磁振盪，所以我們也用光來計時。光確實變成各種事物的基本量度，而且在最深刻的意義上也是如此。愛因斯坦自問：不管我們的移動速度有多快，如果光永遠以同樣的速度前進，到底意味什麼。這條思路到後來會徹底推翻我們對於空間與時間絕對不變的所有看法。

但是光怎麼能夠永遠以同樣的速度前進？一隻在飛馳跑車裡爬行的螞蟻，勢必比在柏油路上爬行的螞蟻移動得快，因為車速會加在螞蟻的速度之上。光不也應該如此嗎？不，因為光不是螞蟻，也不是車，更不是足球或火箭。光是純粹的能量，並沒有慣性質量（inert mass）。物質只能透過施力和給予能量來加速；愈輕的東西愈容易加速，要讓螞蟻加速比讓車子加速容易。而光實在是太「輕」，甚至不需要推，自己就動了。所以光在真空中總是以最高速運動，約等於每小時 10 億公里，又稱為光速。

沒有東西能移動得比光速更快，因為沒有東西比光更不具慣性。甚至重力的改變，和隨之而來的重力波，也只能以光速產生。光的速度實際上成了因果律的速度。當我們談論「光」時，雖然沒有明說，往往也包含了其他類似光、透過沒有質量的波所傳遞的訊息。

但是，當我們相對於光移動時，必然有什麼東西改變了吧？對，愛因斯坦說：時間和空間改變了。但時間和空間不是獨立於其他事物而存在的嗎？我的回答是：錯。空間和時間與能量和物質不同，只是用來描述世界的抽象數量。我們無法觸摸空間或時間。兩者最終只有在測量時才變成現實，[1] 而說到底，我們總是用光或類似光的波在進行測量。在太空及地球上測量現實的是光；光不僅測量，還定義了空間和時間。

《聖經》的創世故事中，最先出現的是光，隨之而來的是第一天。在我們今天訴說的科學創世故事中，光也是時間開始就存在的東西：宇宙初始為一火球，乃光與物質的大霹靂。

但為什麼光如此根本？組成宇宙的畢竟不是只有光，也有物質啊！但如果你繼續深究，便會發現：事實上，在最根本的層面，每樣事物都是光和能量。愛因斯坦著名的方程式

$$E = mc^2$$

表明能量（E）等於質量（m）乘以光速（c）的平方。所有的質量同時也是能量；一切能量也都是質量。理論上這個方程式還有另一個變量：

$$E = h\nu$$

其中希臘字母 ν（nu）代表光的頻率，h 代表普朗克常數，把光轉譯為能量。在德國物理學家普朗克（Max Planck）所創建的量子理論中，$E = h\nu$ 是最簡單的一條方程式。在最小的尺度，例如原子的世界裡，以光的形式存在的能量只能以特定的能量單位來釋放和吸收，這單位稱為光量元（light quanta）。

因此光即是能量。頻率愈高，能量也愈高。物質和光都是能量的形式，而且可以互相轉換。

更讓人困惑的是，愛因斯坦也發現，光在能量很高時，有時表現得像是粒子。在這種情況下，我們稱之為「光子」（photon），也就是集結成包裹的波，光的包裹飛越空間，同時光在這個包裹裡面繼續振盪。

所以牛頓和麥斯威爾都是對的。光既是粒子也是波，端看你想找什麼。答案是由問題決定的！今天，我們知道光的波粒二象性也同樣適用在物質的最小組成分。還有，物質在其最小的形式中，有時也可表現出波的行為。

甚至日常生活中的力，也是透過光來溝通的。把原子和分子維繫在一起的是量子物理和電磁力，而電磁力場構成了光。在量子理論中，這些力都透過虛光子的交換來傳遞。當我們互相碰觸或拿鎚子敲釘子時，這種互動在最微小的層次也是透過電磁力來溝通的。當氣體受到壓縮，使壓力波在空氣中飛行時，也就產生聲波，一旦氣體中的空氣分子相遇碰撞，便會彼此交換這些極小的虛光子。我們能感覺到、測量到、接收到或加以改變的一切事物，最終都受光的性質的影響。在如此微小的原子階層，我們所有的感覺都仰賴光的交換——不只有視覺，還包括觸覺、嗅覺和味覺。這也是各種訊息抵達我們的速度都無法快於光速的原因。

就這樣，我們總是以光來測量——而只有我們能測量的事物，對我們來說才是存在的。就此來說，沒有光的宇宙根本不會存在。如果沒有光，空間與時間、物質與知覺，都沒有意義。[2]

測量對於定義現實來說很重要，這項知識洞見占據著整個二十世紀的物理學，甚至直到今天仍代表著思想上的徹底變革，而且在相對論和量子物理學上一樣扮演關鍵角色，因為同樣的情形在量子物理學也適用：某個東西只有在我「測量」時才變成現實。其他的都是詮釋，而在量子力學中，詮釋尤其是個受到激辯的題目，[3] 而測量到底是什麼意思的辯論也相當熱烈。測量總是包含粒子與粒子間交換能量和光的過程。這種思維引出了看待事物的全新方法。在量子力學中，一個粒子能夠以某種機率同時存在於所有地方，直到有人測量它為止。在虛無的黑暗中，所有事情都是可能的，直到有人帶來光。舉例來說，測量意味把光照在一個量子過程（quantum process）上。由於我們是在最小的次原子世界裡操作，測量粒子同時也意味影響粒子、透過光子來追蹤粒子或把粒子改變。測量不只是定義現實，也改變現實。

薛丁格（Erwin Schrödinger）用一個悖論來描述這種情況，非常有名。他設想有一隻貓和一具「量子殺貓器」同時關在鞋盒裡。只要沒有人打開盒子察看裡面的狀況，這隻貓應該同時既是死的也是活的。薛丁格的思想實驗當然有點誤導，因為鞋盒裡的貓並不是一個單獨存在的量子物體。貓本身的粒子一直彼此交換虛光子，也與盒底和空氣交換虛光子，因此這隻貓已經一直不停的遭到測量，或者自己測量自己，而這已經把牠的狀態決定下來了，[4] 不會等到我們打開盒子的一瞬間才發生。不過，這當然只是個思想實驗，況且現在沒有人會把可憐的貓關在盒子裡讓牠死掉，就連在想像中都不會。動物權擁護者不會放過這麼做的人。我也支持他們！

真實的貓要不是死的就是活的，不會同時又死又活。然而，如果這隻貓是空無一物之處的一個孤單電子，附近沒有其他物質，那麼這個思想實驗的陳述在邏輯上是正確的。電子不會明確的存在這裡或那裡，而是以某種機率（有時小到幾乎沒有），同時存在於每個地方也不存在於任何地方。只有當這隻電子貓被一束光照射到時，這束光才把牠定在特定位置——也就是在此刻，牠不再存在於空間中的所有位置。電子可以同時穿過兩扇不同的門，一旦你在其中一扇門安裝一個光感測器，打算測量其路徑，那麼電子就只穿過這扇門。

由此，我們再次看到光獨特又驚人的重要性。因為光傳遞訊息，所以光創造了現實，甚至連空間和時間都起源於光和物質。空間和時間是抽象概念，只有在我採取行動以計數時間或測量空間時，才變成真的。沒有時鐘就沒有時間；沒有量尺就沒有空間。測量時空的最基本工具是光。空間的物理特性只有透過其可測量性才存在，進一步讓我們可以用模型和表示法加以描述。

然而，如果光相對於任何觀察者，永遠以同樣的速度前進，那麼對觀察者而言一定有什麼東西得改變，也就是空間和時間。愛因斯坦透過簡單的思想實驗來凸顯這件事，從而做出結論：空間和時間並不像牛頓相信的那樣，是不可動搖的絕對量，而只是相對量。唯一絕對的是光速。[5]

舉例來說，如果有一輛車正向著我駛來，那麼車子內部的時間流動和我站著的地方比較起來，應該有所不同！這不僅聽起來有點怪，實際上也很怪，但如果你正視光速不變一事的話，這個結論是無可避免的。

讓我們考慮一些測量時間的基本方法。機械手錶根據擺輪的一些特性而決定秒針滴答的頻率。透過規律的滴答行走，手錶可以一秒一秒的測量時間。我們只需要計算秒針滴答聲的次數，就可以知道過了多少時間。幸運的是，分針和時針為我們擔任計算工作，因此只要看看錶面，就可以輕鬆知道時間。

同樣的原則也適用於電子鐘，只不過決定頻率的是晶體振盪。追根究柢，在最小的原子層次中發生的事情，是能量透過電磁力而轉換，虛光子就此交換了。甚至沙漏仰賴的力也與光有關，畢竟沙的分子會互相碰撞，努力擠入玻璃沙漏中間的狹窄通道。

為了簡單說明，讓我們建造一座使用鐘擺的鐘，但並不是以擺錘左右運動來計時，而是讓光在兩面鏡子之間上下反彈。把兩面鏡子的距離設置在 15 公分的話，光來回一次約需 1 奈秒（十億分之一秒）。假定我們每秒可以測量到十億次光的滴答行進，這相當於十億赫茲（1 吉赫，GHz）。一赫茲等於每秒鐘有一次循環，或說一次振盪。這個單位是以德國波昂（Bonn）的物理學教授赫茲（Heinrich Hertz）來命名，他率先製造出麥斯威爾所預測的電磁波並加以測量。

現在來到重點：如果我和這座光鐘一起坐在車裡，對我來說，光看起來會是在兩面鏡子間上下垂直移動。然而，如果有位警察站在路邊等著，並在車子從他身邊高速駛過時仔細觀察，在他看來光會以某個斜角上下運動。光的軌跡是鋸齒狀的。要勾勒出這個情景，一種比較簡單的方法是把光的移動想像成有如螞蟻一樣慢，車子裡的螞蟻垂直的爬上爬下，而警察看到的螞蟻在向上爬的同時也會朝著車行方向偏斜——從他的觀點來看，螞蟻的動作有些歪扭，而且速度非常快。

代表螞蟻和光移動的斜線，當然會比完全垂直的線要長。在同樣的時間間距中，警察看見的螞蟻和光走過的距離比較長。天真的觀察者可能會因此認為螞蟻以「超蟻速」移動，而車內的光行進的速度快過光速。這在螞蟻的例子是正確的，然而愛因斯坦和麥斯威爾已經明確禁止光的「超速」。於是，即使以執法警察的立場，光行走了較長距離，但他看到的光的移動速度應該和駕駛看到的一樣。

這怎麼可能？唯一的答案是：如果對警察來說，光行走的距離不同，那麼經過的時間必然也不同，如此光才能維持等速。速度的定義是每單位時間跨越的距離，例如每小時幾公里。如果距離看起來變了，那麼所需的時間也必須改變。因此這名警察從車外測量到的時間，會比車內的時間慢上那麼一點。

這種公然牴觸我們直覺的情況稱作「相對時間膨脹」。我們比較習慣把速度設想為是會改變的那一個。如果我開車時必須繞路，又想在同樣時間抵達，就會開快一點。有些人甚至甘願吃罰單也要超速駕駛。但光不是這樣：它永遠以同樣的速度前進，但會改變時間，因為光定義時間。我們都必須服從時間，但時間必須服從光。

這一切就像車子裡的光鐘一樣，聽起來太抽象，令人難以置信。畢竟在現實中，所有時鐘不是應該都以同樣速度運轉嗎？為了測試，科學家哈菲爾（Joseph Hafele）和基丁（Richard Keating）進行了兩趟環繞世界的飛行，先順著地球自轉方向飛，然後再反向而行。他們帶著四個非常精準的銫原子鐘一起飛，計畫在飛行完成後與地面上的其他原子鐘比對。如果他們非常快速的飛很遠，時鐘運轉速度是否會改變？這個實驗的需求很簡單：借到適當的鐘。他們用「鐘先生」的名義為這些鐘購買環球機票，這是實驗裡最花錢的部分。這些不尋常的乘客在自己的座位上各自繫好安全帶。不算票價的話，這應該是史上測試相對論的實驗中，費用最為合理的一次了。

而事實上，哈菲爾和基丁的實驗顯示，向東飛（也就是和地球自轉方向相同）的鐘，與地面上的鐘比起來速度稍有不同，在飛行後，時間慢了 60 奈秒。而向西飛（與地球自轉方向相反）的鐘，和地面上的鐘的速度差異很大，跟實驗室中的鐘相比，快了足足有 270 奈秒。[6] 這個實驗後來又重複了數次，漂亮的確認了相對論的一些重要面向。

所以，時間不可信任。然而我們測量的距離也並不會固定不變，原因當然在於我們用來測量距離的也是光。如果一輛車以近乎光的速度駛過警察身旁，他可以利用碼表，根據車速和車身通過的時間來計算車身長度。但如果駕駛有兩座完美同步的鐘，一座在車頭、一座在車尾，然後測量車子經過警察所需的時間，那麼測量出的時間長度會不同，因為其中有時間膨脹的效應。警察測量到的時間長度會比駕駛的短，因此計算出的車身長度也比車中人的要短得多。對警察來說，這輛車看來小得不像話，但駕駛卻能夠舒適的享受他伸腳的空間。

因此，當東西移動時，我們也不再能完全信任空間了。而當重力也來參一腳時，更將帶來重大影響。

水星通風報信：關於空間與時間的新理論

幾年前，有位荷蘭記者與我們聯絡。他懷疑基礎研究對社會的用處，想針對這個主題寫一篇文章。他用這個挑釁的問題起頭：「精確測量水星軌道對我們有任何好處嗎？」我大吃一驚，如此反擊：「這是在開玩笑嗎？這裡裝了隱藏式攝影機嗎？」我繼續說：「水星剛好就是一個耀眼的例證，乍看是無用的研究，卻徹底改變了我們對物質世界的瞭解，還因此讓產業界誕生了多種全新分支。」例如販售導航工具和軟體的荷蘭公司通騰（TomTom），年收入達五億歐元，正是拜水星軌道的精確天文測量及愛因斯坦這名專利局職員之賜。「在所有可以拿來取笑的題目中，為什麼你偏偏挑上這顆小小的水星？」

十九世紀時，行星軌道定律之美已經透過克卜勒和牛頓而得到完整瞭解，行星不再神祕，過去所帶有的神奇之感已經消失了。在那之後，曾經悄悄支持科學對行星保持興趣的占星學，只留存在神祕學的圈子裡，而今天我們的太陽系看起來只是一個適合拿來教小學生的主題。問題不是都已經解決了嗎？其實不是。有個小問題浮現。再一次，這個問題環繞著我們的太陽系（字面上來說也是如此），而我們將會看到：能夠進行精確測量是何等重要。

自克卜勒之後，我們已經知道行星繞日的軌道是橢圓形。但這還不夠完整。實際上的形狀比較像花朵——或更精確的說，像是玫瑰花。軌道並不是固定不動的橢圓形，而是每繞一次都會轉動一點點，結果行星每次抵達軌道上最接近太陽的點時，都和上次的位置有些不同。這個效應稱為「近日點進動」（perihelion precession，亦譯作「近日點歲差」）。近日點也就是行星軌道最接近太陽的位置，而這個位置會繞著太陽移動。

行星不只受到太陽重力吸引，也會受到其他行星的重力拉扯。借助於牛頓的古典重力理論，我們可以相當準確的測量這種效應。但事情其實沒有表面上看起來那麼簡單，因為像我們這樣的系統中，每個行星都會拉扯其他行星。如果所有行星和太陽都一樣重，整個系統就分崩離析了。會有那麼些時刻，兩個行星有機會同時拉扯第三個行星，導致它飛出太陽系。在我們的系統中，行星的拉扯不必特別用力，只要在剛好的時機稍微使點力，就足以打亂同伴的步調。

這有點像院子裡掛在大櫻桃樹上的一副兒童鞦韆。只要在適當時間推一把，坐在上面的小孩就可以開始盪來盪去。然而，如果持續在對的時機繼續推，到某個時間點，可憐的小孩就會從鞦韆上飛出去，落入鄰居院子裡。同樣的，各個行星的繞日軌道都很平均的話，行星之間可能會產生共振，而這種共振可能會一直累積起來。

當同一系統中有兩副以上的鞦韆或兩個以上的行星時，事情就變得難以掌握。數學上可以證明，同一個重力場中只要有三個物體，便無法精確決定各自的運動，結果會是一團混亂，而且完全符合字面上的意思。只要是曾在兒童遊樂場陪伴小孩的大人都瞭解那種場面。難怪「三體問題」（three-body problem）讓數學家絞盡腦汁好幾百年，並為幻想小說作家提供無盡的靈感。愈多體（行星或恆星）彼此環繞，事情就愈混亂。我們甚至可以證明，要對未來的軌道路徑做出任何長期預測，根本是不可能的。

不過混沌理論並非完全無用。沒錯，混沌理論無法預測未來，卻可以判定一個系統會在何時變得無法預測。我們的太陽系也在混沌邊緣運作。所謂的「李亞普諾夫指數」（Lyapunov exponent）混沌時序表，就是用來計算行星軌道在接下去五百萬到一千萬年的軌跡。[7] 極端微小的改變就可能讓未來完全不同。現在起一千萬年後地球的正確位置到底在哪裡，要視今天某隻螞蟻在哪裡咳嗽而定。

我們的太陽系形成時，混亂程度甚至比今天還高。在那個原初時代，我們的行星系統充滿許多小行星。經過了盪鞦韆的效應，一個個小行星被拋向各個方向，有的甚至被丟出太陽系。交互作用的結果，大型的行星開始往中心或外側移動。根據我同事莫比德利（Alessandro Morbidelli）和其他三位共同作者發展出的尼斯模型（Nice model），天王星和海王星甚至可能曾交換過位置。在我們的太陽系中，事情並不是都和今天一樣，相同的可能性微乎其微。留下來的小行星，是經過數十億年的混亂霸凌後留下的勇敢倖存者。

順帶一提，這些留存下來的小行星之中，有一顆登記在天文學聯合會的小行星中心（Minor Planet Center），編號為 12654，從 2019 年開始有了「海諾法爾克」（Heinofalcke）這個名字，其繞日軌道偏離圓形的程度顯得有點高。「這顆星跟你很合。」我的前老闆對我說。[8]「這顆小行星可能跟我很像。」我回答：「或許小時候曾被欺負得很慘，卻不讓自己完全脫軌。」

混沌理論不只適用於太陽系，也適用於許多系統，對於我們的預測能力設下了根本的限制。然而，這不代表所有事情都是無法預測的。比如說，我們可以用電腦計算，在一段時間之中，眾多小行星在統計上會如何發展。然而可惜的是，得出的結果完全無法明確告訴我們海諾法爾克會在哪裡。我由衷希望它的軌跡永遠不會朝地球飛過來。萬一某天在新聞上聽到海諾法爾克摧毀了紐約，對我來說可是極端的不舒服！

然而令人感激的是，此時我們的太陽系已在某種程度上安定下來，每個行星似乎多少找到穩定的位置。在可見的未來，沒有理由害怕某個行星會脫離太陽系而去，甚至連小小的水星應該也有足夠的韌性，可以承受較大行星的重力攻擊——正因為它安頓在強大太陽的旁邊。

數學上，我們把行星彼此的推拉看作能夠計算的微小擾動。橢圓形的軌道相對於彼此而逐漸移動，因此在某種範圍內，每顆行星的近日點進動都可以精確預測。以我們擁有的測量值而言，在幾百年的時間範圍中，運動的混亂程度應該小到難以察覺。這些根據微擾理論（perturbation theory）所做的計算，在天體力學上取得極大的成功，讓我們在 1846 年發現海王星。[9]

讓我們暫且回到十九世紀。天文學家已經詳細解釋所有行星的軌道。呃，並不完全……還有一顆小小的頑強行星仍抵抗著天文學家。[10] 如果去計算所有其他行星的影響，那麼水星自轉軸的橢圓形軌道應該每年旋轉 5.32 弧秒。然而實際上卻是 5.74 弧秒，年度差異為 0.42 弧秒。

讓我們釐清一下這種差異有多麼微小。如果把一個圓形生日蛋糕平分成十二塊，那麼每塊蛋糕相當於 30 度角的份量。然後再把每塊蛋糕分為 1,800 片，得到一弧分的蛋糕。然後每片一弧分的蛋糕可再平分為 60 片一弧秒的蛋糕。假設蛋糕的直徑是 30 公分，如果我們犯了 0.4 弧秒的差錯，切下一片太大塊的蛋糕，那麼它的厚度會比一根頭髮細三百倍。

真的必須是個老頑固，才會對這麼小的差異如此吹毛求疵。但即使差異非常之小，仍會隨著時間累積，而這才是讓物理學家非常不舒服的地方。如果水星的測量結果和理論不符，那麼要不是測量不夠精確，就是理論有錯。是否有人看漏了某個小細節？如果是的話，是什麼細節、在哪裡，又是為什麼？

很長一段時間，這個災難的罪魁禍首公認是因為靠近太陽之處有顆還未被發現的神祕行星。天文學家甚至為它起了個名字，叫「祝融星」（Vulcan，發音近「瓦肯」）——當然，生活在這顆行星上的人就叫做瓦肯人（科幻影集《星艦奇航》中的外星人種）。然而，最終瓦肯星人的存在仍未跨出科幻世界，而這全都因為某位年輕的專利局二級職員[11]有了全新的革命性想法。

空間只是一張床單

在二十世紀剛開始時，愛因斯坦把我們對空間與時間的瞭解置換到一個全新的立足點，而古典力學成了相對論這個新理論的其中一部分。[12]愛因斯坦完全不是孤高型的天才、苦心孤詣的鑽研自己即將達成的重大突破。相反的，他既喜歡與人交遊又不拘一格，同時也是關心社會的知識份子。

1896 年，他進入蘇黎世聯邦理工學院（Eidgenössische Technische Hochschule）就讀，同時在學的還有米列娃．馬利克（Mileva Marić）。[13]愛因斯坦認為這位年輕物理學家在實驗物理學上與自己旗鼓相當，甚至比自己高竿。他們在愛因斯坦得到第一份工作時結婚了。那時他們會坐在一起好幾個鐘頭，談論和閱讀哲學書籍。米列娃也很可能和他一起寫了他們最早期的文章，然而作者的名字只有愛因斯坦一人。

米列娃是不是選擇退居幕後，為愛因斯坦的職業生涯提高機會？有些人認為，以今天的標準而言，米列娃本應該列為文章的共同作者。有人引述愛因斯坦在職業生涯早期曾說過的話：「我需要我妻子；她解決我所有數學問題。」有可能米列娃主要關心的是他們共同的未來。曾有一次，米列娃被問到她的名字為什麼沒有和愛因斯坦一起出現在他們共同研究的專利申請書上，她拿她婚後的夫姓開玩笑回答「我們兩個終究還是 *ein Stein*」——意思是「一塊石頭」。在當時，身為女性要在物理學界立足，就算不是完全不可能，也是十分困難的。她對愛因斯坦的想法到底有多大的科學貢獻，歷史學家至今仍有爭論，但絕對不是無足輕重的。想法的來源難以明證。愛因斯坦和許多物理學家有書信往來，但在檔案資料中搜尋不到家中餐桌上討論的想法。

愛因斯坦畢業後的第一份工作，是透過同學葛羅斯曼（Marcel Grossmann）的父親介紹，也就是在現今變得享譽盛名的伯恩（Bern）專利局。然後，在他的奇蹟之年 1905 年，愛因斯坦發表了五篇突破性的論文。由於他探討了光的本質，「發現了光電效應定律」，愛因斯坦獲得 1921 年的諾貝爾獎。另一篇文章確立了質量和能量是等價的，直到今天，$E = mc^2$ 仍可能是世界上最有名的物理方程式。最後，同樣在 1905 年，狹義相對論的文章出世了，愛因斯坦證明時間和空間是相對的，會根據相對於觀察者的速度而改變。不過愛因斯坦的功業還不止於此。

即使在愛因斯坦最重要的日子來臨之前，相對論的長度收縮效應（length contraction）就已經質疑了空間的絕對本質。下一步則要從牛頓、一個旋轉的桶子，以及一組旋轉木馬開始。牛頓這位英國物理學家曾經思考水桶原地打轉時裡面的水會向下凹的奇妙性質。愛因斯坦更進一步思考並做出結論：由於長度收縮，一個旋轉圓形的圓周和直徑間的關係，必須視觀察者的位置而定。

讓我們想像遊樂場中的旋轉木馬，軸心在正中央，許多小朋友坐在色彩繽紛的警車、火箭或木馬上，而這些玩具分別固定在旋轉的圓形地板上。假設有個小孩在票亭前等待進場，如果她用捲尺測量整座旋轉木馬的圓周和直徑，應該會發現圓周和直徑之間有一種比例關係，而這個比例就同等於著名的圓周率 π。

現在，有另一個小孩坐在旋轉木馬之中的火箭上隨之轉圈，如果這個小孩用捲尺測量圓周，那麼在票亭站著不動的小孩會覺得圓周變小了。由於相對論的長度收縮效應，票亭小孩會發現用捲尺量出來的長度看起來比較短。量尺量出來的長度會視運動的方向而定。沿著運動方向測量圓周時，圓周縮短；然而測量直徑時，和運動方向垂直，因此直徑沒有改變。於是圓周和直徑之間的比例關係也就不再是 π 了。多麼驚人！一般的圓圈不是這樣，圓周一定等於 $\pi \times d$，也就是 π 乘以直徑。

當然，這對教科書上的圓圈來說是正確的，我們畫出圓圈的地方是個平面。然而，當我們觀察的是扭曲表面時，情況就不同了。舉例來說，幾個小孩可以在繃得緊緊的床單中央畫一個大圓。如果他們抓住床單四角，同時舉起，這個二維的平面就開始下凹。維度扭曲，而這個圓圈的幾何改變：圓周大致上相同，但當你沿著床單表面測量時，直徑變長了。在扭曲的空間中，圓周與直徑的比例不再等於 π。很重要的一點是，我們要用有彈性的床包來做這個實驗，因為這種布料的延展性特別好。

要在腦中想像一張扭曲的床單並不難，但空間實際上是三維的。這讓事情變得更複雜又更難想像。三維空間也能夠扭曲嗎？我們的腦袋無法描繪扭曲的三維空間，但或許可以用數學來描述。愛因斯坦逐漸瞭解到，因為在相對論中，時間也扮演了一個重要角色，實際上需要第四個維度。

用來描述愛因斯坦想像空間的數學工具，在十九世紀才剛發展出來。扭曲（或說彎曲）的四維空間，是以「張量」（tensor）來描述：例如由四乘以四組成的數字表格（共十六格），每一行或一列都代表一個空間維度，由此你就可以像平常處理一般數字一樣做算術：相加、相乘、相減——前提是你懂得它的運作方法。

當時只有少數專家研究這個主題。這些人的名字聽起來都頗有音樂性：黎曼（Riemann）、里奇－庫爾巴斯特柔（Ricci-Curbastro）、勒維奇維塔（Levi-Civita）、克里斯多福（Christoffel）和閔考斯基（Minkowski），今天他們的名字都可以在高等數學的教科書中找到。除了黎曼以外，上述其他數學家都是與愛因斯坦同時代的人。這些數學在當時非常嶄新，對愛因斯坦而言太過複雜。他說：「我對數學產生極大的尊敬。由於我的無知，這些數學較為精微的面向，直到現在對我來說仍像是奢侈品。」

沒有人是完全靠自己做研究的。幸好，愛因斯坦仍有他的老友葛羅斯曼。「葛羅斯曼，你不幫我的話我就要瘋了。」愛因斯坦寫道——而這時他已經當教授了。[14]

愛因斯坦和葛羅斯曼當下面對的挑戰，是要讓物理方程式可以在扭曲的空間裡發揮作用。由於馬赫（Ernst Mach；名字被拿來當作超音速的單位）這位物理學家兼哲學家的啟發，愛因斯坦相信自然律在任何地方都必然相同，不管是在公園野餐、在上下躍動的旋轉木馬上，或在太空的火箭中。

乍看之下，試圖尋求物理定律的普遍適用性，似乎很自然。但這讓愛因斯坦得以把空間、時間和重力的本質集結起來，成為普遍適用的理論，也就是 1915 年的廣義相對論。

重要靈光閃現時，愛因斯坦仍是伯恩的專利局職員。他是不是最盡忠職守的專利局職員，或許見仁見智，但這份工作顯然留給他很多思考的時間。這個創意火花為相對論奠定基礎，能夠可靠的描述擴張的宇宙、黑洞的重力、或重力波造成的時－空振動。

「這是我畢生最快樂的想法。」後來愛因斯坦這麼說。這個重要的想法是指，我們根本無法區分重力和任何一般的加速力。「如果有個人閉著眼從窗戶跳出去，他無法區分當時自己是飄浮在半空中或正自由墜落——至少直到撞擊前都分不出來。」這就是愛因斯坦大致上所想的事。[15] 或許他同時也做著白日夢，想著如果關上窗戶，就可以想像自己是在一個巨大的電梯裡飛越太空。如果電梯持續加速，那麼他會感到自己向下緊緊抵著椅子。那麼，他怎麼知道讓他維持在椅子上的力量，是來自地球的重力，還是電梯的加速度？無法區分！[16]

以局部範圍來說，重力和加速度是無法區分的。這個原則，在今天稱為愛因斯坦的等效原理（equivalence principle），它是一個基本假設，仍有待證明。由於等效原理是一個原則，一種教條，就必須不斷的接受詮釋，不斷的透過實驗來測試。[17]

反過來說，這個原理告訴我們，當一個人安靜坐在自己的椅子上時，同時也在加速。這就是加速的感覺！即使當我們舒服的坐著休息時，相對論的定律必定也同樣適用，對快速移動的電梯或加速中的強大火箭都一樣。這個定律說明，加速運動的空間會像床單一樣彎曲。

但既然愛因斯坦無法區分自己到底是坐在裝潢得像專利局辦公室的電梯裡，還是處於地球重力場內的真正專利局辦公室中，那麼地球勢必也能夠只靠自己質量的重力，而把空間扭曲。事實上，結果發現，重力不僅可以扭曲空間，還可以扭曲時間！空間和時間無法分開考慮。

結論令人瞠目結舌：重力不是力，而是一種時－空幾何。因為扭曲的四維空間依舊超乎想像，讓我們再次把時－空想像為繃緊的床單。如果床單上沒有任何人或東西，可以維持平坦。但如果有人把一個保齡球放在中央，會造成一大片凹陷。如果在接近床單邊緣之處放置一顆撞球，會造出一片較小的凹陷，然後撞球會開始朝向保齡球滾去。事實上是兩者彼此往對方靠近，只不過撞球移動得很快，保齡球很慢。當兩者愈來愈接近時，移動速度也會愈來愈快，因為凹陷變得更陡。床單的彎曲程度因此對應了重力的拉力。

接下來，如果我們把一顆彈珠彈到床單上，它會以愈來愈小的橢圓形軌道繞著保齡球造出的凹陷而運動。在平坦的床單上它只會直線前進；在彎曲的空間，則以彎曲的軌跡行進。由於床單表面的摩擦力，彈珠很快就失去動量，愈來愈接近大噸位的保齡球，最後落入漏斗狀空間中，和底部的保齡球一起待在那裡。如果沒有摩擦力，彈珠會繼續運動，而且正如行星繞日，會長時間遵從自己的橢圓形路徑，暢通無阻。

從 1907 年的最初想法開始，愛因斯坦花了八年時間，終於在 1915 年形成令人信服、納入重力的廣義相對論，這期間還包含了許多對談、書信往來與辯論。有時他以為自己已經找到確鑿的重力理論，然而一次又一次，他只能拋棄那些概念草稿。直到 1915 年快要結束時，他才把完整而連貫的理論寫成論文。當下，愛因斯坦相信他終於找到正確答案。

在他用自己的理論來計算水星的近日點進動後，心中的大石頭終於落地。沒錯，他的理論總算解釋了這個長久以來沒人能瞭解的微小出入。在那張大到無法測量的床單中，太陽四周的時－空凹陷使得軌道的圓周看似變短；水星的橢圓型繞行比之前預期的更快一點。愛因斯坦「欣喜若狂了幾天」。他心花怒放。儘管牛頓還沒出局，但得俯首稱臣了。[18]

對一個新理論來說，單是不會自相矛盾、看起來也合乎邏輯，是遠遠不夠的。每個理論都必須在實驗和真實生活中自我證明。這有點像是天主教教會決定某人是否為聖人的程序：要證明自己真的值得成為聖人，候選者在死後顯現一個奇蹟還不夠，必須顯現兩個。一個奇蹟只夠得到宣福禮。

足以讓這個理論得到宣福禮的第一個奇蹟，是愛因斯坦找到水星奇特近日點進動的解釋。但讓相對論成為經典的事蹟還沒發生。愛因斯坦的下一個奇蹟，再一次，與光的性質有關。

向黑暗遠征

視覺不只對我們人類來說至關重要，對科學也是。視覺讓我們得以確認自己的所在，也讓我們確信某件事是否正確。特別是在天文學，有了視覺，才可能偵測和體驗事物。多數人必須先看到然後才會被說服，所謂的「眼見為信」，完全沒錯。

要能看見，就不能沒有光。但我們也需要黑暗，才能夠更完善的瞭解事情的本質。在現代物理學中稱得上是最著名的一次日食遠征觀測中，需要黑暗的情況十分真切。那次日食發生在 1919 年 5 月 29 日。物理學家愛丁頓（Arthur Eddington）為了測試愛因斯坦的廣義相對論而進行了一趟研究旅行。[19] 他想要證實星光因太陽而彎曲。特別值得一提的是，愛丁頓是英國人，而進行這次實驗會幫助德國人愛因斯坦享譽全球。這在那一年可是非同小可的事，因為第一次世界大戰才剛結束沒幾個月，況且協約國和德意志帝國的敵對狀態已經持續多年。這趟遠征需要非凡的勇氣，實在值得在物理學史上特別點明。

根據廣義相對論，太陽的質量使周圍的時－空扭曲，[20] 由此推論，太陽後方天體的光線會因此偏轉。這聽起來難以想像，不過實際上也就是從地球上看時，接近太陽的星星會稍微偏向一邊的意思。愛因斯坦的理論在數學上是沒有瑕疵的，但是否禁得起實際測試呢？為了找出答案，天文學家需要一次日全食，因為白天的陽光太亮，讓我們無法看到星星，反之在夜裡則看不到太陽。

愛丁頓在 1919 年登上一艘船。他計畫到西非海岸附近的火山島普林西比島（Príncipe），測量愛因斯坦理論預測的光線偏轉。與愛丁頓一起規劃這次遠征的英國皇家天文學家戴森（Frank Watson Dyson）已經送了另一個團隊去巴西。五月時環繞在太陽周圍的是畢宿星團（Hyades），條件近乎完美，愛丁頓摩拳擦掌蓄勢待發。他當時已經是愛因斯坦理論的支持者，本身也是優秀的數學家。

太陽被月球遮住的時間預計超過五分鐘。然而那個重要日子的早上卻下雨了。愛丁頓不安起來。不管是在海上或在望遠鏡後，你的命運都在上帝手裡，至少在天氣方面是如此。忽然，就在日食即將開始時，雲層散開！月球的本影把觀察者送進黑暗之中。就是現在！他們拚命拍下十六張照相底片，後來只有兩張含有可用的資料。他們在出航前已經拍攝了沒有太陽的參考影像。同時，巴西強烈的陽光把他們遠方夥伴的望遠鏡金屬外殼給烤得扭曲變形。

回國之後，科學家花了幾個月時間分析資料。然後有突破發現：照相底片上的星星確實偏移了，而且正是一毫米的兩百分之一。考慮測量誤差造成的差異，這與愛因斯坦的數學預測完美吻合。他們真的完全破解了光的歪曲行徑！

「天光彎曲——愛因斯坦理論的勝利」，《紐約時報》下了這樣的新聞標題。這些測量成就了愛因斯坦大理論的第二個奇蹟，使他一夜之間變成科學明星。直至今日，這兩趟遠征仍是教科書上說明理論與實踐相互完美佐證的例子。這場跨越國界的合作，不僅為經歷了第一次世界大戰的國際科學社群帶來啟發，在戰爭的蹂躪之後，這也是眾人一致感到驚奇與興奮的時刻，不論是敵是友，都能共同分享。

怪的是，戴森本人在 1900 年時已經拍攝了完全一樣的日食，而且在他的照相底片上也可以看到星星。然而，當年分析資料時，他們尋找的是神祕的祝融星，沒有人留意到稍微偏移的星星。也因此，答案的關鍵早已躺在資料庫許多年——甚至比愛因斯坦開始思索狹義和廣義相對論之前早了許多年。這顯示了可信的理論以及問出對的問題有多麼重要！

這次遠征對愛丁頓來說是一大勝利，對愛因斯坦更是如此。當愛丁頓在 1919 年 11 月於倫敦發表他的發現時，廣義相對論的追隨者還不多。對老一輩的物理學家來說，突然出名的愛因斯坦顯得可疑，更何況他們有很多人根本不能瞭解他的想法。愛丁頓是少數能瞭解的人之一。當問及愛因斯坦世界上是否真的只有三個人真正瞭解他的理論時，據說愛因斯坦回答：「第三個人是誰？」

天文學觀測讓愛因斯坦的理論贏得尊敬，而且時至今日，我們的日常生活仍受惠於其結果。相對論的另一個預測是時－空彎曲時，時間也會因而改變。簡單的說，如果光在一個扭曲的空間前進，自然必須走過更長的距離。但如果光速是固定的，那麼時間就必須膨脹。光波被拉開、振盪得較慢。地球上的時間流逝比在太空中慢。

1977 年，當美國首次把全球定位系統（GPS）衛星射入太空時，理論上應該要為地表上的導航帶來革命。衛星上攜帶著極端精準的鐘，會透過無線電把時間訊號送回地球表面。在規劃階段中，物理學家告訴設計者，根據愛因斯坦的理論，鐘在太空會走得比較快，因爲地球扭曲了時－空。

工程師有些不情願的製作了校正機制，但他們不是很相信物理學家說的話。當他們首次把衛星發射到太空時，關掉了校正機制。結果人們很快發現，那些鐘實際上每天快了 3,900 萬分之一秒。[21] 從此以後，鐘就刻意設計成走得稍慢一點，校正的根據正是廣義相對論。這些鐘在地球上不準，但只要送上軌道後就正確了，而我們所有人都在不知不覺中享受這個好處。[22]

現在的光鐘非常精確，甚至不需發射到太空，就可以測出地球上時－空扭曲的微小差異。只要從地面抬高 10 公分，就足以呈現出時間比地面對照組更快的效果。[23]

在地球大氣層邊緣的時間校正雖然很小，實際上仍相當重要。我們前面提過的所有效應，在更多質量壓縮到更小的空間，致使空間扭曲得更多時，都會變得更為極端。在黑洞邊緣，時間彷彿靜止。要產生這種扭曲效應，需要非常強大的力量，也就是恆星之力。

4

CHAPTER

銀河系及其恆星

恆星的祕密生活

對我們人類來說，天空中的恆星看起來總是沒有變化。但眼睛所見也可能騙人；實際上恆星並非恆久不變。恆星以非常漫長的時間尺度發生變化。它們有自己獨特的生命；甚至可以說每顆恆星都有自己獨特的生命史。

恆星也有生死，從塵埃中誕生，死後也歸復於塵埃。就像地球上的動植物，恆星也無法擺脫生長與衰敗的循環。當恆星呼出最後一口氣、把外層的軀殼送回太空時，也協助了新星的誕生。一顆恆星垂死掙扎時，氣體和塵埃被拋出，在太空中的巨大塵雲裡待下來，為其增添更豐富的內容。於是這團化學混合物便成了孕育新恆星與行星的完美處所。

這些星際間的氣體和塵雲能綿延數百光年之遠，可謂是宇宙間最美的景觀。只要往我們的銀河深處窺視，就能瞭解有多少星際雲存在。奇形怪狀的巨大雲霧有可能非常明亮，也有可能遮住銀河發出的光，形成陰影。我們的銀河系擁有強壯的螺旋臂，就像鏟雪車推動新雪般把星際雲堆在一起。透過望遠鏡觀看，這些雲就像精采的宇宙藝術作品。

距離我們只有一千三百光年的獵戶座星雲，算得上是銀河系裡最美的雲朵，天氣條件好時，它是我們唯一肉眼可見的星雲。纏繞在發光薄霧中的獵戶座星雲，是年輕熾熱星體的巨大產房，發出的光大多是紅色和粉紅色，點綴著的藍色則帶來一點花俏的效果。人眼看不見它的最中心，因為塵埃吸收了從內部發出的可見光。天文學家只有透過長波才能突破這層塵埃的阻擋，一窺星雲的中央。例如熾熱氣體的紅外熱輻射，要穿透外層並不困難；無線電頻率的輻射也是。正如 X 光可以穿透人體，這些波也以同樣的方式穿透分子雲。

氣體中或恆星表面的熾熱元素所放出的光色十分獨特，有如條碼，而塵雲中的分子也是。[1] 高頻輻射基本上充滿了這樣的條碼。這類光的波長只有幾毫米，甚至更短。在我們日常生活中，這樣的波主要出現在機場的人體掃描機。

我們可以在地球上測量宇宙氣體雲的輻射。過去四十年裡，為了觀察太空中這類分子的行為，世界各地都建造起電波望遠鏡。北半球最大的干涉儀位於法國阿爾卑斯山海拔 2,550 公尺處的布爾高台（Plateau de Bure）。在那裡，毫米波電波天文學研究所（IRAM）的諾艾瑪陣列（NOrthern Extended Millimeter Array，NOEMA）望遠鏡共有十一具銀色的 15 公尺天線在白雪皚皚的山間閃耀。

同類設施中規模最大的，是位在南半球智利的阿塔卡瑪大型毫米波陣列（Atacama Large Millimeter Array，ALMA），簡稱為阿爾瑪陣列。阿爾瑪陣列望遠鏡由歐洲、美國和日本的科學家聯合操作，以六十六座碟型天線組成，多數直徑為 12 公尺。因為低海拔的潮濕大氣會吸收掉太多微小的無線電波，所以阿爾瑪陣列望遠鏡建在海拔 5,000 公尺，空氣極端乾燥又稀薄之處。正是像這樣的電波望遠鏡，在黑洞影像的成形扮演了決定性的角色。

讓我們轉回太空，探索氣體星雲和恆星的誕生。在我們看來，它們就像是另一個世界中充滿魔法的地方。年輕恆星在星雲裡有如魔術般形成——雖然，這當然不是魔術造成的，而是迷人的自然科學。氣體星雲中絕大部分是由氫所組成。這種最輕的元素是宇宙間的光和星星形成的最關鍵成分。在地球，一小團氣體很快就會飄散，然而在太空中，聚集在一起的氣體多得多，被自己的重力綁在一起，而且密度也變得愈來愈大。我們以金斯標準（Jeans criterion）來描述恆星誕生前究竟發生了什麼事；這個名稱取自英國天文學家金斯（James Jeans）。在這類型的雲中，重力和氣體壓力永遠處於平衡，而金斯瞭解到有各種不同因子可以破壞這種平衡。一旦超過某個稱為金斯質量（Jeans mass）的點，雲就會收縮，代表現在這團雲就相當於懷孕了，將會誕生出新的星星。

有時候，只需要小幅度的壓縮，雲就會在自己重力的影響下變得愈來愈緻密。一點一點的，溫度從攝氏 −260 度提高到 100 度，雲中的分子開始釋放輻射，給出能量。

當氣體達到攝氏數千度時，分子和原子開始分裂，壓力下降，然後整個結構發生內爆。雲塌縮並分裂為小碎片。以宇宙標準而言，這過程發生得很快，從小小的原恆星到太空中的第一道光，所需時間不到三萬年，便已經開始釋放溫暖帶紅的光。而要成為年輕恆星，還必須耐心等候三千萬年。在這期間，由於非常巨大的壓力，溫度上升到攝氏數百萬度，直到某個節骨眼，核融合發生了：現在，氫融合為氦，就和我們的太陽一樣。最後，一顆新星誕生；我們在天空中看到的千萬顆星星都經歷過這樣的進程。

團塊變成行星

從這些宇宙之雲中形成的，不只有恆星。從今天的觀測資料，我們也可以推論出整個行星系統是如何形成發展的。當這些雲收縮時，塵埃聚集為大型圓盤狀，慢慢的繞著星體胚胎旋轉。圍繞中心而收縮的物質愈多，旋轉速度也愈快。

這種效應我們並不陌生，在花式滑冰選手身上就能看到：他們向外展開雙臂時，原地旋轉的速度較慢。但當手臂或腿部靠近自己身體時，旋轉速度就變快了。以不帶感情、就事論事的角度而言，物理學描述這種過程的方式如下：角動量等於質量、距離和速度的乘積，而且角動量是守恆的。如果距離減少，速度必定提升。這對於環繞甚至包裹住年輕恆星的塵雲也一樣。愈是收縮聚集，旋轉速度就愈快，接著變成了盤狀物質。

此時發生的事情，基本上和恆星形成時完全一樣，盤狀物內開始形成小型的團塊。我把它想像成拿調味粉在鍋子裡煮醬汁：在醬汁變得濃稠的過程中，如果不太專心而攪拌得太慢，最後形成的不是醬汁，而是一坨坨調味粉四散在鍋底。只不過這些塵埃形成的團塊並非恆星，而是行星。這些原行星不曾熱到足以在核心啟動核融合反應；它們質量太小而壓力太低。行星成長，吸取自己軌道上的塵埃，在年輕恆星的塵埃盤子上耙出溝紋。在阿爾瑪陣列望遠鏡捕捉到的影像中，你可以看到原恆星周圍環繞著帶有溝紋的原行星盤；看起來有點像另類的巨大土星環。[2]

原行星盤的旋轉運動也解釋了我們行星軌道的形成。所有行星都在這個環繞著太陽、充滿塵埃的原初盤子之中形成。逐漸增溫成為太陽的這個原恆星，就是產生了我們行星系統的滑冰選手。

在我們太陽系的外緣，仍可以找到行星形成早期的冰塊。它們是不太密實的彗星，是由水、岩石和塵埃聚在一起形成的骯髒冰塊。旋轉的原行星盤中，並不是每個小團塊都能成為初步的行星。有些頂多變成矮行星，例如冥王星，或者變成更小的岩塊，例如小行星。它們沒有足夠的重力形成完好的圓球。

最終也是這種天上的塵埃把生命的基本建構單位帶到地球上來。水和許多有機分子經由這個過程抵達地球，使地球上的元素更為豐富。構成我們的所有元素，最初都先在恆星裡燃燒，然後冷凍為塵雲裡的分子，最後在地球誕生初期來到我們所在的地方。我們人類是宇宙生物，我們的身體真的是由星塵構成的。[3]

外太空的生命

當我們看到這些塵埃和行星盤，忽然會開始自問：別的地方會不會也有生命呢？我們是獨自存在於宇宙之中，或者是還有別種生命形式存在呢？我從小就會問自己這樣的問題，而幾乎所有人開始瞭解到宇宙的壯闊時，也都會產生類似的想法。

就我開始從事研究的九〇年代中期，人們在太陽系外找到的行星只有一顆。這個行星環繞的是一顆已死的脈衝星

（pulsar，又譯「波霎」）PSR 1257+12，是 1992 年由波蘭天文學家沃爾什贊（Alekasander Wolszczan）和他的美國同事福瑞爾（Dale Frail）發現的。一般認為 PSR 1257+12 不是什麼宜居之處。

1995 年，我剛取得博士學位後不久，在距法國馬賽不遠的上普羅旺斯天文台（Observatoire de Haute-Provence），梅約爾（Michel Mayor）和他的博士生希洛茲（Didier Queloz）發現了另一顆太陽系外的行星。它位於五十光年之外的飛馬座，後來被稱為飛馬座 51b（51 Pegasi b; Dimidium），[4] 繞著恆星飛馬座 51（51 Pegasi; Helvetios）轉，而飛馬座 51 和我們的太陽其實頗為相似。這兩位科學家得到諾貝爾獎。

這些太陽系之外，位於其他恆星系的行星稱為系外行星（exoplanet）。目前為止我們已經找到數千個這類行星的證據，但光是和銀河系中應有的行星比起來，這數字根本不算什麼。從統計上而言，數量可能多達一千億個，還可能更多。然而我們還未發現生命的清晰跡象。儘管如此，我們很可能並非唯一的生命。現在，有愈來愈多天文學家敢於說出這種觀點，並公開推論外星生命的存在。

有智慧的生命或許可以透過無線電波透露自己的存在。十年前，當我和一個博士生開始爬梳低頻陣列電波望遠鏡的資料，尋找可能的外星生命訊號時，[5] 荷蘭的其他同事會對我們投以懷疑的目光。這名學生後來成為美國加州大學柏克萊分校的研究員，該校接受俄羅斯億萬富翁密爾納（Yuri Milner）一億美元的贊助，進行同類研究。如果我自己的研究也能得到這樣的贊助就好了。其實比密爾納的贊助更早之時，因電影《接觸未來》（*Contact*）而名留青史的天文物理學家塔特（Jill Tarter），已在加州募款成立了 SETI 研究中心。SETI 的全名是「尋找外星智慧」（search for extraterrestrial intelligence）。

我們還沒有在太空中找到任何智慧生物——甚至我有幾位同事可能會說地球上也沒有！不過，尋找外星生物仍帶來幾項技術上的進展，有助於電波天文學。SETI 需要能夠快速處理大量資料的超級軟體和硬體。天文學家現在正需要電腦專家的幫助，例如啟動了加州大學柏克萊分校 SETI 計畫的沃爾海默（Dan Werthimer）。沃爾海默是著名的「自組電腦俱樂部」（Homebrew Computer Club）的一員，這個圈子的其他成員還包括微軟創辦者蓋茲（Bill Gates）、蘋果創辦人賈伯斯（Steve Jobs）和沃茲尼克（Steve Wozniak）。除了沃爾海默之外，其他三位俱樂部成員後來變得難以置信的富有。我們後來使用沃爾海默的快速電腦處理器，來掌握湧入我們望遠鏡的大量資料。

最終，第一張黑洞的影像不僅要感謝用來照見恆星和分子雲誕生地的次毫米波望遠鏡，在某個較小的面向，還要感謝一度看起來如此離經叛道的外星生命之追尋。

不管地球外是否真的有生命，在還沒找到之前我們都不知道。對我來說，這是一個合理的科學問題。即使我們真的找到外星生命，也不會發生社會或宗教崩潰。在一陣興奮之後，世界會恢復平常。關於我們是誰，決定權操之在己，而不是任何可能的外星生命。所有潛在的宜居行星都在好幾光年之外，甚至是數百或數千光年，因此任何溝通方式都得花上好幾世代的時間。與其等待來自太空的解救，我們應該把自己的星球管理好，並留意我們如何彼此對待。

5

CHAPTER

死星與黑洞

發生在天上的死亡事件：恆星如何死去

恆星會出生，也會死亡，它們生命的終點不僅能孕育新生命，也能創造出黑洞；黑洞正是從死亡的恆星形成的。在宇宙中，每件事一定都有連結，而在太空發生的死亡，既神秘又恐怖。

幾年前，我在美國參加一場為了向天文學家高斯（Miller Goss）致敬而舉辦的研討會。在新墨西哥州的安靜小城索科羅（Socorro），高斯主導了美國兩座最大也最有斬獲的無線電干涉儀：特大陣列（Very Large Array，VLA）和特長基線陣列（Very Long Baseline Array，VLBA）。然而更重要的是，他給予許多年輕科學家支持——我也是其中之一。這個領域的研究者從世界各地飛來此地致敬。做為研討會的尾聲，高斯安排了一趟小旅行，前往他最喜歡的一個地點。我們開車前去著名的查科峽谷（Chaco Canyon），在那裡，美洲原住民在公元後第一個千禧年之中的某時，建造出壯觀的黏土結構。留著鬍子的公園解說員說，在這些培布羅（pueblo）結構的一端，有一個以牆圍繞起來的小空間，是觀星者曾經坐著的地方。

我想像一名美洲原住民長者，每天晚上一動也不動的坐在這裡，追蹤星星的軌跡，直到破曉。每當第一道紅色的晨曦照耀著他的身體時，想必都是一次崇高絕美的片刻。對他而言，破曉是每天的重要儀式。這個片刻或許帶來大地和自然依舊存在的安心感，也是時間持續行進的無聲象徵。這或許也是歡愉的時刻：生命繼續，光明來臨，太陽溫暖著土地，鳥兒開始鳴叫，疏落的植物成長。

對古代的培布羅人來說，這個峽谷是個日曆。他們可以在一個高懸的峭壁上追蹤日出，並藉此確認這天是一年之中的某個特定日子。由於地球的公轉，秋天時日出位置會稍微往南偏移，春天時則稍微往北。

比哥倫布抵達新世界前更早許多之時，在這裡仰望星空的長者還看到某樣東西，因為就在將近一千年前，發生了不尋常的事件。距此不遠的岩石雕刻可能記錄了這場極為罕見的天文事件：有一個明亮的天體發出非常強烈的光，甚至在白天也可以看見。

公元 1054 年，全世界的人都驚訝的仰望天空。有些人可能擔心巨大的災難即將發生。中國北宋的天文學家精確記下這場天空中的驚人事件，記錄到蒼穹中有顆與金星（太白）一樣明亮的「客星」。一名阿拉伯醫生甚至認為這是一顆新星而記錄下來。

在歐洲，雖然並未留下確鑿的目擊紀錄，人們或許也驚訝的看著占據午後天空的「明亮圓盤」。那麼，到底是什麼驚人事件，讓世界各地都有人記下這個現象？

其實是超新星，一種規模巨大的恆星爆炸事件。[1] 它發生在我們的銀河系內，距我們六千光年之遙。培布羅長者曾坐著之處的岩石雕刻中，顯示了半圓形的月亮，以紅色畫在黃色的峭壁表面。在半月旁，是一顆清晰可見的巨大星星，圓形四周射出光芒——就像小孩子可能畫出的表現方式。它幾乎和月亮一樣大。公園解說員告訴我們，這就是當時美洲原住民藝術家所描繪的超新星。我們這群天文學家並沒有完全被說服。專家仍在爭論這幅畫到底是不是在描繪 1054 年的超新星爆炸。[2] 但我同時也覺得，他們不太可能沒注意到如此不尋常的事件。

你可以把恆星想像為一個熱氣球。核心的熱讓它保持充氣狀態。一旦燃料用盡，裡面的氣體冷卻下來，壓力降低，氣球便開始扁掉。恆星以類似方式面臨自己的終結。一旦燃料燒完後，恆星便塌縮。不過恆星如何及何時「死去」，要視其質量而定。較輕的恆星（大多數恆星都屬於這類）在經過漫長的一生後消耗殆盡，最後悶燒熄滅。

我們的太陽擁有一般的壽命。當它開始向內部塌陷時，仍能夠啟動自己的後燃器。在恆星的中央，核融合的灰燼（高熱的氦核）會累積起來。在恆星內爆的內部高壓之下，溫度再次上升，氦會融合為碳，釋放出最後所存的能量，「表皮」因此開始膨脹。就在壽命即將終結之時，太陽會膨脹，變成一顆紅巨星，吞噬掉水星、金星，可能甚至包括地球。

質量大於我們太陽的恆星，在臨終喘息時會向外噴出氣體和電漿。行星狀星雲形成，將死的恆星從內部提供光照，呈現出美妙的形狀與色彩。這個奇景對宇宙來說只是一眨眼的時間；數千年後，這些行星狀星雲便會褪色。行星狀星雲這名稱有點誤導，因為它和行星毫無關係，只是因為在十八世紀發現到時，從當時的望遠鏡中看起來很像是由氣體構成的遠方行星。

在中心位置，是核融合的壓縮灰燼，整個恆星的重量都集中在此。壓力變得如此之大，使得原子逐漸擠在一起，直到摩肩接踵而完全沒有空間留下。然後電子壓力讓這顆星無法繼續塌縮。在恆星核心處繞行原子核的電子稱為「費米子」（fermion）。費米子是物理界的獨行俠，它不會與任何其他費米子同床共枕。當周遭變得太擠時，費米子抗衡了重力帶來的壓力，因而阻止了燃燒殆盡的核心完全崩塌。

如果恆星的外層已經脫去，那麼剩下來的就是一顆體積小、緊緊壓縮、發出亮光的碳核，也就是白矮星（white dwarf），大小相當於地球，但重量相當於太陽。我們的太陽再過數十億年後會變成白矮星，白矮星的組成物只要一茶匙就重達九噸，相當於一輛貨車。白矮星的表面十分酷熱，在很長的時間中會繼續把熱能輻射到太空，直至最後，這顆死星終於變成一顆冰冷、完美球型的碳結晶，成為太空中的巨大鑽石。

這個過程有不同的量子力學效應參與，印度物理學家錢卓塞卡（Subrahmanyan Chandrasekhar）曾對此進行計算。1930 年，年僅十九歲的錢卓塞卡搭船前往英格蘭，以便在劍橋繼續他在印度時即已開始的物理學研究。在航程中他的時間很多，因此決定著手計算白矮星可能的最大質量，並得到 1.44 太陽質量的結論。

不過，如果一顆恆星比我們的太陽更大又重上許多，其壓力提高到根本無法承受的程度時，又會發生什麼事？一顆重量比我們太陽大超過八倍的恆星，會點燃更多後燃器而避免塌縮。這顆巨大太陽的核心像洋蔥般，一層又一層燒掉自己。愈接近核心的內層愈熱，在燃燒各層的灰燼時，除了把每一層所儲存的能量釋放出來之外，也形成更大的原子核。氫變成氦，氦變成碳，碳和氦變成氧，氧變成矽，而矽變成鐵。每一個燃燒過程都比前一個更快。氦要燒成碳需要一百萬年，然而全部的矽融合成鐵只需要幾天時間。

然後，事情到此為止！從能量的角度而言，鐵具有自然界中最為緊實的原子核。如果壓力夠大，鐵還能融掉而形成更多新的元素，但這個過程不會再產生更多新能量，反而需要吸收能量。忽然間，增加壓力以便從原子裡擠出更多能量的單純伎倆不再管用。就這樣，原子不再升溫，而是進入降溫過程；壓力不再提高，而是降低。這顆垂垂老矣的星星終於喪失最後的勉強支撐，墮入死亡。幾分鐘之內核心內爆——這顆步入死亡的星星再也無法承受自己的重力。

這個恆星屍骸的內部壓力提升到難以想像的程度，因為這類恆星的核比錢卓塞卡計算出的白矮星最大極限還要重，甚至連緊密壓縮的原子都被碾碎。但在無法回頭的終極崩潰之前，還有最後一個步驟。原本對接觸具有抗力的電子逃到原子核內部，和質子融合在一起成為中子：原子的外層消失進入核心，剩下的體積比先前小了一萬倍。

如果把原子的大小（包含電子層）想像為德國的萊茵能源球場（RheinEnergieStadion），也就是我最喜歡但並不是每次都能贏球的科隆足球俱樂部（1. FC Köln）比賽的地方，則原子核就相當於放在球場中央開球點的一枚鎳幣。我們所知的物質都是由原子組成，而裡面通常包含了很多空間。如果一顆恆星的原子變成純粹的中子，就縮小為中子星。這種塌縮就像是把整個球場擠入一枚硬幣裡。在中子星，超過 1.5 個太陽的質量全都集中在直徑只有 24 公里的圓球中。密度難以想像的高。5 毫升中子星的物質重達 25 億噸，這代表在一茶匙裡就有八千座科倫大教堂的質量。

很長一段時間，中子星聽起來像是大膽的猜測，直到貝爾（Jocelyn Bell）和她的博士指導教授休伊什（Antony Hewish）在 1967 年 11 月 28 日寫下了歷史，兩人從劍橋的馬拉德無線電天文台（Mullard Radio Astronomy Observatory）發現了一個奇怪的電波訊號。因為有許多短脈衝以精確的間隔抵達地球，有如太空中滴答行走的時鐘，所以後來這個物體稱為「脈衝星」。一開始兩位研究者對這種精確性感到不解，半開玩笑的把這電波物體稱為「LGM」，也就是「小綠人」（Little Green Men）。

不久後事情變得明朗，他們發現的是一顆極小又重得異乎尋常的東西，以非常快的速度繞著自己的軸心打轉。它實際上是一顆中子星；這個死亡的恆星重量和太陽差不多重、尺寸和德國巴伐利亞一個由小行星造成的古老撞擊坑諾丁格里斯（Nördlinger Ries）差不多大。並不是所有中子星都會變成脈衝星，但每個脈衝星都是中子星。

脈衝星就像宇宙中的燈塔，以兩束光線的形式向太空放出電波，以固定的間隔抵達地球，因而造成來自天空的電波閃光。因為這個天體又重又穩定，發揮著有如巨大平衡輪的功能，可用來計時。它比任何原子鐘還要精準。由於脈衝星有著卓越的穩定性和一致性，我們可以用它來測試相對論。[3] 一個著名的例子是脈衝雙星 PSR J0737-3039，[4] 這是兩個互相繞著彼此轉的脈衝星。橢圓形軌道的進動計算已經精確到小數點後五位，當初愛因斯坦搞清楚水星進動現象時心跳加速，而脈衝雙星的進動是水星的一萬倍。

超過我們太陽質量八倍的恆星，就會發生中子星現身這樣的精采事件。這類超級太陽的死亡方式，會比我們的太陽壯觀許多。超級太陽燃燒殆盡時會變成銀河中的煙花，在它塌縮質量的壓力下，核心會突然生出新的中子星，但星體的其他部分會以超音速內爆。電子和質子忽然在原子核中結合，釋放出大量的微中子，微中子則在星體外層儲存了更多能量。然後，毀滅性的震波通過整個星體向外爆出，最終把星星炸裂。天文學家把這種星系等級的爆炸稱為超新星。它在太空中閃出耀眼的光，看起來相當驚人。它正是令查科峽谷美洲原住民和世界各地觀星者驚嘆的奇觀。

試想一下，超新星在不到一秒的時間爆炸，釋放的能量比太陽終其一生所產生的還要多。然而所有的光要穿出這顆星的最外層，仍得花幾週時間。因此，我們觀察到一顆超新星的時間，有時可能長達好幾個月。在它導致的極端溫度和壓力下，許多比鐵還重的新元素產生。鈷、鎳、銅、鋅被拋入太空後，和氣體構成碎屑雲，這些雲的溫度達攝氏數百萬度，且仍在悶燒。

爆炸產生的星際震波是巨大的宇宙粒子加速器，會以球狀向外擴張，用每秒數萬公里的速度穿過太空。有些原子核被推到幾達光速，在星際間隨著動盪的磁場穿過銀河系。其中非常小的一部分帶著很大的能量降落到地球，成為宇宙射線的一部分。

直到今天，我們仍能看到這些震波。2009 年，我以前的學生[5] 發現一個新的電波來源，來自隔壁星系 M82。我們看到一個明亮的電波環，以每秒 12,000 公里的速度擴張，持續好幾個月。[6] 根據速度和大小，我們能夠推論這顆恆星是在一年之前爆炸的。我們發現的是超新星 2008iz。它位在一片巨大的塵雲之後，所以其他望遠鏡一直都沒能看到。相較於從科幻電影或枯燥的學術論文間接想像，能夠親自發現並即時體驗這個宇宙級的演出，實在令人興奮。

今天，我們仍看得到 1054 年明亮超新星的殘骸。它留下了壯觀的蟹狀星雲（Crab Nebula）。位於我們銀河系英仙臂（Perseus Arm）的蟹狀星雲像是一團色彩繽紛的雲煙，也是古代記載並非神話的證據。

在我們的銀河系，估計每一千年只有二十個超新星。其中一個在 1572 年 11 月 11 日讓第谷和他妹妹蘇菲（Sophie）嚇了一大跳。他們把這次事件看作是新星誕生，因此發明了「*stella nova*」一詞，意思是「新星」。1604 年，克卜勒也描述了一個超新星。由於沒有任何視差，表示這顆星的光並非來自我們的大氣，而是來自至少比月球還遠的地方。亞里斯多德的宇宙模型中，天球上的星星是固定不動的，而這顆超新星則再次對他的宇宙模型造成沉重的打擊。

現今天文學家經常發現新的超新星，因為它們也存在於其他星系中。但目前在我們的銀河系隨時都有可能產生一個新的超新星，並且用肉眼就可以看到。事實上，下一顆超新星出現的時間差不多該到了，不過也可能還要再等幾百年。

即使是距我們很近的超新星，對人類也不會產生危險。在包容萬物的偉大藍圖中，我們的行星和地球上的生命之所以能夠誕生，甚至也要感謝這些爆炸的星體。這是因為恆星在生命的最後階段，會以愈來愈快的循環產生重要元素。透過超新星，元素被拋入太空，聚集為巨大的塵雲，從這裡才能形成下一世代的新恆星和行星。地球上所有重要元素的起源也是如此。所以，若不是恆星死亡，就不會有生命，也不會有舊金山金門大橋漂亮的橘紅色。顏料裡含有氧化鐵，而鐵最初就是由超新星爆炸所鍛造出來的。因此，我們對死亡的恆星應有無限感激。

黑洞形成

還有質量更大的恆星，大到無法形成中子星。想像客廳裡有一張格外穩固的椅子，專門留給體重過重到極點的阿弗瑞德叔叔坐。自從某次他坐壞了一張便宜的塑膠折疊椅之後，這張又大又重的木頭椅子就成了他的專屬座位。安全畢竟比較重要。但即使是最穩固的椅子，還是有極限的。如果阿弗瑞德叔叔把他在馬戲團的大象帶來，一起坐在這張木頭椅子上，椅子還是會壞掉。

在天文物理學中，白矮星就像便宜的塑膠椅，中子星就像穩固的木頭椅。這些椅子都可以承受相當的重量，但並非萬無一失，因為真的有大象等級的天體存在。對於這份瞭解，我們要感謝美國原子彈之父歐本海默（Robert Oppenheimer）以及他的同事和學生。就在第二次世界大戰前不久，他們跟錢卓塞卡算出白矮星並非無極限一樣，證明了中子星也具有質量上限。[7]根據今天的計算，中子星最大的質量約比太陽的二到三倍多一點。

宇宙大象恆星的重量約為太陽的二十五倍以上。當這樣的恆星爆炸時，大部分質量飛出去，同時核心會先形成白矮星，然後是中子星。在核心內，愈來愈多物質陷入中央，到了某個程度，甚至連中子星都會塌縮。一旦發生，就沒有任何力量可以阻止了。任何已知的力量都無法承受這麼大的恆星重量，所以塌縮無法避免。恆星繼續往自己中心擠壓，變得愈來愈小，直到某個程度時，所有質量集中到一個密度無限大的點。然後形成了宇宙間最不可思議的東西：黑洞。雖然在歐本海默那時，還不叫這個名字。

愛因斯坦本身覺得這種想法很恐怖。當初在愛因斯坦發展出相對論後幾個月，德國天文學家史瓦西（Karl Schwarzschild）便已推導出讓質量聚集到一個點的時－空結構，而且有個令人極其不安的結果。

史瓦西是現代天文物理學先鋒。在 1914 年第一次世界大戰爆發時，他是波茲坦天文物理天文台的台長。相對於愛丁頓信奉和平主義及尊敬愛因斯坦，史瓦西身為猶太上流階級家庭的兒子，選擇為國服務，自願成為德國砲兵。這是悲劇性的決定。兩年後，他在前線因病而死。

儘管如此，史瓦西在戰爭期間成功寫下兩篇世界級的科學論文。[8]在其中一篇，他計算一個質點周圍的時－空曲率。史瓦西因此成為求出廣義相對論方程式在具體情況下的精確解的第一人，[9] 他自豪的把文章寄給愛因斯坦。愛因斯坦感到驚訝。「想不到這個問題的解可以如此簡潔。」愛因斯坦如此回信，並在下一次普魯士科學院（Prussian Academy of Science）的集會上報告這個成果。[10]

在史瓦西的解中，[11] 所有質量都集中在一點；然而在這個點中，空間本身似乎在一個方向上無限延展，而空間的曲率變成無限大。忽然間，在空間裡一個有限的地方有了無限的空間。這些方程式顯示了一個奇異點；奇異點是一個方程式即將爆發、值變成無限，而所有事物都停下來的點。我們物理學家知道奇異點並不存在於現實，而會說方程式裡仍少了什麼東西。就當時的愛因斯坦來說，事情十分清楚：質點並不存在。儘管史瓦西的答案很有趣，但純粹是數學上的手法。

然而讓愛因斯坦和其他科學家不安的是，在方程式中，與中心的奇異點相距遙遠的外側會發生奇怪的事，這個距離如下：

$$R_S = 2GM/c^2$$

這個距離在今天稱為史瓦西半徑（Schwarzschild radius）。M 為物體的質量，$c = 299{,}792.458$ km/s，$G = 6.6743 \times 10^{11}$ $m^3/kg/s^2$，也就是光速和重力常數。

到了這個距離，事情變得怪怪的，方程式有了瘋狂的表現：一旦抵達史瓦西半徑，時間似乎停止不動。然而，一旦進入半徑之內，就不再是在空間裡前進，在某種意義之上反而是在時間裡前進。

在一般情況下，我可以安靜坐在公園的板凳上；我坐在空間裡一個固定的點上，而時間持續流逝。在史瓦西半徑內，我卡在時間裡，但空間把我拉往中央的奇異點，無法抵抗。不管我如何試著向外移動，都只會更加接近中心。

這非常奇怪。要從內部跨越史瓦西半徑、脫離這個空間，看來永遠沒有可能。只要進入史瓦西半徑，就逃不掉了——不管是物質或光都一樣，也因此訊息或能量都行不通。要過了很久以後，才有人瞭解那裡究竟發生了什麼事。史瓦西在第一次世界大戰中慘淡的壕溝裡，不知情的描述了黑洞。

不過，即使還不知道黑洞，有一件事已經很清楚：在很靠近一個質點時，必然會發生某種怪事。克卜勒和牛頓關於行星運動的簡單理論，不是就已經很明顯了嗎？愈靠近太陽，繞行太陽的速度也愈快。如果太陽無限小，而一個行星以半徑 3 公里的軌道環繞太陽時，就會以光速運行；半徑如果更小，速度就必須高過光速。但那當然是不可能的！

重力也變得太大。愈多質量集中在同樣的空間，重力的拉力也愈大，因此要掙脫這股拉力也就愈困難。如果想要掙脫地球的重力，向著太空發射的火箭必須達到每秒 11.2 公里。從質量更大的太陽表面，則需要每秒 617 公里。如果把太陽壓縮得更小，在太陽表面所需的脫離速度也會持續增加，到了某個程度時，就必須飛得比光速還快。但在牛頓的理論中，到了那時連光都無法逃脫，只能無望的落回星體。然而在愛因斯坦的理論中，如果在黑洞邊緣以光速前進，甚至無法前進分毫！

早在1783年，牧師米歇爾（John Michell）在完全沒有相對論的概念之下，就想到自然中必然會發生這樣的事：如果一個恆星的重力夠強大，脫離速度便必須比光速還快。因為沒有光可以逃逸出來，即使這樣的「黑暗之星」存在於太空中某個特定位置，也一定是看不見的。

在愛因斯坦的理論中，黑洞周圍的空間就像湍急的河流，[12] 到史瓦西半徑處變成瀑布。光就像是在這條空間河流中的游泳選手。距離瀑布邊緣還很遠時，仍有可能逆流游泳。愈是接近瀑布，水流愈強，游速也必須愈來愈快。

然而，到了某個點，連世界游泳冠軍都無法逃脫這急流，只能被沖走。一旦掉落峭壁邊緣，一切就已太遲了。沒人可以垂直游上瀑布。完全相同的事情也發生在史瓦西半徑上。那是一去不復返的點。在那裡，連哭喊聲都傳不出來。即使是光，連同空間，都被拉入深淵。

1956年，物理學家潤德勒（Wolfgang Rindler）為這種「怪誕的邊界」創出了「事件視界」（event horizon）一詞。事件視界既摸不著也感覺不到，只是在空間裡的某種邊界，一種數學上的定義，然而仍是一種分界線。

如果我們計算太陽的史瓦西半徑，得到的數值是3公里，地球是0.9公分，而一個像我一樣的人，數值則是原子核大小的一千億分之一。

愛因斯坦相信史瓦西半徑之內的區域不是物理，而是純粹的想像、純粹的數學。大自然理應避免這樣的東西形成。1939

年，他發表一篇文章，試圖借用自己的相對論來證明這種「黑暗之星」並不存在。他以勝利的語氣為文章結尾：「此番查驗的結果，是在本質上清楚瞭解『史瓦西奇異點』為何不存在於物理現實中。」這意味著：黑洞不存在。[13]

然而愛因斯坦這篇文章錯了。幾乎同時，歐本海默的團隊提出論證：恆星幾乎可以確定能夠塌縮為一個點。[14] 如果恆星夠大，就無法阻止塌縮發生。

然而，相對論的非凡之處於此再次展現。在塌縮時會看到什麼，極端仰賴那個人的位置而定。用望遠鏡仔細追蹤塌縮的觀察者，會看到恆星內爆並消失為一個黑洞。事件視界出現，每個接近的東西看起來變得愈來愈微弱又愈來愈慢。所有光波會延伸到無限長，一旦試圖逃逸，對觀察者而言就變得不再能夠測量。時間會變得黏滯，有如糖漿，最終彷彿靜止。如果我們想像光波如同時鐘的計時器，那麼就像空間一樣，光波會延伸得愈來愈長。時鐘滴答愈來愈慢，直到完全停下來。

同時，對於仍坐在塌縮星體表面的粗心觀察者，沒有什麼特別的事情發生——除了他會突然死去以外。他和所有其他粒子一起墜入恆星的核心。當他通過事件視界時，不會注意到任何不尋常的事情，甚至也不會注意到自己通過了事件視界。即使身處黑洞之內，黑洞在他眼前看起來永遠是個大黑點。他的時間流逝如常，直到最後，在比一毫秒更短的時間裡，他被壓縮進恆星核心的一個點。他的光和他一起掉進去。然而，在恆星黑洞的例子裡，此處的樂趣極其短暫。因為這位魯莽觀察者的雙腳比頭部更靠近質量的中心，也就會比頭受到更大的吸力，所以他會被扯開拉長，像根麵條一樣。

儘管並非每個人都能享受上述情節的樂趣，但物理學家很喜歡如此想像。很長一段時間，我們把這類天體稱作「凍結之星」（frozen star），因為時間在其邊緣停止。但這並不是確實的情況。嚴格說來，時間的停止只發生在永遠靜止的黑洞邊緣。如果黑洞吞噬物質而成長，事件視界也會成長，然後就把「凍結」的物質碾碎吞噬下去。

「黑洞」一詞首次出現，是在記者尤因（Ann Ewing）於 1964 年所寫的一篇文章中；[15] 然後惠勒（John Archibald Wheeler）拿來用在一場研討會中，就此確立。從那時候開始，黑洞一直吸引人心，不管一般大眾或專家皆然。在物理學中，用字遣詞也是很重要的，而美國人對行銷略知一二。今天沒有人會花錢買一本書是講述「在重力方面完全塌縮的天體」的第一張影像。

其實，黑洞並非都是靜止的，也有旋轉的黑洞。紐西蘭數學家克爾（Roy Kerr）在 1963 年發現了旋轉黑洞的數學解，描述這種天體周圍的時－空。[16] 如果旋轉的物質落入黑洞，角動量仍會守恆。黑洞使得空間與自己一起轉動，就和漩渦會導致水旋轉一樣。而正如困在漩渦中的小船會被拖入水中深處，這種旋轉的空間迫使某個距離內的物質甚至光一起旋轉。反過來說，理論上是有可能在這種漩渦區域，藉著入射磁場的幫助，從黑洞取得旋轉能。[17] 旋轉黑洞中心的奇異點是一個具有瘋狂性質的環。數學上，我們可以走在這個環上，從某個特定時間開始環繞，並在同一時間回到原處。

黑洞只由非常大而短命的恆星所形成，短命恆星的壽命或許只有幾百萬年。一顆巨大恆星形成後不久，便再次爆炸。不管年輕的恆星在哪裡形成，恆星黑洞也隨後產生。估計現在我們的銀河系中有一億個黑洞，位在數千光年之外，也因為太小而無法捕捉影像。有時可以發現它們在天空中放出明亮的 X 光，那是黑洞把旁邊繞著自己轉的鄰近恆星物質吸入的瞬間。這種成對天體稱作「X 光雙星」。實際上這是一個恆星屍骸和一個恆星彼此旋繞，黑洞殭屍一點一點的把它的伴侶吃掉。

銀河系的中心

時間是 2016 年 6 月，我坐在非洲納米比亞共和國的甘斯貝格山（Gamsberg mountain）山頭，我們想在平坦空曠的山上建造一座新的電波望遠鏡。[18] 因為我們沒錢，所以現下眼前只有幾間小屋，不過仍擁有開闊的視野，周遭環繞著令人屏息的全景。在我下方是遍布岩石、色彩豐富的沙漠，向著四面八方延伸到地平線。在我頭上，幾乎無雲的天空給沉落的夕照染為深紅色。沙與太陽幻化出的各種色彩正逐漸淡去，令我目眩神迷。還有比這更美的片刻嗎？我凝望天空的視線從未純然客觀，總是含著一種迷戀。

在非洲南部遠離城鎮之處，在那些澄淨又乾燥的夜晚，布滿星辰的天空像是宏偉的彩繪圓頂，在我頭上高高撐起。銀河散放華麗的光輝，從黑暗的太空凸顯出來，形成一條亮帶，一眼看去便跨越十萬光年。無數星辰編織成發亮的薄紗，橫亙整片天空。黑暗的點狀區域帶給我一種陌生的變化感，畢竟我習慣在北半球觀看銀河。這些黑斑用肉眼便能看到，既是星際間的塵雲，也是新恆星、行星及黑洞的孕育之處。直直仰望，幾乎在頭頂正上方，就是銀河系的中心。「我的」黑洞就躲藏於那裡的某處。在布滿星點的清澈夜空下，它簡直像是伸手可及，但究竟在哪裡，我只能用猜的，因為我們銀河系的黑暗塵雲擋住了視線，讓人無法直探銀河中心。儘管銀河系如此美麗，我們卻很難完全領略，原因在於我們是它的一部分。我們不只是觀察者，也是這個宇宙之島的居民。

銀河是夜空中僅次於月亮最容易看見的事物。它的光如此明亮清晰，因此傳說中使徒雅各（Saint James the Great）前往聖地牙哥孔波斯特拉（Santiago de Compostela）時，是藉著銀河指路。雖然我現在可以用 GPS 行走這條「朝聖之路」（Camino），但至少糞金龜把糞球推出糞堆時，仍是利用銀河做為方向指引。[19] 這條銀白的帶子想必也為最早的狩獵－採集者帶來許多想法與感覺。

銀河的英文名字「乳之路」（Milky Way）來自古代。根據希臘神話，天神宙斯（Zeus）趁著妻子赫拉（Hera）睡著時，把兒子海克力斯（Heracles）放在她胸口。但女神被強有力的吸吮驚醒，把海克力斯推開，此時濺出了一些乳汁，越過蒼穹，就此形成「乳之路」。在希臘，它又稱為 *Galaxias*，也就是今天「星系」（Galaxy）一詞的由來。銀河是由數千億顆星星組成的。除了我們的銀河系，其他的就稱為星系。德國自然學家兼探險家洪堡德（Alexander von Humboldt）把星系稱為「*Welteninseln*」，意思是「世界之島」，通常譯為「島宇宙」，我認為後者是更美的名字。

德謨克利特（Democritus）是公元五世紀時的希臘哲學家，他猜想銀河的光應是由一些單獨的星星加起來的。將近兩千年後，伽利略用他的望遠鏡看到銀河裡大量的星辰，發現德謨克利特是對的。康德（Immanuel Kant）在十七世紀寫道，銀河的形式應該像是個圓盤，而它的星星應大致分布在同一個平面上。

大約同時，法國天文學家梅西爾（Charles Messier）為了追蹤慧星，待在巴黎中心的克魯尼公館（Hôtel de Cluny），也就是現在的法國中世紀博物館（Musée National du Moyen Âge）。他在天空中找到許多奇怪的雲狀斑點，這些斑點顯然不是彗星，而且不會移動。梅西爾無法肯定這些雲是什麼東西，但做了記錄並給予編號。他編纂了一份星表，共有 110 個這樣的模糊影子。現在這份星表以他命名。

直到今天，業餘天文學家仍喜歡辨認這些梅西爾星體。它們以 M（梅西爾的縮寫）開頭，然後是數字編號。M1 是蟹狀星雲，是由 1054 年的超新星所形成。M13 是武仙座大球狀星團（Hercules Globular Cluster），這個北半球最明亮的球狀星團，距離我們兩萬兩千光年，有數十萬顆古老的恆星繞著彼此轉，軌道直徑達一百五十光年。M42 是獵戶座星雲（Orion Nebula），那裡有恆星誕生。

這些天體都是我們銀河系的一部分，含有許多美麗的結構和星團。不過，梅西爾星表裡並非所有天體都是我們這個島宇宙的一部分。M31 是仙女座星系（Andromeda Galaxy），早期稱為仙女座星雲（Andromeda Nebula），它實際上是我們銀河系的雙生子，就位在我們隔壁，距離兩百五十萬光年。還有M87，也稱為室女 A（Virgo A）星系，屬於室女座的一部分，是一個大怪獸般的星系，擁有數兆個恆星，而我們的雄偉黑洞就在它的中間。梅西爾那時對此一無所知。對梅西爾來說，只是想要避免有人把這些雲霧狀斑點誤認為彗星，所以製作一個實用性的星表很重要。

接近十八世紀尾聲時，赫雪爾（William Herschel）讓人對銀河系真正的大小產生概念。赫雪爾是業餘天文學家，正職是音樂家，靠編寫交響曲和賦格為生。然而他真正的熱情在於星星。他和妹妹卡羅琳（Caroline）一同觀測星象。卡羅琳本身是名歌手，也同樣是很有天分的天文學家。

德國出生的赫雪爾憑著自學，贏得最佳反射式望遠鏡製作者的名聲。他甚至自己倒水銀製作鏡子，大小可超過直徑 1 公尺。赫雪爾為全歐洲的科學家和貴族供應望遠鏡，甚至曾送過一具望遠鏡到中國。他最喜歡的，是用自製最大的 1.2 公尺望遠鏡來觀察星空，這具望遠鏡由巨大的木架支撐，必須用滑輪和吊機系統來移動。

赫雪爾是軍樂家之子，隨著父親派任而搬到英格蘭。出生於漢諾威的赫雪爾兄妹在這裡數著星星，並擴充了梅西爾星表。赫雪爾發現，梅西爾描述的雲中，有些其實是由個別的星星組成的。1785 年，兄妹倆出版了一張包含五萬顆星星的銀河系圖。的確，這個約略呈卵形的圖像與現實有些差距，但問題不在他們觀測所得的資料，主要在於觀測方法。在赫雪爾兄妹的模型裡，我們的太陽或多或少仍位於銀河系中央。我們現在已經知道這是一種錯誤觀念。

在二十世紀一開始時，研究已得出精確度驚人的銀河系圖像。天文學家認為它是一個扁平的圓盤，直徑約十萬光年，厚度約四千光年。儘管如此，大部分科學家仍假定我們的太陽位於中心。

下一步發生在二十世紀初。二十七歲便成了葛羅寧根大學（University of Groningen）天文學教授的荷蘭人卡普坦（Jacobus Kapteyn）瞭解到，所有恆星都繞著同一個中心旋轉。卡普坦在 1922 年發表了他的動態銀河系模型，然而他也在一個重要的節骨眼上犯了錯，因為在他的模型中，我們的太陽系仍非常接近銀河系中心點，而根據我們現在所知，這會導致我們位於一個巨大黑洞的附近——幸好事實並非如此。

美國天文學家夏普里（Harlow Shapley）更正了這個錯誤。他在威爾遜山天文台（Mount Wilson Observatory），用一台巨大的望遠鏡進行研究。夏普里透過測量球狀星團及它們與地球的距離，來推算銀河系的大小。

只是遙遠星系與地球距離的計算，要在美國女性天文學家列維特（Henrietta Swan Leavitt）的研究後才成為可能。她在 1912 年發現如何透過某些星體光度規律的週期起伏來計算距離，而她使用的是造父變星（Cepheid variable）。列維特和坎農（Annie Jump Cannon）一樣，是熱情而努力不懈的女性天文學家，但屬於成就不一定受到相應認可的世代。到了今天，總算有月球撞擊坑以列維特和坎農命名。

確定了這些球狀星團的位置後，夏普里明白它們並非以太陽為中心繞行。這表示銀河系的旋臂不可能繞著我們的行星系統轉，而這又進一步表示銀河系中心與我們的距離，比卡普坦假定的更遠許多。夏普里估計我們太陽系的位置距離銀河中心約六萬五千光年，後來又把這個距離更正為三萬五千光年。於是夏普里成為我們銀河系的哥白尼。哥白尼這位德國波蘭巨擘曾把地球從我們行星系統的中心移開，送到遙遠的軌道上；夏普里如今則把太陽與其行星從銀河系的中樞位置放逐到邊疆。

夏普里相信銀河系的大小比當時的推測大很多。根據他的估計，銀河系的直徑有三十萬光年。他假定，那些星雲是我們銀河系的一部分。因此，應該只有一個星系，也就是我們的銀河系。他繼續思考，認為整個宇宙都是由我們的銀河系所構成。

由於這種想法，夏普里涉入了一場傳奇般的討論。1920年4月26日，美國華盛頓特區的國立自然史博物館（National Museum of Natural History）發生了一場爭論，後來又稱為「大辯論」（Great Debate）。兩個天文學派相互對峙：一邊是夏普里，主張銀河系之巨大，以及太陽距銀河中心遙遠；另一邊是批評者柯蒂斯（Heber Curtis），代表著島宇宙理論。柯蒂斯相信銀河系只是眾多星系的其中一個，而每一個螺旋星雲都是獨立的星系。然而在柯蒂斯的模型裡，我們的太陽系位於銀河系的中央位置。

辯論當天，兩位科學家在白天時都先為自己所代表的理論發表演說。攤牌時間是當天晚上的開放討論。兩人互不相讓。

柯蒂斯在職業生涯中已經主持過幾個天文台，進行過的日食觀測遠征也有十幾場，他確信夏普里的測量有誤。兩人都強烈捍衛自己的觀點，但當天晚上並沒有明顯的勝負之分。最後，夏普里可能多贏得幾位聽眾站在自己這邊。然而實際上，兩個人都只有部分正確。

在台下的聽眾之中，有一名科學家津津有味的聽著夏普里和柯蒂斯的辯論，他是哈伯（Edwin Hubble）。這位前律師很快就為這場大辯論帶來解答。有趣的是，帶來突破的一樣是威爾遜山天文台，也就是夏普里進行研究的天文台。

人的肉眼可以看得多遠？感謝哈伯，現在我們對這個問題有相對精確的答案：將近三百萬光年。我們的眼睛可以看到的最遠之處，是天空中一個不太起眼的地方，也就是仙女座星雲，又叫 M31，它是我們不用望遠鏡時唯一能在夜空中看見的鄰居星系。其他所有肉眼可見的星星都屬於銀河系。仙女座星雲也是解決夏普里－柯蒂斯對立的關鍵；不僅如此，甚至還是解決宇宙整體結構的關鍵。

在那場傳奇辯論後，只過了三年，哈伯便發現仙女座星雲不只是新星誕生的氣體雲。[20] 在這個所謂的星雲中，他找到一顆恆星，可以用來測量星雲與地球的距離。那顆恆星是列維特描述過的造父變星，會週期性的閃爍著光芒。從它的光變曲線（light curve）可以推測真正的亮度，然後以此推測出它與太陽的距離。

最後得出的距離十分龐大，而這只可能意味著一件事：仙女座星雲的整個結構位在銀河系之外。哈伯把其他觀測結果綜合起來後，明白這個星雲實際上是一整個星系。夏普里錯了，我們的銀河系只是宇宙中眾多星系的其中一個。哈伯在發表這份發現之前，先寫信通知夏普里。不過他這麼做是出於壞心眼還是一種紳士風度，並沒有定論。至於夏普里，他過去曾尖銳批評哈伯，並明白表示他不認為哈伯的看法有什麼價值。但現在夏普里承認自己錯了。他讀信後還拿給一個學生看，並告訴她：「這封信摧毀了我的宇宙。」[21]

哈伯在他 1936 年的著作《星雲之域》（*The Realm of the Nebulae*）裡寫道：「天文學的歷史就是視界逐漸退遠的歷史。」[22] 然而，就銀河系這個例子來說，在哈伯和其他科學家於二〇年代的發現之後，視界還得要拉得更遠，才會抵達我們當前知識所得的距離。宇宙還會變得寬闊，而我們到底位在哪裡，還不是很清楚，因為銀河系中心躲藏在星系盤塵埃之後，難以用光學望遠鏡看穿。

事情在三〇年代初改變，那時電波望遠鏡為天文學開啟了一扇窺視宇宙的新窗口。1932 年，顏斯基（Karl Guthe Jansky）首先偵測到宇宙無線電波，當時他在測量某種明顯來自宇宙的雜訊，其中最強的訊號來自射手座附近。現在我們知道「銀心」（Galactic Center），即銀河系的中心，就在那個方向。

荷蘭科學家歐特（Jan Oort）也相信銀河系中心應該在那個方向上。我們用歐特的名字來命名圍繞在太陽系周圍的歐特雲（Oort cloud），那裡也是彗星的故鄉。歐特推測銀河系中心距我們有三萬光年；和我們今天所知的兩萬七千光年非常接近。同樣是荷蘭人的哈斯特（Henk can de Hulst）把電波天文學更加推進一步。在二戰時德國占領期間，哈斯特躲在烏特勒支（Utrecht）的天文台。他預測，我們銀河系中非常普遍的氫原子，會在無線電頻率範圍放出光譜線。他說，這應該發生在頻率 1.4 吉赫處；與我們今天行動電話的頻率相差不遠。

電波天文學帶來了一線光明。無線電可以穿透像牆那麼厚的物體，因此銀河系中的塵雲不會構成障礙。現在，電波之光穿透銀河系的黑暗區域而閃閃發亮，哈斯特和歐特因此可以測量銀河系的結構，甚至發現旋臂。如果能夠漂浮在銀河系上方，這些都很容易看到，但當然，我們自己就在銀河系裡面，得從側面觀察。

五〇年代中期，我們終於確定了自己在銀河系中的位置。我們是本地旋臂（Local Arm）上的一個點，位於人馬臂（Sagittarius Arm）和英仙臂（Perseus Arm）之間。在這裡，我們以每秒 250 公里的速度繞行銀心。我們的行星系統繞完銀河系一圈，需要兩億地球年，好消息是我們不用為了銀河年來調整自己的月曆。

行星繞著太陽轉的同時，太陽也繞著銀河系中心轉。今天我們只要用電波望遠鏡看著銀河系中心的黑洞，在幾週之內就能夠追蹤這些運動。我同事布倫塔勒（Andreas Brunthaler）和李德（Marc Reid）就經常在做這樣的追蹤。[23] 銀河系中心看似在天空中高速前進，但這是一種錯覺，因為相對於銀河系中心在運轉的是我們，我們周圍的星星也是。

長期而言，這會影響我們看到的天空景觀。例如屬於大熊星座（Ursa Major）一部分的北斗七星，再過約十萬年，模樣就會和今天看到的不同。那梯形的勺子和把手會變形，看起來像是有人把它砸到牆上。

銀河系仍是重要的研究對象。歐洲太空總署（European Space Agency，ESA）的蓋亞任務（Gaia Mission）仍持續為我們帶來有關銀河系結構及銀河系如何成長的新細節。赫米（Amina Helmi）是葛羅寧根大學教授，也是銀河考古學家。她是前輩天文學家卡普坦和歐特的繼承者。2018 年，她揭露了我們銀河系從時間初始以來所隱藏的祕密。約一百億年前，我們的銀河系把「蓋亞－恩西阿達斯」（Gaia-Enceladus）星系整個吞下，而其殘骸直到今天仍在我們自己的銀河系中旋轉。我們的銀河系捕食了這種星系獵物後，導致自己的圓盤長大，讓銀河中心長了一點肚肉，稱為突起（bulge）。

不過銀河系的發育還沒結束。有很多小星系繞著銀河系轉，而在數十億年內，我們將會與體型相當的鄰居仙女座星系融合。對我們的家鄉銀河系來說，還有很多精采刺激的時光在前面等待。

6
CHAPTER

星系，類星體，以及大霹靂

運行中的星系

每個學期的第一堂課，我都會讓學生來做一點體操。我要五個學生站起來，與牆壁呈直角，肩並肩排成一列。最靠牆的學生彎起左手，手肘靠近自己身邊，手掌觸摸牆壁。其他人則把左手搭在隔壁的人的肩上。我一下指令，每個人都必須在同一秒內伸直左臂，也就是說，和左邊的人的距離，會延伸為整條手臂的長度。如此一來，會發生什麼事？

如果他們同時伸直手臂，那麼最靠牆的學生就必須往右跨一步。然而她右邊的第二個同學就必須向右跨兩步，因為第二個同學與牆之間突然增加了兩條手臂的距離。再右邊的同學必須同時向右跨三步。最末端的可憐學生呢？呃，她被推了一大把而飛出去，畢竟一秒內移動五步實在太多了。幸好，通常我都能接住最末端的學生。

這個活動是要描繪出空間膨脹時發生的情況。當少許空間插入兩名學生之間，或兩個星系之間時，會發生什麼事？全都會彼此遠離！而位置愈遠的人，遠離的速度也愈快。這是個簡單的觀察，但運用到空間上時，會改變我們對宇宙的認知，其劇烈程度不亞於哥白尼、克卜勒或牛頓帶來的改變。

愛因斯坦在相對論發表後不久，發現他的宇宙有個問題。這個宇宙不穩定。重力只會吸引，所以一個充滿物質的宇宙應該會朝著自己內部縮起來，就像洩氣的熱氣球一樣。今天我們把這種情況稱為「大崩墜」（Big Crunch）。

幸好，方程式留了後路：愛因斯坦可以插入一個自由浮動的常數。這個常數代表能夠讓宇宙擴張的神祕力量，它是某種反重力的力量。有了這個「宇宙常數」（cosmological constant），愛因斯坦挽救他模型中的宇宙，讓宇宙免於大崩墜，但他本人對此並不開心。

然後事情變得更糟。1922 年，俄國物理學家佛里德曼（Alexander Friedmann）寫信給愛因斯坦，說他可以根據相對論的方程式來描述宇宙的擴張，並不需要那個神祕的常數。愛因斯坦沒有接納這個想法。對他而言，宇宙應該是永恆且靜止。當時這種想法是有理由的。

然後，有個人更進一步撼動愛因斯坦的基本信念，偏偏這個人還是一名天主教神父。這位神職人員不僅在數學上描述了一個擴張的宇宙，甚至主張天文學家已經找到宇宙擴張的線索。

這名神父是比利時的勒梅特（Georges Lemaître），他是前耶穌會學生，在殘酷的第一次世界大戰後加入聖職，並在比利時魯汶（Leuven）天主教大學學習數學和物理學。後來到劍橋師事大名鼎鼎的愛丁頓，並前往波士頓的麻省理工學院，在那裡取得博士學位。

勒梅特先是注意到，在亞利桑那州的羅威爾天文台（Lowell Observatory），美國人斯里弗（Vesto Slipher）發現的星系雲有一些奇怪的特徵。斯里弗在 1917 年時已經透過都卜勒效應（Doppler effect）來測量星系的速度。我們是從聲學領域瞭解都卜勒效應的：如果一輛救護車鳴著警笛從我們旁邊經過，當它朝我們駛來時，我們會聽到較高的聲調；一旦救護車超過我們且逐漸遠離，我們會聽到較低的聲音。發生在聲音上的現象也同樣發生在光。如果星系對著我們飛過來，光會壓縮而變得「偏藍」；如果遠離我們，則會拉長而「偏紅」。當然，不管哪個方向，光永遠以光速行進，但我們對顏色的感受會改變。所以，如果用攝譜儀來測量星系的光，檢查原子的指紋，也就是光譜，就可以測量到少許顏色的偏移，藉此知道觀看的星系在觀察方向上的移動速度。

結果是，除了我們隔壁的仙女座星系以外，絕大部分的光都有著紅移。幾乎所有星系都在遠離我們！這很奇怪，而且不可能是巧合。把這種奇怪狀況放到一個大型舞廳來看。舞廳裡全都是成雙成對在地板上滑行的舞者。朝向自己和遠離自己的舞者數量不是應該差不多嗎？怎麼會每個人都在遠離我們呢？我們有那麼不受歡迎嗎？

勒梅特的解釋是：問題不在我們，而是整個宇宙都在膨脹，光也包含其中。把斯里弗算出的星系速度和哈伯計算的距離對應起來，勒梅特發現星系以非常快的速度飛離我們。最遠的星系移動得最快，就像我課堂上排在末端的可憐學生一樣。

我們可以大大的鬆一口氣。星系匆忙飛走，並不是因為我們的銀河系有什麼令人避之唯恐不及的特性；其他星系的觀察者也會看到同樣的情況。和我教室裡的牆不同的是，銀河系並沒有錨定在太空中的任何位置，也並未棲止在整個宇宙的中心；它和所有其他星系一同在擁擠的宇宙舞廳裡移動。整個宇宙的舞池，包括舞廳，都持續膨脹延伸。

我們也可以這樣想像：舞池是一個巨大汽球的外側，舞者都在氣球表面跳舞。如果氣球膨脹，跳舞的空間就會愈來愈多，而每個舞者都會彼此遠離。只有彼此手臂牢牢相牽的舞者會待在一起，就像我們的銀河系和仙女座星系。它們相互吸引的力量比宇宙膨脹的力量更強。

勒梅特在 1927 年以法文發表他的結果，引用了哈伯的距離觀測資料。兩年後，哈伯也發表了同樣的相關性，使用的資料幾乎相同，不同的是他的文章是以英文發表的。但他沒有提到斯里弗，儘管用到斯里弗的測量；他也沒有提到勒梅特，而他曾私下和勒梅特交談過。科學史學家和當時的人都說哈伯「對於參考來源的引用非常挑剔，因而在發表文章時沒有引用同行的文獻。」[1] 這是很客氣的說法。在科學上，得到同行引用與認可，乃是一種強勢貨幣。很不幸的，哈伯這樣的行為雖非罕見，但仍十分不道德。

科學有時像是荷馬史詩《伊里亞德》（*The Iliad*）：比起作為甚至生命更重要的，是身後讓人傳頌的故事。哈伯想在歷史上獲得一席之地，而他也成功了。著名的太空望遠鏡以他命名，宇宙膨脹的定律在很長一段時間就叫做哈伯定律（Hubble's Law）。要一直到 2019 年，國際天文學聯合會才投票決定重新命名為「哈伯－勒梅特定律」。

哈伯－勒梅特定律對於擴展我們宇宙的視界非常重要。由於有這條定律，現在才可能測量最遙遠的星系和我們地球的距離。數十億光年不再是問題。只要能找到某個星系中原子發出的光，確認光譜指紋，則光譜線的紅移就可以用來測量它的距離。

愛因斯坦完全不喜歡這個新的發展。如果往回看，這種膨脹意味很久以前整個宇宙應該全部擠壓為單一的點。和黑洞一樣，他的方程式又一次導致了時間和空間的奇異點。這表示宇宙必得有個開頭！勒梅特是第一個膽敢把這種想法說出來的人，他說幾十億年前有一種原初原子，彷彿一顆蛋，年輕的宇宙從中誕生。

愛因斯坦也不喜歡這樣。聽起來豈不是像神父的痴心妄想？這主意不是來自《聖經》的創世論嗎？天主教徒勒梅特飽受質疑。科學家維持懷疑態度，有些人甚至嘲笑勒梅特的模型，稱之為「大霹靂」（Big Bang）。沒錯，這個詞一開始帶有負面意味，但最終因為它背後的想法是合理的，所以一直沿用下來。在德文中，意味「起源」或「原初」爆炸的 Urknall 一詞已經進入一般用語中，我個人認為是個更合適的詞彙。

在一次長談中，勒梅特試圖說服愛因斯坦，靜止的宇宙觀行不通。世人也花了很長時間才完全接受大霹靂理論。我年輕時，仍遇過完全拒斥這種想法的上世代顯赫科學家。他們擔心「大霹靂讓造物主又從棺材裡跳出來」。但歷史在此重演，只是角色對調。在哥白尼和伽利略的時代，反對新宇宙模型的是梵蒂岡；到了勒梅特，在 1951 年最早支持宇宙膨脹新理論的，是教宗庇護十二世（Pope Pius XII）。

人言有云：舊理論會隨著最後的批評者一同死去。在這個例子的確如此。今天，即使大霹靂之謎仍有待破解，但科學家已完全接受動態而膨脹的宇宙。

嶄新光芒：電波天文學

人類用肉眼觀看天空好幾千年，然後從十七世紀開始，可以借助於光學望遠鏡之力。然而，九十年前，人類開始採用一種全新的技術，在很短的時間內，就為太空研究帶來革新。顏斯基在 1932 年發現宇宙電波訊號時，我們忽然能以完全不同的眼光看見宇宙，因為這是我們第一次不使用可見光，而是使用電磁波譜的不同範圍來進行觀測。對天文學家來說，這等於步入全新的領域，一開始需要先熟悉一下，而有些人無法接受。「電波天文學」這個新學門和它使用的工具「電波望遠鏡」花了些時間才在天文學中立足。光學望遠鏡通常使用幾層玻璃來成像，而電波望遠鏡則是使用鋼鐵。

今天，我們在天空中搜尋整個電磁波譜，為此我們使用無線電波、紅外光、可見光、X 光和伽瑪射線望遠鏡。我們接收的電波頻率為 0.01 吉赫，大小有如一間房子。伽瑪射線的頻率是一千億吉赫，比原子小了一億倍。一吉赫相當於每秒振動十億次，也就是我們的無線網路（Wi-Fi）所使用的輻射頻率。可見光的振動落在五十萬吉赫。我們可以把宇宙發出的輻射比喻為宇宙交響樂，每個頻率對應到光之音階中的一個音符。我們今天使用的工具可以涵蓋六十三組八度音的頻率，相當於一架鋼琴擁有將近 12 公尺寬的鍵盤。在電波天文學誕生之前，我們只能聽到一組較高的八度音構成的音樂。有了電波望遠鏡，我們逐漸加入較低的音，讓宇宙能發出更為完整的新聲音。忽然間，無線電頻率的輻射照亮了天空，不只恆星，連黑洞和大霹靂的光都看得見了。後來，X 光和伽瑪射線望遠鏡則為我們帶來更高的音。

這個新天文學的突破發生在第二次世界大戰之後，時間上並非巧合，因為空戰驅使了雷達的發展。相關的必需科技隨著戰爭的殺戮而誕生。著迷於電波天文學帶來的啟發時，我們切不可忘記它沉重的來源。戰後，電波天線、碟型天線和發報機都變得相當容易取得，激起了天文學家之間取得這些工具的競賽。

隨後幾年，曾為了雷達設施而設計的巨型無線電天線成為研究中的顯學。在英格蘭，有一組前皇家空軍的軍人在洛維爾（Bernard Lovell）的帶領下，開始在卓瑞爾河岸建造一座直徑 76 公尺的巨型望遠鏡。由於計算錯誤，其尺寸完全不適合本來的目的。整個計畫陷入財務困難，洛維爾也有入獄之虞。但 1957 年第一顆人造衛星史普尼克號（Sputnik）引起的震撼挽救了這個望遠鏡，因為他們是英格蘭唯一一個能夠接收和解讀這枚蘇聯人造衛星電波信號的團隊。當然，他們達成任務的方法並不是透過這枚碟型天線，而是單純的電報線。

荷蘭人也開始在新的光波範圍裡探索天空。他們先是利用德國的雷達設施，然後在德溫厄洛（Dwingeloo）建造了一具 25 公尺的望遠鏡，用來測量哈斯特所預測、氫所放出的 21 公分波長輻射。

澳洲新南威爾斯的小城帕克斯（Parkes）附近則建造了一座直徑 64 公尺的電波碟形天線。這具天線締造了歷史，在科學家的努力之下成為第一個接收阿波羅 11 號登月時電視影像的天線。

七〇年代，德國的電波天文學家建造了世界上最大的可移動式電波望遠鏡，直徑 100 公尺，位於當時西德首都波昂附近的寧靜小城埃菲爾斯伯格（Effelsberg）。管理這具望遠鏡的是馬克斯普朗克電波天文研究所（Max Planck Institute for Radio Astronomy），而我做為那裡的博士生，用這具望遠鏡進行了自己的第一項電波天文學觀測。

更大的電波望遠鏡只有一具，位於波多黎各的阿雷西博天文台（Arecibo Observatory），擁有 300 公尺的碟形天線，由美國國防部在六〇年代建造，後來再交到天文學家手上。它建造於天然的窪地中，完全不能移動，也因此它只能觀測天空的一小部分。在龐德系列電影的《黃金眼》（*GoldenEye*）中，壞人把這裡注滿了水，使得阿雷西博天文台聲名大噪。2020 年，它由於電纜斷裂不堪使用，而面臨拆除的命運。

大約與此同時，美國建造了一具可移動的直徑 90 公尺電波碟形天線。它位於西維吉尼亞州十分偏僻的小城綠堤（Green Bank），那裡是法定的電波靜區。害怕電磁波的人現在非常喜歡綠堤。九〇年代，望遠鏡由於金屬疲勞，在一夜之間倒塌。事情發生的前一天，有一位來自波昂的同事[2]拍下這具望遠鏡最後一張照片，第二天早上則拍下了一堆廢鐵。我們電波天文學家按理不是迷信的族群，不過那件事之後很多年間，每個人只要一看到這位同事拿出他的相機，就覺得有點緊張。

後來綠堤電波望遠鏡重建，這次它的直徑比德國埃菲爾斯伯格 100 公尺的電波望遠鏡多了一公尺。我一直無法瞭解多這一公尺的科學理由，不過顯然技術在此達到極限，沒有人能夠或願意建造更大的望遠鏡。

儘管如此，我們天文學家亟需更大的設備以得到更清晰的影像。望遠鏡的解析度仰賴光波的波長與望遠鏡的直徑：直徑愈大，影像愈清晰；但觀測的波長愈長，影像也會愈模糊。電波天文學使用的波長比起光學望遠鏡要長得多，這表示 100 公尺的埃菲爾斯伯格望遠鏡看得並不比人眼清晰。我們無法用它看到黑洞。如果想要清楚的影像，就得以更大尺度思考。於是電波干涉法（interferometry）成為解答。這種技術把幾具望遠鏡連在一起，達成相當於一個巨型望遠鏡的效果。

在第二次世界大戰後，澳洲的佩恩－史考特（Ruby Payne-Scott）首先成功完成電波干涉觀測。她手上只有一個天線，但利用海洋表面做為額外的電波反射面。1964 年，賴爾（Martin Ryle）在英格蘭建造了「一英里望遠鏡」（One-Mile Telescope），他後來成功把三具電波碟形天線連結成一個大望遠鏡，因此獲得 1974 年的諾貝爾物理獎。電波天文學家繼續改良賴爾的方法，得出益加清晰的影像。荷蘭在過去韋斯特博克（Westerbork）集中營的所在地，建造了十四個 25 公尺的碟形天線。美國的新墨西哥州則有了特大陣列電波觀測站，共由二十七具拋物面碟組成，還可以在三十六公里的範圍內組成不同陣式。個別天線直徑為 25 公尺，這表示特大陣列發揮到極致時，科學家所使用的望遠鏡實際上比整個波士頓都會區還要大。數十年間，它一直是整個天文學領域中最為多產的儀器。

最後，我們開始把世界各地的電波望遠鏡連起來，背後的想法是建造出一個和地球一樣大的設備，可以產生最清晰的天文學影像。這個方法有一個冗長的名字「特長基線干涉技術」（Very Long Baseline Interferometry），天文學家通常簡單稱之為VLBI。特長基線的意思是望遠鏡之間的距離非常遙遠。藉著這項技術，我們現在擁有地球望遠鏡。最終，正是這項技術讓我們得以捕捉黑洞的影像。

類星體：通往質量怪獸的道路

感謝電波天文學，天文學家才能夠得到全新的發現。這就像是除了觸覺、嗅覺、味覺、視覺和聽覺以外，現在又有了第六感。很快的，天文學家開始有系統的在天空尋找電波源。忽然間，他們找到數以千計的新天體，而沒有人確切知道那是什麼東西。一開始的假定是恆星。不然還會是什麼？

在澳洲，波頓（John Bolton）從梅西爾天體 M87 的方向找到一個電波源，儘管他本人暗地裡相信 M87 本身就是一個星系，但仍聲稱它一定是我們銀河系的一部分！由於害怕被排擠，[3] 他不敢告知同行這個輻射來自數百萬光年之外，畢竟如果有一個物體在那麼遠的地方，而我們依然偵測得到，那麼電波輻射該有多強？太空裡有什麼天體，什麼星系，什麼神祕物體可以發出如此巨量的輻射？這想法太過離經叛道了。

十年後，波頓的擔憂消退了，人們早已接受太空中有電波星系（radio galaxy）。其中包含 M87 和天鵝座 A（Cygnus A），如果哈伯－勒梅特定律為真，那麼天鵝座 A 距離地球便有七億五千萬光年之遙。天文學家十分興奮，因為透過電波之光，只觀測了幾年時間，就讓人類看到太空的最深處，這同時也表示看到了宇宙遙遠的過去。

劍橋的研究者為所有的電波源製作了一份龐大目錄。第一版太小，第二版有太多錯誤，但通稱為 3C 的第三版則成為許多研究的基礎。新的電波星和電波星系以序列編碼，但還是沒有人知道發出這些輻射的到底是什麼東西。這些天上神祕物體的影像仍非常模糊，位置也非常不精確。可以確定的是，輻射本身是由行進速度接近光速的電子所產生，會在宇宙磁場中轉向。當時天文學家已經從地球上的粒子加速器知道這種過程，稱為同步加速（synchrotron），因此這種輻射就稱為同步加速輻射（synchrotron radiation）。

有些電波源沿著長度方向延展，看起來像槓鈴，有的看起來小得像個點，就像恆星。沒錯，改用不同的波段觀測，便在天體 3C 48 的位置發現了一個在可見光範圍的東西，而且確實很像恆星。但是對這個看起來像恆星的天體做了光譜分析後，卻引發更多問題：天體 3C 48 的發射譜線具有未知的波長，光線裡的條碼和目前已知的元素都不吻合，難道我們在太空中發現了某種新元素？

波頓和共同作者葛林斯坦（Jesse Greenstein）曾短暫懷疑這有沒有可能是氫的紅移，但即使如此，看起來也太過極端。因為，如果真是氫的紅移，那麼這個天體在太空中的位置必須距我們約四十五億光年。葛林斯坦後來這麼說：「我已經有離經叛道的名聲，不想再提出如此極端的想法。」

反對超遠距離假說的論點指出，因為光源的亮度在幾個月內便會發生很大改變，不可能是星系！彼此相距數十萬光年的幾十億顆恆星，怎麼可能一起決定調整自己的脈動期，在不到幾個月內幾乎同時發光和變暗？

試著想像全世界八十億人同時拍一下手。我不會聽到單一短暫的爆炸聲響，而是相對安靜、維持很久的隆隆聲，因為聲音會從地球上各個地方擴散，不可能同時抵達聽者的耳朵。

另一方面，透過聽到聲音的時間長度和音速，我至少可以估計聲源的大小。聽到聲音的期間愈短，聲音來源所占空間必定愈小。如果我聽到的掌聲維持一秒鐘，那麼所有人應該都坐在一個體育場裡，因為體育場的大小正好約等於聲音行進一秒鐘的距離，也就是一聲秒（sound-second）。當然，也可能來自更小的地方。對於多個光源，情況也是一樣的：如果變化發生在一個月之內，那麼來源不會大於一光月（light-month）。這長度比我們與鄰近恆星的距離要小得多。那就表示 3C 48 只可能是一顆星，沒錯吧？

之後，天文學家轉而關注目錄中次亮的電波源 3C 273。為了確定它的精確位置，澳洲帕克斯天文台的電波天文學家用了一個伎倆：他們讓月球來幫忙。正巧的是，月球軌道剛好通過這個類星體（quasar）天空位置的前方。當月球擋在電波源前面時，大天線會暫時收不到訊號。這就像日食，只不過月球遮住的不是太陽，而是神祕的電波天體。

就在電波訊號消失的瞬間，天文學家測得這個天體的第一個準確坐標：它必然位於月球邊緣附近的某處。當月球的另一邊離開，來自 3C 273 的訊號再次出現時，又測得第二個坐標。因為我們知道月球的直徑及準確位置，便可以利用兩個坐標之間的交點，計算出這個天體的正確位置。

話說回來，儘管 3C 273 或許是天空中最明亮的電波源之一，但以行動電話頻率來看，它只比我們從地球上測量一隻在月球上的 LTE 手機時亮五倍。知道了 3C 273 的位置之後，在帕薩迪納（Pasadena）的加州理工學院（Caltech）工作的荷蘭天文學家施密特（Maarten Schmidt），便開始用帕洛馬山（Mount Palomar）的望遠鏡調查那個區域。他找到一個相當亮的星體，今天即使是業餘天文學家，只要用的望遠鏡還不錯，就可以在室女座找到這顆星。施密特立刻分析它的光譜。再一次，條碼非常奇怪。六週後，他終於找出其中的模式，而且確定：這是某個天體的氫光譜，而這個天體位於難以想像的二十億光年之外。宇宙的膨脹把光延伸得如此之長，使它紅移了 16%，而且出現在沒有人預料得到的地方。

施密特的數據十分漂亮，這讓他有勇氣將之發表。他可能不知道這個宇宙之星到底是什麼，但並沒有被嚇倒。因為這個天體只是看起來像個恆星，卻又很可能不是恆星，他在沒有更好名字的狀況下，就直接稱之為「類似星體的電波源」（quasi-stellar radio source），簡稱 QSR。在天文學家的行話中，變成「類星體」。施密特後來這樣說：「就像是忽然拿掉眼罩，然後我們發現那顆星並不是顆星。」[4]

當時這份發現激起多大的興奮，今日已難想像。可見的宇宙邊界大為拓展，簡直就像外太空大爆炸。

整個宇宙看似隨著時間而改變、成長。一百億年前，是類星體的時代，當時它們的活動達到高峰。我們宇宙的最初四十億年間，類星體數量快速增加，照亮整個太空。然後，在接下來的時代，類星體一個接一個燃燒殆盡。

但 3C 273 究竟是什麼？從觀察得到的結論十分驚人。如果 3C 273 從距離地球這麼遙遠的地方看起來仍如此明亮，那它應該比一整個星系明亮一百倍。而如果這個類星體以數週到數個月的間距閃動，那它不應比光行進一個月的距離大多少，可能只有一個太陽系那麼大。

因此天文學家開始明白 3C 273 一定是個相當異乎尋常的地方。這個天體釋放出的能量之大，難以想像，而這所有的能量都來自宇宙中相對小的點。它如何從這麼小的範圍製造這麼多的能量？無論類星體是什麼，連最聰明的天文學家也束手無策。還沒有人遇到過天文物理學上如此怪異的巨人。

有些科學家很快就想到太空中最大的力——重力。要能夠如此明亮，它的質量勢必大得難以想像。愛丁頓爵士過去曾為恆星發展出這樣的主張：光也會施加壓力，如果星體太亮，便會爆破，就像讓氣球洩氣過快時，它也會爆破。以天體自己的發光強度來說，只有龐大的重力有可能把如此巨大的天體維持為一體。

如果用愛丁頓的論證來計算維繫住類星體所需的最小質量，結果相當於將近十億個太陽。這已經足以令人瘋狂：十億個太陽的光和十億個太陽的質量，有可能擠進一個太陽系的空間之中？

發現類星體之後過了六年，英國天文物理學家林登貝爾（Donald Lynden-Bell）嘗試尋求解決這些矛盾的方法。有沒有可能，在星系的中央，有著超大質量黑洞？並不是由單一超新星產生的小黑洞，而是數十億個死掉的星星融合在一起所形成的巨大怪物。只有這樣的天體可以釋放如此多的能量，又不會同時分崩離析。而且這樣也會夠小。畢竟，英國數學家暨理論物理學家潘洛斯（Roger Penrose）才剛證明黑洞在廣義相對論之下可以自然形成。

但黑洞怎麼能夠放出光？它不應該是黑的嗎？沒錯，黑洞本身是黑暗的，但被黑洞吸引而即將消失其中的氣體不是。事實上氣體帶著難以置信的能量高速飛向黑洞，因重力、角動量和磁摩擦而升溫。還有，黑洞擁有難以置信的高效能，它使自己周遭的幾乎所有東西都以接近光速運動。

讓我們想像一個拳頭般大小的金屬製地滾球（bocce）。如果我們把它扔到地滾球球場，它會重重落在地面並留下一個小的凹陷。如果我們把同樣的球放入砲管，以每秒一公里的速度射擊出去，這顆球可以打穿牆壁。現在，如果我們讓它往黑洞落去，當它接近光速時，會發生什麼事？那速度會是從砲管射擊時的三十萬倍。但因為動能與速度的平方成正比，這個球的能量會變成一千億倍。這顆地滾球的總能量約等於一百億瓩時（kilowatt hour）。被這樣的球撞擊所產生的能量，可以提供三百萬戶德國家庭一年的用電。

這聽起來難以想像，但黑洞就有這種能力。如果塵埃和氣體進入黑洞的重力場，就會類似於新星的情況，形成洶湧氣體與磁場的圓盤，稱為吸積盤（accretion disk）。沿著吸積盤的內側路徑，這個巨大渦流以僅次於光的速度繞著黑洞轉。氣體因為磁摩擦而升溫，釋放烈焰般的光。使得我們所謂的黑洞就像明亮的藍色恆星般發光。流入漩渦的熱電漿中，有一小部分由於磁場而噴射出太空，成為巨大發光的噴流。這些噴流的外觀確實很像噴射機的排氣凝結尾。就這樣，少數幸運的粒子能夠逃過多數粒子的命運，勉強脫離黑洞的掌控。如同日冕，這些粒子在磁場中加速，發出明亮的同步加速輻射。我們在電波望遠鏡中看到的，正是逃離類星體的既高溫、釋放輻射、磁化又集中的噴流。

這些重力大漩渦和噴流的效率非常龐大，是恆星中核融合的五十倍之多。因此黑洞也是宇宙中最有效率的發電廠。如果丟入黑洞的不是地滾球，而是一公升的水，產生的電足以供應一個百萬人口的城市使用一年。水我們已經有了，可惜附近沒有黑洞，不然我們所有的能源問題就可以解決了。

類星體也極度口渴，它們一秒鐘能吞噬地球上所有水量的四十五倍，相當於一年吞掉整顆太陽的質量。黑洞的運作方式也不怎麼有永續性，畢竟它吞下的水無法回收，吞下去就沒了。黑洞極端自我中心，每啜飲一口，自己就變得重一點、大一點、更具吸引力，也更危險。

由於 3C 273，天文學家間接發現了第一個黑洞。但科學社群中並不是每個人都相信黑洞真的存在。還要再過幾十年，類星體中心是黑洞的理論才會成為典範。有人相信類星體是星系吐出的恆星。對今天的天文學家來說，雖然很怪異，但確實曾認真討論過這樣的理論，因為前往終極證據的路還很長。

測量大霹靂

發現類星體的同時，我們對宇宙整體的瞭解也開始快速發展。1964 年，貝爾實驗室（Bell Laboratories）的彭齊亞斯（Arno Penzias）和威爾遜（Robert Woodrow Wilson）開始使用電信天線聆聽天上的電波訊號。電信天線就像是超大聽筒。一開始他們並不喜歡聽到的東西。不管往哪個方向，他們都收到一種微弱、持續而有點惱人的雜訊。他們檢查所有線路、趕走鴿子、清乾淨天線上的鳥糞，但仍能偵測到同樣的訊號。因為這種輻射穩定的來自太空，最後他們推論宇宙中有某種背景微波。它的性質正如黑色不透明布幔發出的熱輻射，只是布幔覆蓋了整個天空。熱輻射的溫度為 3 克耳文（Kelvin）。（這相當於攝氏零下 270 度，也就是只比物質完全靜止的絕對零度高了 3 度。）也因此這種輻射稱為 3 K 或 3 度輻射。這是大霹靂留下的東西，後來彭齊亞斯和威爾遜也因這個發現而獲得諾貝爾物理獎。

在宇宙早期，太空中充滿極熱而不透明的氣體。質子和電子到處亂飛。但隨著宇宙擴張，溫度也漸漸降低。大霹靂之後三十八萬年時，宇宙仍約有 3,000 克耳文，如融鐵般熱，但正好冷到足以讓質子可因電荷作用力而捕捉住電子，形成最早的原子。宇宙變成充滿氫氣的大海，並且變得透明。

本來自由漂浮的電子像是微小的天線，吸收了所有的光，現在忽然被囚禁在原子裡，不透明的布幔就此揭開，釋放了光，隨後這些光便不受阻礙的向我們飛來。由於宇宙膨脹的結果，我們距離一部分光愈來愈遠。過去一百三十八億年間，在膨脹的宇宙中不斷跑著馬拉松而今天仍能抵達我們的光波，已經給拉長一千倍，也冷卻了下來。它不再是對應於溫度 3,000 克耳文的波，今天我們接收到的僅是超冷的 3 K 輻射。來到我們身邊的，是大霹靂原始熱輻射的冰冷微風。但透過它，我們能回顧宇宙的清晨，那時的宇宙就像是個無法穿透的、比融鐵還熱的熔爐。這是我們能回溯的最深最遠之處，無法再前進了。宇宙背景輻射的發現令許多人吃驚，它也成為大霹靂模型的決定性證據，因為我們眼前正是時間和空間的起始。

九〇年代，宇宙背景探測者（Cosmic Background Explorer，COBE）衛星極其精確的測量宇宙輻射，並偵測出極小的亮度變化。這些變化來自原初氫海的波浪，也是宇宙中最早的超級團塊的前驅物，在宇宙的漫長歷史中，這些超級團塊聚在一起形成星系團和星系。感謝美國航太總署（NASA）發射的威爾金森微波異向性探測器（Wilkinson Microwave Anisotropy Probe，WMAP）及歐洲太空總署發射的普朗克衛星（Planck satellite），還有許多其他實驗，我們已經能夠詳細測量這些今日星系的種子，並獲得宇宙歷史和結構的些許洞見。

八〇年代晚期開始了大規模的天空調查，參與其中的天文學家實際上已發現，宇宙各處的星系似乎並不是平均分散的，而是以金屬絲線工藝般的型態分布，或大量聚結在一起。原來，星系比我們想像的更喜歡彼此交際，而且它們常常疊在一起，變成一堆。

當然，星系團中的個別星系並不會靜靜待在那裡。它們在重力影響下移動且彼此交融。這些星系常以超過每秒 1,000 公里的速度彼此交錯而過。如果以數十億年的時間尺度來看，星系甚至可說像是靈活的魚群：有時甚至兩群或三群互相交融，建立起一個新的、更大的星系，形狀像是巨大的球體或肥胖的雪茄，我們稱之為橢圓星系（elliptical galaxy），M87 就屬於這種星系。然而它們的恆星永遠不會相撞，因為各恆星之間的距離都相當遠，只能感受到彼此重力的影響。

沉重的星系會沒入星系團的中心，大小也變大，甚至它們的黑洞也融合在一起。因此最大又最重的星系通常座落於星系團的中心，且存在著宇宙裡最大等級的黑洞。這些黑洞是巨人之中的怪獸。我們的鄰居星系 M87 也是以這種方式形成的。在宇宙間達到超級重量級的所有星系和黑洞之中，M87 是距離我們最近的一個。

但說實在的，這些星系實在移動得太快——至少在茲維基（Fritz Zwicky）看來是如此；這位瑞士天文學家從 1933 年便已在加州理工學院進行研究。恆星的重力不足以把傾斜的星系保持在一個地方，它們實在應該四散飛去。但就是沒發生。這意味有某種神祕力量把這些星星維持在一起。如果是重力，那就應該有某種我們看不見的神祕物質存在，而且這種暗物質應該是我們所知的一般物質的五到十倍之多。

七〇年代，美國天文學家魯賓（Vera Rubin）利用光學望遠鏡和都卜勒效應測量星系的移動有多快。它們似乎旋轉得比該有的速度快一些。荷蘭科學家博斯馬（Albert Bosma）則加以確認；他在韋斯特博克使用新的電波干涉儀（radio interferometer）進行研究。他看到還沒有恆星誕生的氣體，而且比光學望遠鏡能看到的星系還要延伸得更遠。在這裡，所有東西都旋轉得太快。星系裡必須充滿這種暗物質，才能讓星系維持在一塊兒。如果沒有暗物質，星系會飛散而去，就像在中餐廳裡，如果把餐桌轉盤轉得太快，上面的碗盤會飛出去一樣。

到目前為止，我們仍不知道暗物質是什麼。有些天文學家認為這理論毫無道理，主張暗物質並不存在。他們認為問題在於：重力定律運用在星系尺度時會發生錯誤。雖然有這類反對意見存在，但今天多數天文學家仍假定暗物質是由目前仍未知的某些基本粒子所組成。

到了九〇年代，事情還變得更令人困惑。當時人們有系統的在天空搜尋超新星，憑著其亮度，要準確測量並不困難。現在卻發現，在宇宙膨脹和哈伯－勒梅特定律之下，它們的亮度卻比本來預期的稍微暗了一點。難道它們其實更遠？如果是這樣的話，宇宙甚至膨脹得比先前以為的更快。從此以後，暗能量也成了我們物理天文學世界觀的一部分：一種未知的神祕能量使得宇宙膨脹得更快。這股黑暗力量已經以宇宙常數的面貌隱藏在愛因斯坦的方程式中，但愛因斯坦後來放棄了宇宙常數，還稱之為「最大的錯誤」。

目前最先進的宇宙模擬和測量顯示，在宇宙所有物質中，約有 85% 屬於暗物質。15% 是我們熟悉的一般物質，也稱為重子物質（baryonic matter）。此外，就整個宇宙來說，今天的暗能量是所有暗物質和一般物質含有的能量總和的兩倍。畢竟，根據愛因斯坦著名的方程式 $E = mc^2$，物質相當於能量。整體看來，我們在地球上所探知的物質，也就是週期表裡的原子和元素，只占了整個宇宙所有能量的 5%。至於其他 95% 從哪裡來，我們毫無頭緒。

天文學家常常把這個發現形容為另一場哥白尼革命：人類不在宇宙中心、不在銀河系中心，也不在太陽系中心；更進一步，構成我們身體和所知世界的物質，在整個宇宙的脈絡之中，應該屬於異類。不過，我喜歡從相反方向來看：我們已經知道自己是以非常稀有的絲線編織起來的。

暗物質和暗能量與黑洞之間並沒有顯見的關聯，儘管它們看似同樣神祕而黑暗。暗物質當然可以落入黑洞並讓黑洞成長，只是發生的量可能很少，因為在星系中央，暗物質非常稀薄而分散。暗能量也一樣，只有大範圍的宇宙中才讀取得到，理論上不會改變黑洞的結構。這就像全地球空氣的質量比起聖母峰重了萬倍，但吹一口氣不會在短時間內使這座山峰坍塌。無論如何，暗物質和暗能量的未知本質讓我們留意著物理學的缺口。能夠結合暗物質和暗能量的時空新理論，應該也能改變掌管黑洞的方程式。

第三部

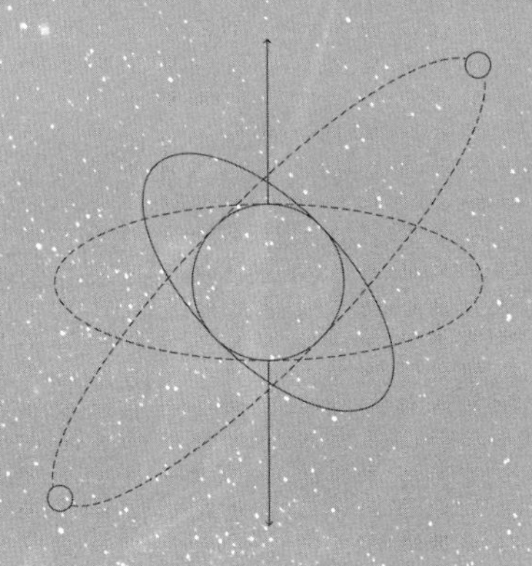

黑洞影像之旅

通往事件視界望遠鏡及第一張黑洞影像的個人旅程

7

CHAPTER

星系的中心

迷人的垃圾車

我成長於科隆的蘇德斯達特（Südstadt）一帶，步行十分鐘就可到科隆大學（University of Cologne）的物理研究所，如今這裡到處都是學生。我一開始的大學課程也是在那裡上的，後來還成為約聘講師。不過當我年紀還小時，公寓前面的人行道就是我的全世界，總有一群小孩子在人行道一起玩耍。那時路上仍鋪著卵石，而每週最令人興奮的事情，是穿著橘色工作服的清潔隊員現身，他們很有技巧的推動龐大的垃圾箱，從後院經過中庭走道，直抵停在前面的大垃圾車。那時我最想做的工作就是清潔隊員，而且要駕駛垃圾車，用它抓取巨大的垃圾箱，吞下從裡面倒出的垃圾。只消推動一根操作桿，就可以操作那麼強大的機器，令我神往不已。我想要的職業很清楚：只要可以操作巨大的機器就行了。

雖然最後我專攻物理學，碩士畢業論文還選擇研究黑洞，結果卻意想不到的呼應了我的童年夢想。黑洞基本上就是宇宙的垃圾車，會發出難以置信的強大吸引力——不只吸住大型恆星，也吸住了小小的研究生。我的碩士論文指導老師是彼得．比爾曼（Peter Biermann）教授。他與學生的相處展現出格外的寬厚大度。他總是有一堆瘋狂的點子，又喜歡和我們討論。比爾曼對世界瞭若指掌；他到處旅行，而且知道天文學界最熱門的議題。更重要的是，他經常出外旅行，那時我們便能夠不受干擾的專心研究！日後我自己的博士生會非常熟悉這種安排，因為我也經常旅行世界各地。不過，比爾曼仍是個老派物理學家，隨時拿起粉筆就可以在黑板上寫下重要的計算和估計，還可以心算對數。他的父親路德維希．比爾曼（Ludwig Biermann）曾主持慕尼黑的馬克斯普朗克物理暨天文物理學研究所（Max Planck Institute for Physics and Astrophysics），發表過太陽磁場的重要研究。比爾曼家和重要科學家交往甚深，包括諾貝爾物理學獎得主海森堡（Werner Heisenberg）和諾貝爾化學獎得主奧托．哈恩（Otto Hahn）。我的老師就稱哈恩為「奧托叔叔」。

不過，我最初並不是在教室裡受到黑洞的吸引，而是讀了湯斯（Charlie Townes；1964 年獲諾貝爾物理學獎）和根策爾（Reinhard Genzel；2020 年獲諾貝爾物理學獎）在《科學人德國版》（*Spektrum der Wissenschaft*）上的文章。他們在這篇文章中推測，那種質量約相當於兩百萬個太陽的超大質量黑洞，有可能就躲藏在我們銀河系的中央。[1]

我立刻大為著迷。這篇文章讓我知道天文學領域正發生許多令人興奮的事情。我覺得粒子物理學也非常迷人，但那時的進展並不快，主要專注於建造大型的粒子加速器，等到建造完成並得到結果，還要幾十年。而「我們的銀河系中心有黑洞」這種帶點神祕感的想法，立即吸引了我。

還有一項誘因，在於重力是我們仍未瞭解的最後一種力，頑強抵抗著與量子物理及其他自然力的統一。重力是通往大一統理論之路的巨大絆腳石。是沒錯，我完全不知道大一統理論該是什麼樣子，但隨時留意這樣的可能性沒有壞處；或許我可以在物理學的宏偉建築中加上一小塊石頭。當你打算蓋房子，如果能事先知道房屋的模樣，會有很大的幫助，職業生涯的規劃也一樣，必須知道自己想往哪兒走。我自忖，如果說有哪個地方正在發生令人興奮的事情，一定就是黑洞邊緣。

那是個探險開創的時代。當時我到波昂的馬克斯普朗克電波天文研究所繼續研究，和另外兩個同學共用一間單人小辦公室，其中一張桌子甚至突出到走廊上。對於我的畢業論文，比爾曼提出一個理論問題：類星體的吸積盤是否會像我們在恆星上已知的那樣，向太空送出同樣的風。驚人的是，圍繞在超大質量黑洞周圍旋轉的物質圓盤，與熾熱而壓扁的恆星有非常多共通之處。如此一來，光的輻射高壓應該會把圓盤的外層給吹走。我們在非常熱的恆星已經看過這種極端的風，把許多物質向外拋到太空中。在黑洞，光也會由於空間彎曲而轉向並聚集，這點也必須要納入。於是我計算類星體的氣體如何運動，以及類星體中央的黑洞會如何使光轉向。

我對這個題目非常感興趣，雖然當時只是純粹的理論推演，但後來確實發現了這效應。1992 年，我開始用這題目做為博士論文的主題。美國亞利桑那的史都華天文台（Steward Observatory）台長史崔特馬特（Peter Strittmatter）與我的論文指導教授熟識，為了與波昂的眾人合作規劃亞利桑那一座新的次毫米電波望遠鏡，他過來找我們。我自豪的告訴他我的研究計畫，他很有禮貌，忍著不打呵欠。其實不只是他，我的題目看來真的沒有引起任何人的興趣。

儘管如此，1992 年仍是令人興奮的一年，我的人生邁向新階段。我女兒第一次看到這個世界的光，而在銀河系中央，也忽然有個新世界映入人類的眼簾。

銀河系的黑暗之心

發現類星體、發展出黑洞的想法後，人們隨即開始進一步思索。如果在數十億光年之遙，在宇宙早期的動盪年代，巨大的黑洞出現在星系中央，那麼這些黑洞不可能在時間之流中莫名消失，對吧？而假如某些星系中央有黑洞，有沒有可能每個星系中央都有一個黑洞？

天文學家很快便開始注意到，距我們只有五千萬光年的那些星系中央，有些奇怪的現象。這些星系的核心似乎閃耀光芒，而且會吐出電波電漿。熾熱發光的氣體繞著星系中心旋轉。這些特殊的星系從二十世紀四〇年代就為人所知，以發現者西佛（Carl Seyfert）的名字而命名為西佛星系（Seyfert galaxy）。黑洞是否也藏匿於此？七〇和八〇年代時，天文學家把一整票疑似擁有黑洞的星系歸為一類，統稱「活躍星系核」（active galactic nuclei，AGN），成為一個充滿活力的研究領域。這樣的巨大怪物是否也存在於我們自己的銀河系中央呢？

英國天文物理學家林登貝爾（Donald Lynden-Bell）和里斯（Martin Rees）在 1971 年說出了這項猜想，並預測大陸電波干涉儀（也就是特長基線技術實驗）可以在星系中央找到一個像黑洞一樣的緻密電波源（compact radio source）。

電波天文學家立刻著手搜尋，只經過短短三年，巴立克（Bruce Balick）和布朗（Robert Brown）就透過西維吉尼亞綠堤的電波干涉儀，在我們的銀河系中心找到一個這樣的天體，險勝伊克斯（Ron Ekers）和高斯在荷蘭葛羅寧根大學的團隊。伊克斯和高斯利用美國加州歐文斯谷（Owens Valley）的干涉儀資料，再結合荷蘭韋斯特博克前集中營一座嶄新的電波干涉儀資料，確認了巴立克和布朗發現了神秘電波天體。

新的電波源位於人馬座 A（Sagittarius A）中央，一般認為人馬座 A 這塊區域是我們的銀河系中心（Galactic Center）。人馬座 A 是人馬座中最為明亮的電波源，次亮的電波源稱作人馬座 B。在巴立克和布朗發現之後好幾年，仍有人撰寫文章討論「銀河系中心的緻密電波源」，後來布朗覺得太麻煩，想出一個簡稱「人馬座 A*」（Sagittarius A*）。其中的星號原本想表示這是個令人興奮的天體，但因為天文學家懶得打字，所以通常再縮減為 Sgr A*。[2] 天文學的命名習慣可能讓科學記者抓狂，但我們天文學家倒覺得這再正常不過。

很快的，科學家開始用特長基線干涉技術觀測人馬座 A*，希望得到更清晰的影像，但結果令人失望。這個天體看起來非常無趣，是個很接近圓形而稍微壓扁的斑塊。眾人想像中的黑洞沒這麼平凡。接下來幾年，電波天文學家用來觀測的頻率愈來愈高，理應得到更清晰的影像，然而還是只能看到一塊斑，只是稍微集中一點。然後他們想到：對無線電頻率的輻射來說，銀河系的作用就像巨大的毛玻璃，導致結構細節變模糊。由於銀河盤面的熱氣和塵埃阻礙了視線，所以對於銀河系中央發生的事情，電波天文學家只能看到焦距不準的影像。真是令人失望！

這對可見光來說更為嚴重。銀河盤面的厚厚氣體和塵雲不只讓可見光像無線電頻率輻射的光一樣散射，還會把可見光完全吸收，像塊布幕一樣阻擋我們的窺視。我們是否永遠無法揭開銀河系的祕密？

就在我開始寫博士論文時，這層布幕忽然揭開。德國各地的專家齊聚波昂，主動召開臨時組成的小型研討會，報告自己對銀河系中心尚未發表的最新發現。我大感興奮。

以波昂前主持人梅齊格（Peter Mezger）和澤爾卡（Robert Zylka）為首的團隊，在 1988 年首次利用 1.3 毫米的波長來測量人馬座 A*。這正是後來我們使用在我們影像上的毫米波段。他們只有一具望遠鏡，無法產生清晰的影像，但人馬座 A* 在這個波段看起來出乎意料的明亮。不過，更讓人詫異的是，在頻率更高的遠紅外光範圍，輻射突然消失，無法偵測。所以，產生這種毫米波長輻射的東西到底是什麼？是黑洞旁邊特別熾熱的氣體，或只是遙遠彼方的溫暖塵雲？

九〇年代，波昂馬克斯普朗克研究所和麻省理工學院海斯塔克天文台（Haystack Observatory）合作，在特長基線干涉技術於毫米波段的發展上做出了開創性的研究。我在波昂的同事克里希包姆（Thomas Krichbaum）剛透過 43 吉赫（即 7 毫米波長）對人馬座 A* 進行特長基線干涉技術的觀測，他在這次研討會中也討論了全新的結果。這個天體在最短波長時取得最清晰的影像。隨著波長變短，輻射的毛玻璃效應會以平方遞減，看起來總算有希望得到比一個毫無特色的斑塊更有趣的影像。現在，這個斑塊看起來朝著一個方向凸出一點。如同我們在大型類星體所看到的，那是不是小型電漿噴流的模糊輪廓？

不過，這個迷你研討會的高潮，來自慕尼黑附近的甲慶（Garching），馬克斯普朗克地外物理學研究所（Max Planck Institute for Extraterrestrial Physics）的根策爾團隊得到了精采的結果。根策爾和艾卡（Andreas Eckart）把一具近紅外光相機指向銀河系中心。因為這種相機能讓我們看見人眼看不到的熱輻射，所以能夠進行夜視。與人眼可見的光相比，近紅外光的波長長了許多，也因此較容易穿透銀河系中的塵埃布幔。忽然間，我們在銀河系的黑暗之心看見了明亮的光。這會是黑洞發出的光嗎？

這個光點非常模糊失焦，因為地球大氣會扭曲星光。恆星之光經過太空長途旅行後，在穿透地球層層的大氣時，便開始閃爍。我們在炎熱的夏日也可看到這種效應：在高溫的人行道上，空氣上升並閃動，讓後方的景物產生受到干擾的紋影。大氣以同樣的方式造成更大規模的干擾。我們在地球上覺得星光閃爍，然而，從太空中觀看，星光是不會閃爍的。所以太空望遠鏡對研究非常重要。不過，對地球上的近紅外光而言，這種干擾不似可見光那麼嚴重。

根策爾和艾卡想出一種從地球上取得清晰影像的技巧。他們不使用長時間曝光取得單張影像，而是對著銀河系中心拍攝慢動作影片。藉此，他們捕捉到這個光點的狂舞。在膠卷的每個單格畫面中，星體看起來停止不動，再透過電腦修正跳動的方向，就能巧妙的把各個畫面疊在一起。近紅外光的光斑變得愈來愈清晰，變成二十五顆不同星體。所以光的來源不是黑洞。不過，在這些微弱光點中，有一個的位置十分接近電波源人馬座 A*。這是不是眾人追尋已久的電波源的真實身分？我們都十分興奮。

一直以來，天文學家用過各種不同的波段來尋找黑洞，然而一次又一次，他們期望是人馬座 A* 的天體，結果又是一顆恆星。事隔多年，這次仍是同樣的情況。如果人馬座 A* 是個黑洞，那麼它除了無線電頻率的光以外，在其他各種波段都真的非常「黑」。

雖然當天很多人提出的只是推測，後來也證實並不十分正確，我仍深深感到有某件特殊的事情正在醞釀，而且一扇通往黑洞的嶄新大門正在開啟。此刻，我們就像透過一面深色玻璃看著某物，但它確實就在我們面前。[3]

早期的猜想

看到新的銀河系中心特長基線干涉影像後，我的指導教授問我和同學曼海姆（Karl Mannheim）（他後來成為德國烏茲堡大學的教授），我們能否像解釋類星體那樣，用噴流來解釋銀河系中心。他最後還頑皮笑道：「這應該不用花你們一兩週時間就可以解決。」這個主題似乎對我那遊歷甚廣的指導教授有著難以抗拒的吸引力，甚至連史崔特馬特從亞利桑那回來後也態度丕變，認真聽我怎麼說。

於是我把類星體的盤風（disk wind）放到一旁，投入人馬座 A* 的研究。兩週變成三十年，而且研究還沒結束。我再也沒有回到原本的論文題目。

人馬座 A* 的真實身分是什麼？這變成了大哉問。它為什麼會發亮？它真的是個有如迷你類星體的黑洞嗎？但人馬座 A* 的光實在很微弱！如果把類星體 3C 273 放到銀河系中心，會比我們觀測到的亮度高四百億倍！這兩種天體真的能夠相提並論嗎？

世界頂尖的理論天文物理學家布蘭佛（Roger Blandford），在 1979 年和他的博士生柯尼格爾（Arieh Königl）發展出一個簡單的模型，描述類星體噴流的電波發射。我們採用這個模型，再加上調控電漿噴流強度的可能性。簡言之，我們為類星體模型裝配了一個油門。

你可以把宇宙噴流想像成飛機的噴射引擎：熱氣會加速，以極高的速度噴出引擎。飛行員推動加速器時，引擎就會產生愈多能量、變得愈吵，也變得愈亮。在我們的類星體模型中，強大的磁場形成這種引擎；而能量多寡是由有多少物質落入黑洞而定。物質落入所產生的能量中，如果我們只取 10% 放入磁場和噴流中，就能夠解釋類星體明亮的電波發射。而由於黑洞是相對簡單的天體，從根本上而言，我們不認為人馬座 A* 與耀眼許多的親戚有什麼不同。

類星體大約每年可以吞下一個太陽的質量。即使我們的黑洞吸入少一千萬倍的質量，其能量仍完全足夠產生人馬座 A* 的電波發射。這樣的話，銀河系中心會是一個幾乎處於絕食狀態的黑洞——儘管這比喻有點奇怪，因為少一千萬倍的質量仍相當於一年吞下三顆月球。銀河系中有上億個小型的恆星黑洞，這種伙食對它們來說可是會吞不下去而噎到的。[4]

我們也能夠解釋電波源的大小，這是因為它的能量很小，其電波電漿的規模正好在克里希包姆的特長基線干涉技術所能測量到的範圍之內。這個電波噴流可以容納在地球軌道裡，和類星體比起來，實在小得微不足道。也難怪從二萬七千光年之外實在看不清楚。

當克里希包姆以特長基線干涉技術進行觀測的同時，我們把理論研究投到學術期刊《天文與天文物理》（*Astronomy & Astrophysics*）。但那時我想到別的事情，一件奇怪的事。在我們的模型中，電波發射的發光方式就像彩虹，隨著與中心的距離不同，電波光譜也呈現不同的顏色。這個模型預測，愈接近黑洞，電波發射的波長會愈短。在波長 7 毫米時，也就是克里希包姆當時剛拿來觀測的波長，電漿距離黑洞仍有一天文單位（即地球到太陽的距離），但到了 1 毫米及更短的波段時，電漿就應該是直接來自事件視界附近。用彩虹的比喻來說，這相當於弧形最內側紫色光的無線電頻率輻射。

所以，梅齊格和澤爾卡找到的毫米波長輻射，是否直接來自事件視界？到了更短波長時輻射消失的現象，看似與這種推測吻合。那裡的氣體不再發光，是否因為它消失在事件視界之後了？

我向克里希包姆提出我的猜想，並問他是否有可能針對這些頻率進行特長基線干涉實驗，以看見事件視界。他微笑著說：「是的，我們當然是這麼計畫，但不幸的是地球不夠大。」

1979 年，馬克斯普朗克學會（Max Planck Society）和法國國家科學研究中心（Centre Nacional de la Recherche Scientifique）與西班牙國家地質研究所（Instituto Geográfico Nacional），在法國格

勒諾勃（Grenoble）共同成立了新的毫米波電波天文學研究所。它操作兩座位於西班牙的新毫米電波望遠鏡；波昂的馬克斯普朗克研究所則和亞利桑那大學合作，在亞利桑那建造了第三座望遠鏡。這些電波天線或許有希望連結起來，進行特長基線干涉實驗，但望遠鏡數量仍太少，不足以產生影像；再者，克里希包姆說，銀河系中央的黑洞實在太小，其他的黑洞也是一樣。即使有像地球一樣大的望遠鏡，在這個波長，仍難以看清事件視界。我心想「太可惜了」。但在那之後多年，這個想法仍不時浮現——事實上它從未真正離我而去。

沉默的多數

我的博士論文由五篇期刊論文構成，經過瘋狂忙碌的兩年後，在 1994 年夏天，整部論文終於躺在我眼前，題目是〈飢餓黑洞與活躍星系核〉（Starved Holes and Active Nuclei）。沒錯，是「餓肚子的黑洞」，因為黑洞與一般想像相反，並非暴飲暴食的怪物，而是乖乖的只吃端上來的菜。我們或許覺得黑洞十分巨大，但相較於整個星系來說，它們只是小雞。如同巢中雛鳥，黑洞只能等待食物，必須等著星系媽媽帶來塵埃與恆星餵給自己。如果沒得到食物，它們就呆滯在那兒，陰鬱而沉默的停止成長——就像人馬座 A*。但它們並沒有死。

在我的論文中，我們支持且發展的理論，是所有黑洞的緻密電波發射都遵循同樣的原則：受磁場作用，以噴流形式從吸積盤最內緣吐出來的，是炙熱氣體的輻射。從吸積盤吐出黑洞的噴流和落入黑洞的氣體，有著緊密關聯，甚至幾乎是共生的。所以應該有一個通用的耦合常數（coupling constant），可以描述吸積盤和噴流的噴出。簡單的說，掉進去的東西愈少，吐出來的東西也愈少。[5]

在電波影像中，黑洞看起來像是噴火龍。有的強壯有力，吐出射程遙遠的巨大噴流；有的虛弱無力，喉中只冒出一縷青煙。但幾乎所有的黑洞都會產生噴流：從這個角度來說，我們銀河系及鄰近星系中的絕食隱士和類星體這樣的耀眼暴食者並沒有不同。是的，即使是小型恆星黑洞的電波發射，也能夠用這種噴流來解釋。重要的是緊盯著吞噬之口邊緣區域的輻射，而不是分心去看巨大明亮的電漿噴流。我們得知道該看哪裡。

最後，我的論文表明，不管是在類星體、恆星黑洞或銀河系中央，都是依同樣的物理原則在運作。或者，用物理學的語言來說：黑洞是尺度不變的（scale invariant），而且原則上，不論黑洞大小，在事件視界周圍看起來都是一樣的。也就是說，黑洞其實相當無趣。它們沒長鬍子，沒有神經不穩定的問題，連顆青春痘都沒有。那麼，當我們直接探看它們的喉嚨時，又怎麼會覺得它們附近發生的事情應該有所不同呢？[6]

多數黑洞並不會特別引人注意。我曾叫它們是「沉默的多數」，因為它們就和大部分人一樣，只有少數會真正從人群中突出，成為與眾不同的超級巨星，過著絢爛精采的生活，萬眾矚目。然後到了九〇年代，類星體的熱門話題退燒，無論學界甚至媒體，對黑洞的關注目光隨後都轉向了宇宙間平凡的族群。這個轉變的前哨是哈伯太空望遠鏡（Hubble Space

Telescope）。

這具太空望遠鏡造價數十億美元，在 1990 年送上太空，一開始報出來的都是負面新聞，因為它的鏡片研磨有誤。太空人展開戲劇性的救援任務，為這座太空天文台安裝矯正鏡片，總算讓望遠鏡能夠用前所未有的清晰程度探看我們鄰近星系的中心，而且它的觀測結果確認了地表望遠鏡帶來的誘人暗示：其他星系的恆星也以不尋常的高速繞著各自星系的中心旋轉。這些星系的中心是否也有黑洞？

科學家相當謹慎，把這些星系的中心稱作「大質量黑暗天體」（massive dark object），簡稱 MDO，不過美國航太總署幹練的公關部門倒是經常發出新聞稿，告訴大眾哈伯望遠鏡又一次（雖然都是第一次）在某個星系發現了一個黑洞。後來黑洞會換成火星上的水或類似地球的行星，每次都是美國航太總署的第一次發現。哈伯望遠鏡當然沒有找到黑洞，它看到的只是圍繞在黑洞旁有段距離的氣體與恆星。

1994 年 5 月底，美國航太總署再次傳來這類「首次成功發現」的消息，西德廣播公司（Westdeutscher Rundfunk）的一個年輕節目「礁石：防波提」（*Riff: Der Wellenbrecher*），邀請我談談這個消息。這個現場節目和我的論文口試發生在同一天，於是甫一成為電波天文學的新科博士，我就必須直接衝往電台，才趕得上節目開始的時間。年輕的節目主持人有點緊張，因為她從未做過物理學方面的訪談，而我從未進行過現場電台訪問。但這場對話進行的很順利，不知不覺就來到結尾。之後我們都大鬆一口氣。這次訪談的主題是哈伯望遠鏡對 M87 的觀測。M87 星系是梅西爾在巴黎克魯尼公館觀察到的「星雲」之一。島宇宙理論的支持者柯蒂斯曾看到有一道直線形的亮光從 M87 星系中心射出。七〇和八〇年代的電波望遠鏡觀測，則發現這條線是幾近光速的電漿噴流，就和類星體和電波星系的噴流一樣，只是黯淡得多。

在這次電台訪談中，我談到哈伯太空望遠鏡如何發現 M87 的中心有難以想像的質量，相當於二十億個太陽被壓縮成一團，很有可能是個黑洞。它比我們銀河系中央的黑洞重一千倍。主持人有點嚇到，就連我都覺得這數字大得難以置信。是沒錯，美國人有好大喜功的傾向，我想這次或許也是如此，但它一定是個非常大的東西。

確實，從較大的質量判斷，M87 的黑洞應比人馬座 A* 大一千倍，但由於該星系也遠了兩千倍，它的事件視界在我們看起來也會比銀河系中央的黑洞小兩倍——這樣還是太小了。「真可惜。」畢竟 M87 也有一個明亮緻密的電波核，而且用更短波長也觀測得到。我想：「但失之毫釐，差之千里。」

如果想看黑洞，就必須照亮黑洞的四周。所以，瞭解光從哪裡來，以及發出的光是哪種光，對我們的目的有很大幫助。然而，飢餓黑洞的電波發射究竟從何而來，忽然發生意見分歧。哈佛大學的美國天文物理學家納拉揚（Ramesh Narayan）那時正在調查不暴飲暴食的黑洞看起來是什麼樣子。他認為這類黑洞和類星體不同，其能量中有很大部分甚至根本不會散發出來，而是在幾乎不被察覺的情況下，連同非常熾熱的氣體一起消失到黑洞中。

對此，我最終同意納拉揚是對的。然而在另一個問題上，我們的觀點差異甚巨。在他的模型中，星系中心的電波發射應來自吸積盤的氣體，就在氣體跌入黑洞中消失前的瞬間釋放出來。在我們的模型中，電波發射來自正好能夠以噴流方式逃脫黑洞邊緣的物質。在 M87，我們甚至可以用電波影像直接看到噴流，但我們的銀河系中心卻不能如此，為什麼呢？我們的模型應該適用於所有黑洞啊。

這場爭論並不對等，一邊是知名的哈佛教授，另一邊是年輕博士生。令人感激的是，研討會的舉辦者總是特別喜歡學術論戰，因此我一次又一次受邀討論這個題目。但我們之間究竟誰對誰錯？這場爭論如何平息？有一件事很清楚：我們需要新的電波資料，特別是其他餓肚子黑洞的資料。

可惜的是，當時可得的電波資料不是不充分就是太老舊。所以，我開始一點一滴進行自己的觀測，以測試我的模型。我向新墨西哥的特大陣列、美國特長基線陣列和我們自己在埃菲爾斯伯格的天文台提出觀測申請，並在其他星系搜尋黑洞。這與我之前的理論計算是完全不同的工作，但同樣引人入勝。

在德國西部的艾費爾山脈（Eifel mountains），只需按下一個按鈕，就可以操控巨大的白色碟型天線，指向預先設定好的天球坐標，當我透過埃菲爾斯伯格的 100 公尺望遠鏡第一次聆聽外太空的訊息時，感到無比震撼。三千噸重的鋼鐵就在我的掌握之中。我瞪大雙眼，驚嘆科學與科技所帶來的視野，覺得自己像是那個終於能夠駕駛偉大天際垃圾車的小男孩。這瞬間我立刻明白，我不只想要坐在書桌前發展理論，還想要親自實驗、測試理論與模型。

我帶著家人搬到美國，待在馬里蘭州的平靜小城勞瑞（Laurel），度過了愉快的兩年。在那附近的馬里蘭大學及巴爾的摩的太空望遠鏡科學研究所（Space Telescope Science Institute），再加上哈伯太空望遠鏡與其他電波望遠鏡，我尋覓追蹤著黑洞的下落。

黑洞周圍的恆星之舞

在歐洲，根策爾帶領的團隊聽到了招喚，開始狩獵人馬座 A*。他們使用的是歐洲南方天文台（European Southern Observatory，ESO）位於智利的望遠鏡，首先使用 3.6 公尺望遠鏡，後來使用 8 公尺的甚大望遠鏡（Very Large Telescope，VLT）。不過，很快的根策爾便不再是唯一的團隊。一場傳奇展開，兩個研究團隊相互競賽，爭奪銀河系中心的霸權。

第一次對峙之日發生於 1996 年，一場有關銀河系中心的研討會在智利賽雷納（La Serena）舉辦。[7] 我做了關於人馬座 A* 的報告，談論它的電波發射與其他星系的黑洞有多麼相似。但真正令人興奮的成果來自根策爾的團隊。他們花了數年時間取得許多高解析度影像，現在這些影像顯示出銀河系中心的恆星移動了！如果這是真的，那些恆星的移動速度想必十分驚人。

天空中的星星看起來總是一樣，我們對此很習慣，但實際上並非如此，其實所有的恆星都以相對於彼此每秒數萬公里的速度在銀河系中飛馳。但因為星星距我們如此遙遠，所以幾乎沒有人能在一生中注意到這種移動。

繞著人馬座 A* 旋轉的恆星雖然比我們附近的恆星遙遠非常多，卻在幾年間就改變了位置。必然有某種原因讓這些恆星一直移動、相互飛掠。根策爾主張，要產生這種效應，只有質量約太陽兩百五十萬倍以上的黑洞，才有足夠的重力。[8]

影像上顯示的移動微乎其微。稍後，吉茲（Andrea Ghez）上台報告所屬團隊的成果。[9] 吉茲是加州大學洛杉磯分校的年輕教授，不久前開始掌管夏威夷毛納基亞（Mauna Kea）兩座 10 公尺的凱克望遠鏡（Keck Telescope）的其中一座。她的望遠鏡更大，觀測結果可望更佳，只是她的工作較晚開始，還未能觀測到任何移動。對此我們還得等幾年，但有一件事是確定的：真正的競賽從這裡開始。接下來，兩個團隊會小心的看待彼此，不對外透露自己的資料。在後來的一場研討會中，雙方終於走上講台，不情願的同時公布自己影像的投影片。觀測結果看來是一致的。對我們來說，這是令人放心的結果。

那場賽雷納研討會在另一方面也具有撼動力。某天忽然傳來一聲巨響，研討會大廳的天花板開始發生令人不安的震動，感覺就像是被人在肚子上狠狠揍了一拳。現場有些人直衝戶外，擔心建築物倒塌。這是我有生以來遇到的第一場地震。對智利人來說，這次地震讓他們想起過去幾次所造成的眾多死傷。只有已經習慣的加州人仍坐在自己的位子上。要是此次地震不只有這一震，實在難以想像事情會變成什麼樣子。

對我來說，這次研討會很清楚的預示了某種令人興奮的事情就要發生。一場尋求新發現的比賽開始，後來還延續超過二十年。科學需要檢驗與平衡，而競爭是確保檢驗與平衡存在的一種方法。競爭就像壓力鍋，可以使進展加速，能確保不同團隊互相檢驗彼此的研究，但也製造出龐大的身心壓力。當對手間彼此實力相當時，競爭的功能可以適當發揮。這需要的是適當的勇氣、健康、足夠的經費，以及能良好運作多年的硬體設施。這次的競爭條件俱足，並把我們對星系中央黑暗力量的瞭解推進了許多步。如果不在這裡，又有哪裡可以讓我們掌握黑洞是否真的存在？如果不在這裡，又有哪裡可以讓我們把黑洞找出來？

三年後，吉茲公布她對恆星運動的新觀測結果，再過兩年後，她首先發現這些恆星以曲線軌道移動。[10]

然而這些恆星的目的地在何方？所有星星看起來都在同一個點周圍移動，但在那個點的正確位置上，什麼都沒有。影像中仍看不見人馬座 A* 的存在。一直到波昂的曼登（Karl Menten）與波士頓史密松天文物理觀測站（Smithsonian Astrophysical Observatory，SAO）的瑞德（Marc Reid）取得電波觀測，再與近紅外波段資料仔細比對後，才顯示出所有運動圍繞的那個點，確實是人馬座 A* 電波源。[11] 那裡的所有東西都以每小時數百萬公里的速度，繞著這個位於中心不動的黑暗電波源旋轉。[12] 現在事情變得清楚了：如果那裡有黑洞，就只能躲藏在人馬座 A* 電波之光中的某處！

吉茲也指出，其中有一顆星的軌道非常貼近人馬座 A*，週期只有十五年。她告訴我們，這顆星很快就會再繞一圈，也會變得非常接近潛在的黑洞。

在此之後，再次輪到根策爾出手。他在阿塔卡瑪沙漠（Atacama Desert）南方天文台的甚大望遠鏡上安裝了新的紅外攝影機。智利這個人煙稀少的沙漠十分不適人居。多數天文學家借住的南方天文台旅館有著未來風格，看起來就像電影中超級壞蛋的祕密巢穴；事實上這間旅館就出現在〇〇七電影《量子危機》（*Quantum of Solace*）中。藉著新的觀測工具，根策爾團隊能夠取得當時最清晰的銀河系中心影像。他們利用自調光學（adaptive optics），在極短時間內就能以可變形的鏡子校正大氣的干涉。他們觀測恆星 S2，有了收穫。[13] 與過去影像的比對顯示，短短幾年間，這顆星就移動到距離人馬座 A* 只有十七光時的位置。這相當於冥王星和太陽距離的三倍。

恆星 S2 如同克卜勒所描述的行星繞日軌道，以橢圓形軌道繞著強大的電波源轉。而也正像太陽和月球吸引著地球的海洋引發潮汐，黑洞也會拉扯鄰近恆星的熾熱氣體之海。在這個例子中，人馬座 A* 的潮汐力不足以把恆星撕裂，那只有它在距離黑洞不到 13 光分時才會發生。但即使如此，人馬座 A* 對這個小小恆星的重力拉扯仍是毫不留情。恆星 S2 運行的速度驚人，達到每秒 7,500 公里，一小時就可跨越 2,700 萬公里。你可以借助克卜勒和牛頓的古老定律，根據這顆星的速度和距離來算出人馬座 A* 的質量，答案是相當於三百七十萬個太陽。這一次，計算結果比過去的估計要高。我內心雀躍，因為這表示事件視界會更大且更容易看到——但這份觀測的誤差範圍仍然很大，可能達正負一百五十萬太陽質量。

從林登貝爾和里斯在七〇年代的預測一直到這些觀測，足足花了三十年。現在科學社群能夠窺見恆星繞著可能是黑洞的天體跳舞，終於逐漸開始相信遙遠的太空中發生了什麼事。這個黑洞變成銀河系中的第一明星，天文學家則變成狗仔隊，興奮報導人馬座 A* 的所有動靜。

大約此時，吉茲的團隊發現了一個恆星，軌道更為接近銀河系中心。它環繞銀河系中心一圈的時間不到十二年，在軌道上疾駛的速度是光速的百分之一。[14] 根策爾的團隊靠著他們的近紅外光望遠鏡，終於在電波源所在的精確位置上捕捉到微弱的閃爍。[15] 現在我們不只能用無線電頻率的光，還能以接近可見光的近紅外光偵測到人馬座 A*。太空中的 X 光望遠鏡也開始在黑暗的邊緣觀測到閃爍之光，[16] 射出的光由亮轉暗的時間不到幾分鐘。這光源的可能範圍只有一光分寬，也就是比事件視界大不了多少。目睹這個宇宙奇觀時，我覺得它就像是一團包裹著黑洞的風暴，隆隆作響，不斷向外放出閃電之光。可是，單單一具望遠鏡的解析度不足以鎖定那裡到底正發生著什麼事。

因此，根策爾在甲慶馬克斯普朗克地外物理學研究所的團隊，聯合卓越觀測儀器創造者艾森豪（Frank Eisenhauer）所帶領的法國和德國團隊，開始進行一項技術上艱巨到嚇人的光學望遠鏡計畫，這也是同類計畫中最困難而複雜的一項。這項計畫名為 GRAVITY，目的是使用不只一具望遠鏡。根策爾與研究夥伴要把智利山上四具巨大的 8 公尺望遠鏡相互連結起來，最後於 2016 年達成目標。

我在 2017 年底拜訪慕尼黑時，第一次親眼看到 S2 如何一天天移動。對天文學家來說，真是難以置信又令人印象深刻的奇觀。觀測資料支持人馬座 A* 質量相當於四百萬個太陽質量的結論。現在誤差範圍小於百分之一。讓我們稍微想一下：現在我們對銀河系中央黑洞質量的瞭解，比我們多數人對自己體重的瞭解還精確！

從那之後，GRAVITY 團隊經常產出影像，幾乎要抵達黑洞的事件視界，並使我們看見人馬座 A* 所放出輻射的迷人閃光。閃電連同熾熱氣體的速度似乎快到接近光速，像令人暈眩的旋轉木馬般繞著某個物體旋轉，符合我們對黑洞周邊區域情況的預期。[17]

四百年前，我們發現自己的行星繞著太陽轉。一百年前，我們發現太陽繞著銀河系中心轉。十年前，我們看到恆星像行星般繞著人馬座 A* 旋轉，而現在我們看到兩萬七千光年之遙的氣體，以近乎光速的速度繞著一個黑洞旋轉。重力一再掌握天體和氣體雲，迫使它們不斷的以橢圓形軌道繞行，無法改變。這場深入宇宙的旅程是多麼驚人！難怪吉茲和根策爾都因為在我們銀河系的中心發現了黑暗天體，獲頒 2020 年諾貝爾物理學獎。

然而那個看不見的物體，到底是不是黑洞？這個神祕物體彷彿就在眼前，我們卻仍無法看穿那像是永恆的深淵。我們需要更大的望遠鏡。

九〇年代末我待在美國期間，曾有個機會讓我可以更加深入參與哈伯望遠鏡及其後續計畫。但我更想從事電波天文學研究，因此在 1997 年與家人一同返回德國，希望能有好的發展。曾蘇斯（Anton Zensus）剛成為波昂馬克斯普朗克研究所的新任所長，為的是帶領特長基線干涉團隊，而他立即邀我加入。全球最大的望遠鏡就是在這裡製造。

1999 年我在波昂遇到同事包傑夫（Geoff Bower）、馬爾科夫（Sera Markoff）和袁峰。包傑夫從柏克萊取得博士學位，是特長基線干涉技術的專家。我們仔細查看銀河系中央的電波品質，後來得以證實幾件事情，其中一件是這個黑洞其實幾乎沒吃過東西。[18] 馬爾科夫是位理論家，從亞利桑那取得博士學位。我們把較小和較大黑洞的電波發射結合為單一模型。[19] 而與中國同事袁峰一起，我們把自己的噴流模型跟納拉揚關於熾熱圓盤的想法結合起來。[20] 成果豐碩的合作關係就這樣開啟，並持續了許多年。我也感到我們要開始真正瞭解飢餓黑洞的天文物理學基本原則了，不管這個黑洞是大是小。

8

CHAPTER

影像背後的思路

奇異恩典

到了九〇年代中期，我們的獵網慢慢收緊，但是網子上仍有破洞。套個法律用語來說，要證明黑洞在各個星系中心搞破壞，目前為止我們能依賴的只有間接證據。然而證據不足是科學上常有的事。在證明沒有其他可能的結論存在或假說被推翻之前，只能持續蒐集事實來支持自己的假說。也因此許多天文學家仍持懷疑態度——尤其是老派學者，因為他們已經看過太多誇張炒作。「證據不足。」他們說：「我們距離真相仍然太遠。」主張超大質量黑洞根本不可能存在的新論文，總會一次又一次出現。理想上，我們天文學家最希望的是逮到現行犯，拍下它手中捉著獵物的照片。

我想要確定的答案！我想看黑洞！這是我最想要的！

意圖親眼看見隱而不見的東西，是某種深深埋藏在我們內心的渴望，想必是人類與生俱來的需求。身為科學家，我只相信眼見之物，但首先我卻得相信自己終究能夠看到它。

每一次當我聽到古老的聖歌〈奇異恩典〉，心中便再一次充滿這份想要親眼看見的渴望。讓我感動至深的歌曲不多，但這支聖歌中有一段詩句卻常常讓我熱淚盈眶：「前我失喪，今被尋回，瞎眼今得看見」。

當我們的眼睛得以看見、當我們突然領悟真理，是有著至高無尚價值的時刻；穿越黑暗進入光明、有幸獲得看見新真相的能力，是我們生命中至為珍貴的體驗。有時我自忖，啟示降臨、讓我心吶喊「我終於看見了！」的時刻，其實是推動著我生命前進的真正驅力。知道這種時刻會在未來某時某地發生，為此時此刻的我帶來力量與激勵。

不管是信仰或科學，「維持希望」這一點最終或許是殊途同歸，要相信自己會得到應允，終有一日能獲得新發現。「沒有看見就信的有福了。」[1]這是耶穌對於信仰的解說。雖然我自己對這段話的瞭解更接近於「還沒看見就信的有福了」。

日常生活中，有時人用「心」看得更清楚；然而在科學上，我們需要儀器——而且是龐大的儀器。目前，解析度最高的天文學影像來自特長基線干涉技術，我在波昂的同事克里希包姆、我自己，還有許多電波天文學家，已經使用了這種技術幾十年。

從六〇年代開始，科學家為了提高影像的解析度，把多具獨立的電波望遠鏡連結起來，形成一具干涉儀，結果就像是一座非常巨大的望遠鏡，擁有和地球一樣大的虛擬天線。使用這個虛擬天線，電波可以儲存在電腦中再加以結合。這種技術忽然讓我們看見單一望遠鏡無法取得的細節。

在結合電波訊號時，為了使相位完全同步，個別望遠鏡的所在位置必須精確到毫米的程度，訊號抵達的時間也必須用原子鐘來測量。原子鐘的精確度達到皮秒（picosecond，一兆分之一秒）尺度，過了三萬年也只有一秒的誤差。偵測到的電波會轉換為數位訊號並轉移到儲存媒體中；最早是錄影帶，後來改為大捲大捲的磁帶，現在則是用整箱的硬碟，以位元形式來儲存光。能夠儲存的資料愈多，同一時間能捕捉到的光也愈多，且保存下來的資料品質也會愈好。虛擬望遠鏡在電腦中組合，如果資料充足，便可以利用演算法來產生影像。

這些觀測對精準度的要求非常高，卻也因此能夠產生極為清晰銳利的影像。為此，不只是天文學家會採用大陸干涉技術（continental interferometry）來觀測天空，測地人員也會運用特長基線干涉望遠鏡來調查與測量整個地球。我們天文學家也需要這些陸地測量的結果，因為就我們需要的精準度來說，地球不夠穩定，會導致虛擬望遠鏡變形，而土地測量可以測出這種變形。

有三百個左右的類星體適合用在土地測量，所以巴伐利亞韋策爾天文台（Wettzell Observatory）或波士頓附近的麻省理工學院海斯塔克天文台，再加上世界各處觀測站的科學家，經常幫它們定位。這些資料屬於全球型土地測量網絡的一部分，會透過天文學家也在使用的方法，在波昂或海斯塔克進行整合。由此，兩個領域有著緊密的連貫性。

如果觀察 3C 273 和 3C 279 這樣的明亮類星體，並以它們為參考來源，甚至可以用特長基線干涉技術來校正原子鐘，並精確定位正在使用的望遠鏡。透過這種方式，土地測量可以告訴我們地表經歷了什麼樣的改變。例如，大陸板塊彼此的距離不是固定不變的，美洲和歐洲大陸之間每年都會漂遠幾公分。與地球上眾多天文台相比，位於夏威夷的毛納基亞天文台就像搭著高鐵，以每年將近 10 公分的速度衝向亞洲。而自從上次冰河期的尾聲起，斯堪地那維亞半島就因為冰原的融化而開始抬升。甚至科隆大教堂都因為潮汐作用，每天上下起伏達 35 公分。幸好整個建築的上下變化是一致的，否則它高聳的塔樓早就倒了。總之，我們的全球望遠鏡就是如此搖擺不定！

地軸其實也在晃動。地球像顆生雞蛋，自轉軸會因不平衡而產生微小變化。其他行星對地球的拉扯也導致南北兩極晃動數百公尺。海洋的往復流動、大氣層中的氣團移動都有各自的影響。結果南北兩極每年都往不固定的方位移動數公尺，究竟會偏差多少也無法事先預測。今天有 GPS 可以幫助定位，然而其他行星也會影響衛星的位置。我們在太空中的絕對位置只能以特長基線干涉技術來測量，而我們需要掌握各個望遠鏡的精確位置。

透過特長基線干涉網絡取得的影像解析度[2]，可以用下列方程式計算：

影像解析度 = λ/D

影像解析度可以理解為影像的像素大小。用角度來表示，即為電波發射的波長 λ 除以望遠鏡之間的最大距離 D。角解析度（angular resolution，也稱角分辨率）愈小，能夠分辨的物體也愈小，意即解析度愈佳。用 1.3 毫米波長進行觀測，以及地球直徑（12,700 公里）做為我們的基線，我們能達到的最佳解析度為 20 微弧秒，相當於從德國科隆觀察位於美國紐約的一顆芥菜子。如果人馬座 A* 的質量如同我們當時的估計，相當於兩百五十萬個太陽，那麼計算出的事件視界直徑會是 1,500 萬公里。雖然這樣的直徑已比太陽大上十倍，但是因為它處於銀河系中心，對我們來說只有 12 微弧秒，約四分之一個芥菜子那麼大——即使對大如地球的望遠鏡來說，仍然太小。

而且，據我那時的推想，這個估計仍過於樂觀，因為如果黑洞以最高速（也就是將近光速）自轉，那麼事件視界將會縮小一半。我們預期所有的黑洞都像恆星和行星一樣，多多少少都會自轉。所以，黑洞的可見部分是否還會更小？

在九〇年代中期，當我下午坐在波昂的研究所圖書館時，思索的都是上面講的事。在閱讀中，我忽然注意到一篇巴丁（James Bardeen）寫的短文。這位美國天文物理學家早在 1973 年就開始思考：如果一個小型黑洞通過一個遠方恆星的前方時，看起來會是什麼樣子。當時這純屬學術上的推想，事實上到今天仍是如此，因為要看到這樣的宇宙現象，所需的光學望遠鏡至少得是地球的一百倍大。儘管如此，我已開始在心中描繪著一個黑影穿過遠方太陽的景象，就像金星凌日一樣。

但有件事情令我困惑。那篇文章末尾有一幅插圖，用一個圓圈表示黑暗的斑點應該有多大。光線被吞進事件視界之後會呈現黑斑，但那圓圈實在太大了。黑洞不是應該會自轉嗎？那不是該更小嗎？應該只有圖上顯示的五分之一？

黑洞自轉得愈快，飛掠的光就可以愈接近黑洞。光線像是在乘坐旋轉木馬，由於時－空曲率產生的動量而正好能夠逃逸，如果缺乏這份動量，更外圍的光也會被黑洞捕捉。那時我想，正因為這個理由，自轉的黑洞看起來應該較小。然而文章中的黑洞對觀察者來說顯得很大，比事件視界大得多。

然後，忽然間我懂了：黑洞把自己變大了！它們是巨型的重力透鏡，因為黑洞確定可以做到的事就是使光偏轉。黑洞的自轉再也不是問題，因為光線勢必會從黑洞兩側經過。是沒錯，在其中一側，光飛掠的方向和黑洞自轉方向相同，拂過事件視界時，會靠近到近乎摩擦黑洞邊緣的地步；但在另一側，光必須在時－空之流中逆向飛行，而且在黑洞外側很遠的範圍仍會被捉住。黑洞就這麼設下了天羅地網，準備捉住周邊飛過的光。

當時我的眼前忽然明亮了起來。如果那張插圖是正確的，而且對「我的」黑洞也適用的話，那麼它看起來會是我原先認為最大可能尺寸的 2.5 倍。對觀測來說，黑洞轉不轉都無所謂，只有質量是關鍵，而我們對質量已經有清晰的概念。

如此一來，地球便剛好夠大。這真是奇異的恩典！我或許真的能夠看到「我的」黑洞。而且不只是我，每個人都看得到！這份醒悟像閃電般貫穿我。在我心中，一張具體的影像開始成形。清晰的目標出現了。我可以直直看入黑洞的喉嚨！我無法繼續坐著，開始興奮的來回踱步。

黑洞投下自己的影子

沒有與人分享的想法，就像是一顆不曾埋入土中的種子。因此我開始參加一個又一個研討會，到處散播這個好消息：「沒錯，我們可以看見黑洞。」我得激起世界各地天文學家對這個計畫的興趣，才有可能讓黑洞影像實現。這需要眾人發揮追尋共同目標的意志力——但在那之前，得先說服大家才行。

然而，直到此時，看見黑洞仍只是理論。理論是好東西，但能夠用實驗證明的理論更好。然而，實驗要有意義，實驗的結果必須能夠透過理論來解釋和評價。好的實驗可使理論更上層樓並刺激新的想法，但實驗也非常耗費大量金錢與精力。而為了獲取必要經費，需要充分可信的理論，並預測出將要看到的東西。科學一向是理論和實驗之間的探戈，有時其中一位領舞，有時則反過來。

所以現在我們需要把望遠鏡推向愈來愈高的頻率，或說愈來愈短的波長。距離看到黑洞，究竟要短到什麼程度呢？1994 年，波昂以 7 毫米波長進行觀測後，波士頓海斯塔克天文台的一個美國團隊，其中包括年輕的電波天文學家多爾曼（Sheperd S. Doeleman），以 3 毫米波長進行了初步的特長基線干涉實驗。[3] 我在波昂的同事克里希包姆甚至成功以 1.3 毫米波長（即 230 吉赫）首次進行特長基線干涉實驗，使用的是毫米波電波天文學研究所位於西班牙和法國的望遠鏡。[4] 但得到的物體外觀仍不清楚。我們銀河系的毛玻璃效果仍妨礙我們看見它的真實結構，資料品質很差，望遠鏡太少，觀測的靈敏度太低。

1996 年，我主持了一個協調觀察促進活動，目標是利用多具望遠鏡，以多種波長同時觀察人馬座 A* 的亮度，這也是天文學界第一次以這種方式進行觀測。日本、西班牙和美國的天文學家都加入了。這次的活動無法產出任何影像，但解讀我們的資料後，確認了毫米波長發射應該真的來自事件視界。在我們的文章中，我們明確預測將可以透過特長基線干涉實驗，在這電波發射的背景中看到事件視界，[5] 不過仍有許多事情有賴全世界科學家的討論。

最適合進行討論的場合就是研討會了，所以在 1998 年，我與亞利桑那的科特拉（Angela Cotera）一起舉辦了一場關於銀河系中心的討論會。[6] 世界各地的專家來到土桑（Tucson）。我們刻意選擇了一間位於沙漠中央的旅館，所以沒人可以在夜裡溜出去，讓大家有充分的時間交換意見。

在研討會裡，中場休息和團體餐宴往往比台上演講還重要。「我來這裡不是為了演講；我是來這裡多喝幾杯的。」曾有一位經驗豐富的同行半開玩笑的這樣告訴我。人是社會性生物，一起吃喝時會更認識他們，也能從他們那兒得到更多訊息，這是在所有學術文章中都找不到的。

正如我們的計畫，爆發了一些熱烈爭論。我們雖然沒有《星際大戰》的光劍，但那時雷射筆剛開始變得普及，幾乎每人手中都有一支，螢幕上一直都有三到四個紅點在舞動。這些劇情都在我們的貴賓湯斯眼前上演。這位坐在前排的湯斯，就是寫下那篇讓我在學生時代深深著迷，述說銀河系中心有個黑洞的科普文章作者。

不知有沒有人發現這個場面的妙處。湯斯畢竟不是個簡單的角色。那時我們正以便宜的雷射筆比劃決鬥，而坐在我們前方的，是在 1964 年（我出生前兩年）因為發明了雷射而獲得諾貝爾物理學獎的科學家。不過湯斯和我們不同，他用的仍是傳統的手指加上伸縮棒！對於我們幼稚的拿他的雷射鬧著玩，他似乎大感驚奇。只要我們稍微停下來想一想，便可以驚訝的意識到：從基本研究到日常用品誕生的過程，在人的一生之內就可以見證。

討論中，我和克里希包姆再次強調，以高頻率使用特長基線干涉技術，可以讓我們抵達黑洞、看見黑洞的結構。同時，我同事多爾曼仍謹慎主張高頻可能來自某片塵雲而非黑洞。忽然間湯斯變得非常警醒。「這東西的中間有洞嗎？」他問。[7]「沒錯。」我回答：「用較高解析度觀測時，我們會在發射區域中間看到字面上的黑洞。」很顯然，我們還沒找到那個「東西」的適當名稱。

不過，我那「我們有可能看見黑洞」的福音，似乎仍傳不進眾人耳裡。我們必須再加把勁兒。人們對於自己無法清晰想像的事物，喜歡有圖像來幫助描繪腦中的期待。截至目前為止，我只拿出方程式、圖表，以及黑洞的簡略示意圖。現在該用模擬照片讓大家看看我們到底能看到什麼了。要形成模擬影像，我們必須計算光在黑洞周圍的彎曲，並顯示出在納拉揚的吸積盤模型或我們的噴流模型描述下，當黑洞周遭包圍著透明而發亮的霧氣時，看起來是什麼樣子。

幾個月後，我收到一筆來自德國研究基金會（DFG）的獎助金，在 1999 年的幾個月研究休假期間，前往亞利桑那擔任客座教授。我最小的兒子剛出生，我太太也有產假，我們和三個孩子潔娜、盧卡斯、尼可拉斯，以及八個行李箱中的一個一起抵達土桑。當你有數日幾乎身無一物時，特別能夠享受生命中的小事——尤其是與孩子在一起的時光。

東道主向我介紹亞戈爾（Eric Agol），亞戈爾當時是巴爾的摩約翰霍普金斯大學（Johns Hopkins University）的博士後研究員。他寫了一支符合廣義相對論的電腦程式，能夠漂亮計算光的彎曲，比我在碩士論文中用過的程式好得多。我們一起計算黑洞在許多不同條件下看起來的樣子，還有到底能否以特長基線干涉技術看到。我們急切的等待結果。不出所料：在我們的每一個模型中，都可以看到一個明亮的環，中間有一個大小不變的黑點。

這個醒目的光環從四面八方圍繞。這是黑洞的特殊性質所導致：因為空間的彎曲，接近黑洞的光在黑洞周圍以近乎封閉環形的方式前進，只要對準正確的距離就可觀察到。這種光的環形軌道稱為光子軌道（photon orbit），因為光子就像行星繞日一樣旋轉，但同樣的，這只發生在特定的距離上。如果是不自轉的黑洞，光子軌道位於質心到事件視界的 1.5 倍距離上，但感謝重力透鏡效應，它看起來會比事件視界大 2.5 倍。

如果把一個燈泡懸掛在黑洞的光子軌道上，那麼燈泡有一半的光會落入黑洞，另一半會逃逸，其中非常少量的光會以環形飛行，也就是以平行於事件視界的軌跡發射。燈泡愈接近事件視界，遭到吞噬的光會愈多，逃逸的光會愈少，而且光會被拉長、發生紅移、喪失能量。到事件視界時，燈泡的光便會完全消失。以某種方式來說，光子軌道和事件視界之間的空間就像是黑洞的朦朧區；任何東西落入這個空間，都會迅速變暗。

在光子軌道的鄰近區域，光的飛行軌跡會變得異乎尋常。我小時候偶爾會和朋友用紙筒和鏡子自製祕密間諜望遠鏡，讓我們可以躲在牆後，窺視轉角另一邊的東西。黑洞就是終極的祕密間諜望遠鏡，可以同時從各個角度看到好幾個轉角！對於黑洞，不只要能夠水平思考，還要能夠從所有角度思考。

假設我們像超人一樣，可以從雙眼射出雷射光束，那麼雷射光束的軌跡便可以顯示我們看見的地方。舉例來說，如果我們看向黑洞左側，那麼視線光束將會右彎而去。如果我們把目光稍微偏右，那麼光束的彎曲會變得更劇烈，且朝著我們的方向飛回來，而我們將可看到黑洞前方是什麼樣子。目光再稍微右移，光束會先變成圓圈，然後我們變成直接看向黑洞裡面。現在，如果我們目光朝向黑洞右側，則看到的會是黑洞左側、後方、或黑洞右側。如果看向黑洞上方，則視線光束會往下彎曲，我們將看到黑洞上方、後方、下方的東西。是的，光子軌道鄰近區域的光可以繞著黑洞走四分之一圈、半圈或一整圈，有時甚至是好幾圈非常緊密而近乎圓形的螺旋。[8] 而一路上會聚集更多的光。

如果我們的目光太接近黑洞，視線光束就會落入事件視界，看向黑暗。我們會名副其實的陷入黑洞最真實本質的黑暗之中。只有在黑洞周圍的區域會散發出明亮的光。

如果我們繞著黑洞飛行，從所有方位都會一直看到同樣的光之環，也就是說，黑洞的四面八方都圍繞著透明的發光之雲。這雲發出非常彎曲又聚集的光，因而在黑洞周圍形成了一層充滿了光的球形薄殼。所以，不管從任何方向，我們都會看到一個環，中央含有一塊黑斑。中間之所以是黑暗的，是因為視線光束落入黑洞裡便消失了。然而這塊黑暗區域並非全黑，因為視線光束會先遇到前方的發光氣體。

還有，這個圍繞著黑暗區域的光環並不完全均勻。如果我們透過電腦模擬，讓氣體如同我們對黑洞的預期，以近乎光速旋轉，那麼只會得到半個環。在氣體朝我們移動的這一側，光會變強，在另一側則變弱。更進一步，如果黑洞本身也在自轉，那麼陰影和光環會以幾個百分點的程度縮小，甚至出現小到幾乎難以察覺的凹痕。

二十年後，我得知德國數學家希爾伯特（David Hilbert）早在 1916 年，緊接著愛因斯坦和史瓦西為黑洞奠定基礎後幾個月，便已弄清這些光軌跡的數學[9]——他甚至不知道黑洞是否真的存在，也不知道黑洞到底是什麼東西。世人遺忘了希爾伯特的研究，或許是因為他過於超前時代。

在七〇年代和九〇年代，還有一些計算黑洞可能外觀的研究，[10] 但由於當時真正觀察黑洞的可能性太低，這些研究並未受到重視。只有在我們的研究發表之後，這些文獻才逐漸重見天日。而 2014 年上映的電影《星際效應》（*Interstellar*），影響了大眾對黑洞的想像——雖然電影使用的模型並不真的符合 M87 或銀河系中心。影片中的黑洞並沒有包裹在發光熾熱的塵雲中，也沒有噴流；黑洞影像周圍環繞著一個薄薄的不透明圓盤，圓盤中間有一個洞。如果有人預先把盤子打了一個洞，看到中間有洞的盤子就不怎麼令人意外。即使沒有黑洞，那裡也看得到一塊黑色區域。只有當那裡充滿了光時，看到黑暗區域才變得格外有意義。

當我和另外兩位共同作者撰寫文章預測黑洞的影像時，我們也討論到應該如何稱呼那個位於中央的「黑色東西」。當我們談論科學時，強而有力的用語十分重要。「大霹靂」如果不

「霹靂」，就沒有其震撼力了；就算沒有人能真的聽到那聲霹靂巨響，人人都能望文生義。靈活的詞彙往往能夠傳達抽象的概念。

所以我們安排了一次遠距通訊會議進行討論。我們不能稱它為黑洞：黑洞一詞包含了中央的質量及其扭曲的時－空。「中空」、「黑點」、「斑點」等字眼都不怎麼適合。忽然間，福至心靈，我們決定可以把它稱作黑洞之「影」（shadow）。[11] 我們無法直接看到黑洞，只能看到它的影子，也就是光的消失。黑洞躲藏在自己的影子之後，不透露它所有的祕密。黑洞確實只是它本身的影子。這個影子也不像剪影那樣輪廓清晰而黑暗，因為它是立體的，而在這份黑暗之中仍可以看到一點光，來自黑洞前方的氣體。

很自然的，我們希望自己文章中的模擬電波影像能引人矚目。眼睛看不見的東西該如何描繪？當然，因為黑洞之影的資料並非來自人眼可見光的波長範圍，全部是由電波望遠鏡的資料構成，我們的影像並不是傳統意義上的照片。那麼，該用什麼樣的顏色來表現這樣的光？我們已經計算出亮度，但不包含顏色。理論上，我們可以採用輪廓線或灰階影像來表示，儘管這在資料視覺化上有意義，但看起來有些無聊。

進入新的千禧年，人們愈來愈接受天文物理學論文採用彩色影像的做法——雖然學術期刊會對彩色圖片額外收費。不過對我們來說，這是值得的，因為我知道這張影像的形式為讀者帶來的印象，有著關鍵的重要性。當時，電波天文學家喜歡採用虛擬色盤，傾向選擇七彩來表現天上的電波發射體圖像。然而黑洞不是很適合這樣歡快的色系。

那時有一個名叫「熱」（Heat）的顏色標度，我覺得更為合適。它代表熔化的鐵。現在，黑洞之影被一個火之環包圍，某種程度上與日食的熾熱日冕相似。我覺得這對於包圍黑洞的發光巨獸是非常合適的顏色，同時也是藝術效果上的自由發揮。

2000年1月，我們把這份研究發表在《天文物理期刊》（*Astrophysical Journal*），標題是〈窺見銀河系中心的黑洞之影〉。[12] 文章中我們描述了看見黑洞的可能。這篇文章屬於期刊的「通訊」類別，篇幅必須限制在四頁之內，因此有一些模擬出現在稍後的一本研討會專刊中。[13] 當時我們許多同行仍覺得這個想法好比烏托邦，儘管如此，這篇短文仍成為我最廣受引用的文獻。在一次記者會中，我自豪的宣布：「我們就快要看見黑洞了！」[14] 雖然實際上又花了二十年才實現。

9

CHAPTER

建造全球望遠鏡

尋找望遠鏡和經費

天文學少了望遠鏡，就像交響樂團沒有樂器。為了用全球干涉技術拍下一張簡單的影像，至少需要五座分散在不同地點的望遠鏡，如果有十座更好。如果不能偷搶，又該如何取得？進入新的千禧年時，實際上這類望遠鏡的數量本身就不夠，而少數符合需求的又面臨經費不足的威脅。計畫已久的新望遠鏡建造工作，也一直遭到延期。對我們雄心勃勃的計畫而言，事情並沒那麼簡單。[1]

預計稱霸這個領域的巨獸，是智利的阿爾瑪陣列，這個全球型計畫斥資十億歐元，合作夥伴跨越歐洲、美國和日本三大地區。這座巨大的望遠鏡計畫以六十六個直徑達 12 公尺的天線組成網絡，可結合 80 公尺望遠鏡的靈敏度和 16 公里望遠鏡的影像解析度。我們還在寫「黑洞之影」的文章時，阿爾瑪陣列已經很顯然會是全球型實驗的關鍵角色。因此，用阿爾瑪陣列來進行特長基線干涉實驗，也就成了我們願望清單上的第一名，[2] 而阿爾瑪陣列科學家也很快就開始談論相同的議題。[3] 然而，他們的建造工程延遲到 2011 年，而且特長基線干涉實驗的部分被刪減了，我得到最樂觀的回覆是：「我們沒錢實現你們的計畫，但我們會確保可能性仍存在。」

2003 年，我赴任荷蘭奈梅亨拉德堡德大學（Radboud University Nijmegen），在就職演講上談到自己捕捉黑洞影像的夢想，以及為什麼當我們對宇宙瞭解得愈多，愈能體認到自身的局限。一份荷蘭報紙的新聞標題宣稱我在「敲打地獄的大門」。[4] 我覺得聽起來還不壞。

2004 年，我們往地獄之門邁進了一小步。包傑夫、我和另外四位同事合作，使用特長基線陣列對準銀河系中心，以長毫米波長成功取得當時最佳的特長基線干涉觀測結果。[5] 特長基線陣列位於美國，是由十個電波望遠鏡組成的網絡，相當於一具大陸望遠鏡。資料的精確度終於夠高，讓我們可以計算並克服銀河系中熾熱氣體對影像清晰度造成的損失。我們終於首次以波長的函數看到這個電波源的真正大小，而且正如我們的模型所預測的，在較短波長時電波源也變得較小，意即最短波長實際上應該能抵達事件視界。現在事情終於清楚了，在緊鄰黑洞邊緣之處發出的，確實是毫米波。德新社（Deutsche Presse-Agentur）引用我說的話：「多虧了電波望遠鏡，三十年後，雲霧終於散去。」

同年，西維吉尼亞州綠堤天文台的電波天文學家慶祝人馬座 A* 發現三十週年 [6]—— 人馬座 A* 最早的跡象，正是 1974 年在這裡發現的。紀念這個發現的牌子在一場鄭重的典禮中揭幕。那天晚上，我臨時召集了一次特別聚會，讓當天在場的科學家集合起來，聽我與多爾曼和包傑夫討論人馬座 A* 之影，以及用什麼樣的技術可以觀測這個影子。最後，我請大家舉手表決：現在，進行觀測的時機是否已經成熟，或者不確定性仍然太高？觀眾的反應非常明確：現場聚集的專家中，相信黑洞影像可行性的人明顯占多數。現在我們只需要找到拍下這影像的方法。

這次討論會之後，我邀請多爾曼和包傑夫進行一系列的電訊會議，[7] 一起把實驗往前推進。我想，全球型的合作勢在必行，粒子物理學家也喜歡這麼規劃。做獨行俠沒有幫助。這份工作需要許多研究者共同策劃、執行與發表成果；實驗、資料分析和模擬都必須整合為單一計畫。

我們已經具體整理出科學上的目標。我們想要的，是能夠證實或否定我們假說的明確實驗。正如粒子物理學家想要找出希格斯玻色子（Higgs boson），我們想要尋找的是黑洞之影，答案只有存在或不存在兩種可能。我們想要調查的天體只有一個，但為此需要動員整個世界；要把全世界集結起來，需要花一點時間。

麻省理工學院的海斯塔克天文台位於波士頓市郊恬靜的樹林當中，是特長基線干涉技術的領頭先鋒，此時已開始發展新的硬體，應能大量提升資料儲存能力。在那裡推動這個計畫的正是多爾曼。他從麻省理工學院取得博士學位後，花一小段時間在波昂進行博士後研究，那時我們曾有短暫的相處。他返美後回到海斯塔克天文台任職。海斯塔克的四具望遠鏡分散於夏威夷、亞利桑那和加州，這意味著多爾曼已經有一個小型網絡可以運用。他和我一樣，想要進行第一次的觀測測試。

與此同時，我先是擔任荷蘭的低頻陣列電波望遠鏡計畫科學家，後來成為委員會主席。我獲得了如何進行大規模物理學實驗及國際合作的第一手經驗。而且我也繼續透過幾個特長基線干涉實驗進行銀河系中心的研究，但是在荷蘭我仍缺乏使用毫米波長望遠鏡的機會。我必須等待智利的阿爾瑪陣列。

多爾曼的團隊首先繼續以三個地點的四具望遠鏡進行研

究。2006 年，他們把所有天線同步指向銀河系中心。一開始失敗了，但 2007 年以 1.3 毫米波長測量成功，並在一年後自豪的公布結果。[8] 那時還沒有影像，但參與的天文學家成功的在最短波長下，確立了人馬座 A* 的大小，精準程度比十年前克里希包姆的實驗提高許多——人馬座 A* 的影子和光環大小，確實和我們預期的一模一樣！此時大家的興奮之感大增，我也非常高興，理論再次得到確認，只差還沒看到黑洞之影！

多爾曼在美國努力尋求支持，而我則在大西洋的另一邊做同樣的嘗試。為了籌到大量資金，往往需要向各種不同來源尋求支持。2007 年，歐洲天文學家首次為天文學的未來發布聯合策劃書，[9] 我們的黑洞之影實驗也包含在內。現在我們的想法得到正式認可，成為歐洲接下來十年的重要科學目標之一。同樣的情況也發生在美國。美國的十年計畫「天文 2010：天文學暨天文物理學十年調查」（Astro2010: The Astronomy and Astrophysics Decadal Survey）提出了激動人心的標題：「天文學和天文物理學的新世界與新視界」。

就在十年調查公布前不久，多爾曼在美國天文學會（American Astronomical Society，AAS）加州長島的年會中舉辦了一場討論會，我也受邀參加。討論會的主旨是強調國際上的廣泛支持對十年調查的重要性。

在一次中場休息中，我和多爾曼及馬隆（Dan Marrone）一同坐下來談話。馬隆當時在芝加哥，後來去了亞利桑那。我已經從過去幾年的經驗裡瞭解到，對於我們的目標來說，好的行銷不可或缺——即使對科學研究也是如此。但目前為止，我們的計畫連一個容易讓人留下印象的名稱都沒有。除了少數科學宅以外，沒有人真的知道「次毫米特長基線干涉陣列」到底是做什麼的。「不能再這樣下去了，需要盡快改變！」我告訴其他人，並提議了一個名稱「事件視界陣列」（Event Horizon Array）。經過一番熱烈討論後，我們都贊同「事件視界望遠鏡」（Event Horizon Telescope），簡稱為 EHT。於是，一個名稱，一個象徵符號，或說一個品牌就此誕生——就發生在著名的中場休息裡，所得到的進展比一整天的演講更多。

後來，一些與會者發表了十年調查計畫的策略指引。[10] 在這份文件中，我們的計畫首次以新的名稱正式上路。

此時，美國方面的經費已經較為自由流動了，而波昂的電波天文學家也透過毫米波電波天文學研究所在西班牙和法國的望遠鏡，以及智利的阿塔卡瑪探路者實驗（Atacama Pathfinder Experiment，APEX，簡稱阿佩克斯），繼續深入新的特長基線干涉實驗。然後，在 2011 年，輪到荷蘭登場。

在初夏一個陽光和煦的日子，我接到一通驚喜電話，打電話給我的是恩格倫（Jos Engelen），歐洲核子研究組織（European Council for Nuclear Research，CERN）的前首席科學官，現在則是荷蘭科學研究組織（Dutch Research Council，NWO）的新任主持人。我們過去因為我在天體粒子物理學上的研究而認識。他一開口便說：「我希望你現在先坐穩。」我驚訝的呆站著。他鄭重的說：「親愛的法爾克，我打電話是想要親自通知你，你因為低頻陣列和黑洞視覺化的工作，榮獲今年的斯賓諾莎獎。」

哇，這聽起來真的很棒，但斯賓諾莎獎是什麼？身為一個外國人，我對荷蘭的認識有著令人慚愧的漏洞。幸好，我還沒來得及問，他就解釋了：「這基本上就是荷蘭的諾貝爾獎！」一瞬間我還想問他這種說法到底合不合理，就好像在說「荷蘭國家世界冠軍」一樣，但我決定把這評論藏在心裡。「這個獎比諾貝爾獎更有價值。」他繼續說：「你會獲頒兩百五十萬歐元。」當時我坐了下來。他又補充：「你可以自由運用這筆獎金——當然是指研究，不是個人花用。」我馬上知道自己會把這筆財富會用在哪裡。

建造事件視界望遠鏡

幾個月後，手握資金的我前去亞利桑那的土桑，參加事件視界望遠鏡的第一次「國際戰略會議」。位於智利的巨大阿爾瑪陣列總算落成，現在重要研究機構和天文台的代表人將齊聚一堂。我看到許多熟面孔。

我們花了很長時間討論最新的科學發現，包括理論領域的進展。近年來，「超級電腦」的運算能力有長足的進步。不僅在天氣預報領域可以預測覆蓋地球的氣團運動，這個龐大的運算工具同樣也可以模擬黑洞周圍的氣體運動。在這些模擬的背後，是縮寫為GRMHD的「廣義相對論磁流體動力學」（general relativistic magnetohydrodynamic）。聽起來很複雜，實際上也的確如此。GRMHD 模擬牽涉到非常複雜的模型，可用來模擬磁化電漿如何在彎曲並旋轉的時－空系統中流動。還有許多程式用來計算光和電波發射如何在黑洞周圍產生、彎曲，並被熾熱氣體吸收。這些電腦的運算規模遠比我們在 2000 年時高上許多。現在的大型電腦能夠產生吸引人的漂亮影像，藉由其運算能力，世界各地的天文學家都能找出黑洞之影，我們的基本假說也從而得到確認。一個名副其實的「影子產業」正在浮現，而幾乎所有模型之中，都能看到光環與黑影——因此，我們的假說在理論層面獲得廣泛的認同。

莫斯布羅茲卡（Monika Mościbrodzka）這位年輕科學家的能力和態度特別令我印象深刻。她從波蘭華沙的哥白尼天文中心（Nicolaus Copernicus Astronomical Center）取得博士學位，指導教授是著名的吸積盤理論學者徹爾尼（Bożena Czerny）。她也跟隨美國頂尖的數值模擬專家甘米（Charles Gammie）學習。現在，她成功產生出人馬座 A* 的最佳「天氣預報」。[11] 到目前為止，這個研究領域清一色由男性主宰，但莫斯布羅茲卡很想在此一展抱負。我請她到荷蘭奈梅亨工作，要她組織一個數值分析團隊。

這可是一份非常棘手的工作。設計模擬程式、執行與分析，不僅需要非常大量的時間和精力，也需要能夠在電腦旁度過無盡孤獨時日的韌性。每次的結果發表都是艱苦奮戰而得。那相當於把我們的望遠鏡觀測在電腦上重新完整再現，包含每項細節與每個操作。最終，莫斯布羅茲卡成功更新我們九〇年代的老噴流模型，[12] 並為事件視界望遠鏡最終應取得的成果製作出準確的預測影像。[13]

會議中也深入討論了另一項進展：人馬座 A* 的質量實

際上比過去所想的要大，且 M87 黑洞在過去幾年間也長大了些。現在認為 M87 的質量並非二十億個太陽，而是相當於三十億。有一個團隊甚至主張這個黑洞應相當於六十億個太陽的質量。如果真是如此，那麼其黑洞之影就大到足以讓我們看見的程度！我們現在有兩個候選黑洞可以進行觀測了嗎？M87 的黑洞看起來仍會比人馬座 A* 小一點，但它位於天球北側，較容易從北半球觀察，而多數望遠鏡也坐落於北半球。還有，觀測 M87 時不會受到銀河系干擾，導致影像變模糊，所以少了一個麻煩。事情真的這麼理想嗎？我謹慎的想。我們是否讓期待凌駕了思考？在嘗試判斷其他星系的黑洞質量時，已經發生過太多次早該預見的錯誤。然而 M87 還是值得一試。

在土桑的戰略會議中，科學家在會議室中進行討論。然而各天文台和重要研究所的主持人則在私下商討科學政策。我也處於科學政策討論的中心。最後，我們取得了往前推進計畫的共識。全球行動的基礎就此立定。

現在事情更加勢在必行，卻也得找到更多資金。做為獨立的機構，不管是個別的望遠鏡或大型天文台如歐洲南方天文台和美國國家電波天文台（National Radio Astronomy Observatory，NRAO），都無法為事件視界望遠鏡計畫挹注足夠的資金、實行科學計畫、或執行適當的分析工作。天文台光是保持自身望遠鏡的運作，就需要資源和人員。資金得由我們來負責。我們必須趕快行動，但該怎麼做？

有時候，機運也會來幫忙。2012 年，我在德溫厄洛開荷蘭低頻陣列的討論會，回程在火車上巧遇克雷默（Michael

Kramer）。雖然我們同時取得博士學位，但後來各自發展而沒有交集。此時克雷默已成了波昂馬克斯普朗克電波天文研究所的第三任所長，並成功利用脈衝星對愛因斯坦相對論進行了重要測試。我們很快就找到彼此頻率相合之處。五年前，我們兩人都從歐洲研究委員會（European Research Council，ERC）拿到不少經費，而且是最早獲得資助的天文學家。當時我把經費用於以低頻陣列進行宇宙粒子的最早測量；他則是為了利用脈衝星測量重力波，建立起類似特長基線干涉技術的網絡。我們都對重力著迷。我們的研究計畫已做得差不多，經費也用完了，而我們兩人都很想開始做些新計畫。

我談到事件視界望遠鏡；他講起脈衝星如何能夠用來測量黑洞周圍的時－空，而且精確度高得不可思議。我們決定一起向歐洲研究委員會申請新計畫，這必須與歐洲各領域最好的研究團隊競爭，而且成功獲得一千五百萬歐元巨款的機會只有百分之一點五。[14] 為了組成一個三人主持的團隊，我們說服義大利天文學家雷佐拉（Luciano Rezzolla）加入；他曾在德國波茨坦的阿爾伯特．愛因斯坦研究所（Albert Einstein Institute）做過重力波與黑洞合併的研究，現在則在法蘭克福大學（Goethe University Frankfurt）任教。

我們花了點時間熟悉彼此後，很快就以全速前進。我們三人以半年時間寫出聯合申請書，把計畫稱作 BlackHoleCam。[15] 每座望遠鏡都需要一台相機，事件視界望遠鏡也不例外，而我們的計畫就希望能夠提供相機。對事件視界望遠鏡來說，這台相機要整合資料紀錄和分析軟體。

然後，在等待申請結果的最初幾個月，發生了一個小小的奇蹟。我們的計畫中，有一部分是利用阿爾瑪陣列在銀河系中心搜尋脈衝星，這是高風險、不確定性也很高的計畫。數十年來，天文學家一直在銀河系的中心尋找脈衝星。銀河系中心應該有好幾千個脈衝星，但目前為止還沒人找到任何一個。我們的運氣就是那麼好，就在申請書遞交後幾個月，銀河系中心有一個全新的脈衝星現身。我們透過埃菲爾斯伯格的 100 公尺望遠鏡，成了第一個發現和觀測者。2013 年 9 月，《自然》期刊發表了我們的研究，[16] 讓我們得到許多關注。這個成果顯示，在我們自己星系的大型黑洞所在區域，最終是有可能發現脈衝星的。大自然幫了我們一個大忙，因為這個發現對我們的申請有益無害。還有多少脈衝星躲在那裡等待我們發現呢？

令人驚訝的是，即使在努力搜尋之下，直到我撰寫本書的現在，還沒有人在銀河系中心找到第二個脈衝星。為何如此，仍是銀河系中最大的未解謎團之一。奇怪的是，這個脈衝星為何會在我們最需要的那幾個月現身？我們當然沒有杜撰任何資料，況且其他天文學家也確認了我們的發現。我以前是否曾說過，在科學上，有時候需要的正是好運？

計畫申請案的評選過程有點類似選秀。我們的計畫必須通過一輪又一輪的評審，而每一輪的最後，都會有冷酷無情的評審委員會投下贊成或反對票。我們真的就這樣來到最後一輪，受邀到布魯塞爾，直接與評審委員會見面。現在我們真的不想在這一關失敗。我們花了好幾天預演上台呈現的方式，準備所有委員可能會提出的問題，當時間一到，我們便前往位於歐洲首府的歐洲研究委員會總部。

我們三人以愉快的心情踏入接待室。排在我們之前報告的團隊已經在那裡等待。眼前來自世界知名牛津大學備受敬重的幾位教授，或彎腰駝背的坐著，或不安的來回踱步。

二十分鐘後，另一個團隊結束報告，回到接待室，每位成員看起來都筋疲力竭。其中一人呻吟說：「他們對財務計畫也問得太仔細了吧！」我們的心情開始變得沉重。歐洲一些最優秀也最有經驗的科學家聚集在此，但全都覺得自己變得像等待老師口試的小學生。當我們走進會議室準備報告時，看到由二十人組成的委員會以ㄇ字型排在我們眼前。我們就像走進古羅馬競技場的角鬥士，無畏的迎向一場科學生死鬥。某處是不是傳來號角聲？

結果，報告進行得十分完美。我們三人漂亮的傳接球，直至抵達終點，結束時間正好落在規定範圍之內。然後評審委員提問，我們合作接招，完全展現我們的充分準備與完美協調。委員會中唯一一位天文學家是切薩斯基（Catherine Cesarsky），她是歐洲南方天文台前任主持人，提問時毫不含糊。「你們與事件視界望遠鏡的關聯是什麼？」她的問題直接進攻我們計畫案裡的弱點，因為事件視界望遠鏡的組織仍然不夠具體；如果合作不成，又該何去何從？「我們希望做為事件視界望遠鏡的一部分，並幫助它成立，藉此達成資源的結合。」我們回答：「但我們仍需要經費，才能提高多方交涉的勝算。然而，如果有必要的話，我們也可以獨立進行實驗。」切薩斯基微笑。顯然我們對其中一個最重要的問題給出了正確答案。我們已經贏得委員會的認同。

我們的時間差不多結束了。「還有一個問題。」另一位委員開口：「我不瞭解你們預算中有關公共宣傳的兩個項目。可以解釋一下嗎？」我心跳加速。他在問財務細節！我的頭腦忽然變成一個大黑洞，只能結巴的吐出一些空洞的一般說法。面談結束。我們心中懷著不安回家。我們的表現如何？能否成功？還是會輸在最後五分鐘？

兩週後，我們收到歐洲研究委員會的委員長來信。我人生中收到這類信件的經驗豐富，只需要讀最前面的半句話，就可以知道結論。於是我開始讀：「我很高興……」申請案過了！我站起來，在書房裡走來走去。我既快樂又平靜。評審委員因為我最後五分鐘的表現而刪了我們一百萬歐元的預算，我從未在這麼短時間內損失掉這麼多錢，但我們還是成功了！我們為事件視界望遠鏡帶來第一筆真正的資金，足足一千四百萬歐元。現在，和美國方面的成功合作似乎有望了。

當天我就發了封電子郵件給多爾曼，約他一起在波士頓見個面。我訂了機票，三天後便和他及海斯塔克天文台主持人倫斯戴爾（Colin Lonsdale）一起坐下來討論。倫斯戴爾是個平和而明理的人。我們討論了兩天，同意接下來的步驟，也同意簽署一份臨時協議信函，表明我們會合作進行事件視界望遠鏡的工作。

多爾曼那時正和亞利桑那的重力理論學者帕薩提斯（Dimitrios Psaltis）等人合作，向美國國家科學基金會（National Science Foundation，NSF）提出他的大計畫申請案。美國國家科學基金會是美國最大的科學計畫資金挹注者。我們寫了封支持信，表明與多爾曼團隊合作的意願。這份計畫也通過了。事件視界望遠鏡從維吉尼亞的美國國家科學基金會總部得到八百萬美元。現在加起來的錢足夠我們具體規劃新實驗了。

波士頓的會晤還不是最後一件事。回到歐洲，我們必須組成工作團隊。我成功說服實驗天文學家提拉努斯（Remo Tilanus）擔任計畫管理人，他曾代表荷蘭，帶領夏威夷的麥斯威爾望遠鏡（James Clerk Maxwell Telescope，JCMT）多年，直到荷蘭在 2015 年退出為止；他在那裡為特長基線干涉實驗做出許多重要貢獻。

同時，在奈梅亨，五名年輕的研究生忽然來到我面前。他們對事件視界望遠鏡感興趣，而我們研究所的博士課程可以容納他們——於是一票精銳的戰隊開始成形。對我來說，他們就像天上降下的援兵（即使他們大部分來自奈梅亨附近）。最後，我們有了七國聯合的團隊。[17]

「我們要用良好的方式征服世界」——這成了我們的格言，我不斷把它灌輸給每個人。我的學生和合作夥伴都有充分的自由。我希望他們都能找到各自的動力來源。每個人最終都得找到屬於自己的位置，才能全心全意投入工作。重要的是每個人都能找到適合自己天賦的目標，而每個人的天賦會與團隊中的其他人互補，而不是彼此競爭。

2014 年 11 月，一場角力在加拿大滑鐵盧市圓周理論物理研究所（Perimeter Institute）舉辦的研討會中暗地開打，賽事進展到白熱化的地步，研討會報告幾乎失去意義。幾十個天文學家在爭奪事件視界望遠鏡裡的位置。誰該進入主導核心？組織架構是什麼？最後一晚，這個結一定得要解開或劈成兩段。[18] 協商持續到夜深；雖然這是一場不出拳頭的打鬥，不過至少有一人曾一拳打在桌上；然後在接近午夜時分，大夥兒總算對事件視界望遠鏡的未來展望有了共同看法。我們握手達成共識，並同意事情到此結束。只是隔天早上仍有少數人試圖再啟協商。

2016 年夏天，經過了幾十場電訊會議後，事件視界望遠鏡成為暫時合作的型態。又過了一年，所有文件正式簽署——而我們早就在進行實驗。本次的合作囊括了十三個研究單位：歐洲四個，美國四個，亞洲三個，還有墨西哥和加拿大各一個。每個研究單位出任同等的代表至董事會，而董事會便成為最高指導單位。

由主持人、計畫管理人和計畫科學家各一所組成的三人團隊，要負責管理每日事務；投票選出的十一人科學理事會，要為科學計畫作出決定和指導。

多爾曼成為主持人，帕薩提斯成為計畫科學家，而提拉努斯則是管理人。我獲選為科學理事會主席，與我一起工作多年的包傑夫則獲選為副主席——那時他已經搬到夏威夷，並開始與台灣的中研院天文及天文物理研究所一起工作。波昂的特長基線干涉團隊主持人曾蘇斯還有海斯塔克天文台的倫斯戴爾負責領導董事會。

這是我們的權責劃分架構，但在領導職位上或董事會裡卻完全沒有女性，只有科學理事會中有兩位女性代表，其中之一是馬爾科夫，[19] 那時已經到阿姆斯特丹任教。這問題從事件視界望遠鏡的發想階段開始就存在，對我們來說並不是太體面。

亞利桑那的遠征

除了激烈的交涉協商，我們也一直忙著準備第一趟遠征。阿爾瑪陣列望遠鏡總算可以進行特長基線干涉技術的初步觀測，[20] 時間定在 2015 年 1 月。現在，不管在技術上或組織規劃上，我們都必須證明自己具備進行大型實驗的能力。所有望遠鏡也都必須一致安裝特長基線干涉技術的最新設備。

第一波經費來自歐洲研究委員會，在 2014 年 9 月 1 日入帳。當天提拉努斯就訂購了重要的實驗設備，好讓長前置作業物品有充足時間抵達望遠鏡所在地。他從一家波士頓公司訂購了名為「Mark 6」的資料記錄器。葛羅寧根大學的技術人員臨危受命，在波昂的協助下，根據海斯塔克的藍圖製作電子式濾波器。

數百個最新型硬碟應先送到海斯塔克天文台，再轉送到各個不同的望遠鏡所在。然而交貨時間延遲了，而且由於 2015 年冬天的暴風雪，整個新英格蘭都覆蓋著一層厚厚的冰雪，使得一切停擺。一名同事還在冰上滑了一跤，造成複雜性骨折。我們在美國訂不到足量的硬碟，美國方面的經費也還沒入帳，提拉努斯只能隨機應變。他只花了五天，就成功透過荷蘭拉德堡德大學的系統訂購了大量硬碟，然後讓硬碟從荷蘭飛往波士頓，再從那裡把設備送往世界各地。

他究竟是怎麼做到的，到現在仍沒有人知道。這不單是全球化的便利，更要歸功於計畫管理人，這些英雄事蹟很少受人注意。最後，所有必要的設備都及時抵達各個望遠鏡所在地，由各地人員安裝與測試。

一切就緒，2015 年 3 月下旬，我們各自分散到全球不同地點，進行首次大型聯合遠征。我們想要把地球上盡可能最多的望遠鏡連結起來。我飛往美國，目標是亞利桑那州位於格雷厄姆山（Mount Graham）山頂上的次毫米波望遠鏡（Submillimeter Telescope，SMT）。我從土桑開車穿越美國西南的險峻大地，經過裸露的岩石、仙人掌、由移動式木造小屋組成的小鎮，以及不能錯過的紀念品店「The Thing」，還有一座沙漠監獄，顯眼的看板上警告此處可能會有越獄犯人。快要進入山路前，我稍微繞到鄰近的小城薩福德（Safford），買了接下來一週的物資與糧食。如果你要從亞利桑那出發探訪星系，最好自己帶齊所有東西，不能只有一條毛巾。[21]

在山腳下的登山營地，我拿到一張安全通行證和一具無線對講機，然後開始了沿著亞利桑那 366 號州際公路一路攀升的真正冒險。我在機場租借四輪傳動車時，得到的是一台巨大的道奇公羊（Dodge Ram）紅色皮卡車，而且還是低油耗的車款——這一切都很有美國風味。從海拔 1,000 公尺的高原開始，山路不斷往上，直到 3,200 公尺的格雷厄姆山山峰，也就是望遠鏡座落之處。半路上我看到亞利桑那基督教會營地及善農露營地（Shannon Campground）的路標。地景改變。之前看起來像西部片背景，但後面的旅程全都變成冰雪覆蓋的山峰和樅樹林，令人想起庇里牛斯山。

在一道柵欄處，鋪設完善的公路結束，接下去路面顛簸，直到一株倒木擋住了我的去路。我錯過了一個轉彎路口，必須調頭。此時我已感到疲累，而最後的路段又格外陡峭狹窄，窄到一次只能容納一輛車通過，無法錯車。我用無線電問上方是否可以通行：「有沒有車子正在下山？」無人回應，因此我自己宣布：「一輛車上山！」然後踩下油門。車子一邊努力爬坡一邊上下跳動。這條石頭路帶著我逐漸攀升——我實在不願想像這條路在下雨時會是什麼狀況。眼簾忽然映入寬闊的停車場，一個美國必不可缺的特色設施就在比山峰上的望遠鏡稍微低一點的地方展開。

這具望遠鏡重達 135 噸，建物的結構令人印象深刻。下層是寢室與廚房，上層為可動式，座落著望遠鏡和儀器設備。正面的牆和屋頂可以收合，讓 10 公尺天線可以清楚觀覽天空，要不是此地的樹受到保護，有點擋到部分視線，視野還能更加廣闊。基本上整具望遠鏡很舒服的蹲踞在建築中。登上幾步階梯，可以抵達一個小平台與控制室，這裡位於天線正下方。當望遠鏡改變方位時，控制室和階梯會和建築外側一同旋轉。這後來把我們搞得很糊塗，因為每一次我們對準新的天空坐標時，室內的階梯也會隨之移動。每次我離開廚房或寢室要去控制室時，都必須找一下階梯在哪裡，每次都在不同的地方。真會令人發瘋！

天線本體大部分是以碳纖維強化的塑膠結構，表面鍍上一層薄薄的鋁。天線像面巨大的鏡子般閃閃發光，絕對不可直指太陽，否則會變成巨大的放大鏡而融掉。最早使用次毫米波段的望遠鏡中，有一具就是這樣失去了它的天線。

高山是觀測天空的理想地點，因為大氣中會減弱和損壞電波訊號的水氣在此較為稀少。對一些人來說，得花點功夫適應這裡的稀薄空氣；他們在這裡容易氣喘吁吁。我自己有輕微頭痛，但幸好走上階梯前往控制室並沒有問題；玩足球和排球的經驗在此得到報償。因為空氣中缺乏濕氣，我感到喉嚨舌燥，皮膚也開始脫皮，導致我半夜會醒來好幾次——不過這本來就是天文學家的命運。甚至我帶來的物資也受到低氣壓的影響：山下買的洋芋片包裝膨脹起來，而當我打開體香劑時，球狀瓶蓋隨著「砰」的一聲對著我飛過來，差點射中我，而體香劑在浴室裡灑得到處都是。希望接下來幾天不會變得太熱，畢竟我還是不要流汗比較好。

在室外，格雷厄姆山的頂峰長滿了散發香氣的樅樹。我來到一片空地，壯闊的景色在眼前展開，下面是人煙稀少的大地，上方則是天空。對於運用次毫米波長電波進行觀測的電波天文學家來說，理想的天空是晴朗無雲的，如此一來電波才會盡可能不受阻礙穿過大氣層抵達天線。一般的波長要穿透雲層不難，但我們進行觀測用的短波會被空氣和雲層中的水氣吸收。

格雷厄姆山是天文學家的地盤。次毫米波望遠鏡東方兩百公尺處，有個灰色的龐然大物從樹頂上高高突起，那是大雙筒望遠鏡（Large Binocular Telescope），德國研究機構擁有四分之一的權利。這座巨大的光學望遠鏡有兩面 8.4 公尺的鏡子，這兩面鏡子加上其蜂巢狀技術，是亞利桑那大學鑄鏡實驗室的作品。「你想要什麼鏡子，都可以給你。」史都華天文台的前主持人史崔特馬特在我開車上山前對我說：「當然你想要的是正好 8.4 公尺寬的。」史崔特馬特很擅長推銷望遠鏡。

次毫米波望遠鏡的西側有一個小而低調，但仍然相當特別的天文台，在裡面的是梵蒂岡先進技術望遠鏡（Vatican Advanced Technology Telescope，VATT）。天文台的長型建築有點像是座教堂，一段長長的中殿連接到一座銀色的圓頂。圓頂之下倒不是祭壇，而是一具直徑 1.8 公尺的光學望遠鏡。

時至今日，我們仍能感受到梵帝岡天文學家的影響力。他們在十六世紀時建立了我們今天使用的曆法。第一座現代天文台是在十九世紀末時建於羅馬，不過在街道開始裝設路燈後，便遷到附近的岡多菲堡（Castel Gandolfo）。到了二十世紀，更在亞利桑那州成立一所附屬研究中心。

我在一個沒有觀測計畫的晚上拜訪了鄰居。當時有三位耶穌會士在這所天主教天文台任職。他們正在尋找對地球有潛在威脅的小行星。我很喜歡那裡平靜而友善的氣氛。我遇見了波以耳（Richard Boyle）神父，他過去在梵蒂岡舉辦以天文學研究生為對象的夏令營，學生來自世界各地，我以前也曾參加過。現在他似乎把全部時間都花在望遠鏡後，如隱士般住在山上。天文台裡的生活其實有點像是在修道和冥想。執行觀測的天文學家總是以天空為自己作息的中心。恆星與星系決定生活的韻律。不受其他東西的干擾。我享受著住在山上的這段時光，生命變得很單純，而且更接近天堂。

我們在亞利桑那的團隊由多位事件視界望遠鏡的夥伴組成，其中包括來自海斯塔克天文台的費許（Vincent Fish）和亞利桑那的馬隆。我接手馬隆在這裡的任務，他持續從土桑提供指示。由於這個天文台沒有足夠床位，所以不是大家都能同時來這裡。我一來到這兒就覺得像在家裡一樣自在。當然我對望遠鏡有一定程度的熟悉，知道如何操作，但完全獨力操作望遠鏡仍是另一回事。從偵測電波到實際產生一張影像，可以展示給其他天文學家、物理學家及全世界看，需要走過漫長的道路。但在宇宙展露自身秘密的時候，仍有十分特殊的體驗。

首先，望遠鏡的拋物面天線蒐集來自太空的電波，並把電波聚焦起來。在我們使用的波長，整個天線必須經過校正，讓精準程度限制在 40 微米之內——次毫米波望遠鏡的精準度甚至更高。電波經由掛在望遠鏡前方四根支架上的次反射鏡，射往天線後方的饋源艙，然後透過金屬製號角形饋電器傳送到接收器的導波管。號角形饋電器基本上就像老式留聲機上的喇叭。高頻訊號會在接收器中混合，變成較低頻率後再匯入電纜。藉由這個過程，在空中自由漂浮的無線電訊號會變成銅線裡的電波。

下一步是儲存這些波。今天，連光都可以用數位形式儲存——多麼驚人！首先，因為我們的設備頻率比這些波低很多，所以這些波必須再次過濾，讓頻率與設備一致。沃爾海默的「尋找外星智慧」計畫最先做出一種工具，用來搜尋來自地外的電波訊號，把反覆濾過的無線電波轉換成位元和位元組，於是來自太空深處的光才可以對應到像素化的一系列虛擬柱子，這些柱子的高度可以是零、一、二或三個單位高。雖然柱高只是電波振盪的粗略近似值，但我們會得到很多柱子和很多振盪。

我們的資料量非常龐大：每秒 320 億位元——也就是每秒鐘有 320 億個零或一。如果在紙上把每個資料柱畫為一毫米的細線，那麼只要兩秒再多一點，所需的紙捲就能繞整個地球一圈。幸好過去的打孔紙帶早已被硬碟取代了。數位革命對事件視界望遠鏡的助力實在不可小覷。

觀測完成取得紀錄後，硬碟會郵寄到波士頓和波昂，進行資料處理。經過漫長的處理過程後，巨量的資料終於產生一個小小的影像，從數千兆位元組降為幾千位元組，只能說是資料簡化的極致！其實我們記錄的是雜訊：來自天空的雜訊，接收器的雜訊，還有一丁點來自黑洞邊緣的雜訊。幸好，天空和接收器的大部分雜訊都可以在資料處理過程中濾除。以我們使用的望遠鏡而言，在一個晚上從宇宙電波源蒐集到的全部雜訊能量，微小得令人難以理解；相當於一縷一毫米長的毛髮，在真空中從半毫米高的地方掉落到一片玻璃板上所產生的能量。這樣的衝擊對玻璃板來說連搔癢都算不上，但我們仍測量得到。

為了讓資料在處理過程可以精準結合，每具望遠鏡都必須附有絕對準確的鐘，而說到準確的鐘，自然是誕生於瑞士，不管在日常生活和物理學上都是如此。我們所說的並不是機械上的傑作，而是產自量子力學時代、高度精準的精密計時器。距瑞士首都伯恩不遠的納沙泰爾（Neuchâtel）是生產精密計時器的重鎮之一。伽利略定位系統（歐洲版的全球定位系統）衛星上使用的原子鐘就是他們製造的。我們也一樣，採用了納沙泰爾製的原子鐘：每個氫邁射時鐘（hydrogen maser clock）造價達五位數。

如果你是想要透過望遠鏡來從事研究的天文學家，有一種人絕對惹不起，那就是望遠鏡操作員。顧名思義，他們的工作是操作望遠鏡，就像站在舵柄旁的船長。他們非常瞭解自己的望遠鏡，坐在控制室一整牆螢幕前操控天線。我拜訪的次毫米波望遠鏡永遠都有兩名操作員同時待在山上，每十二小時輪班一次。他們都是當地人，都很習於格雷厄姆山上的孤獨生活。順帶一提，格雷厄姆在阿帕契（Apache）語中的意思是「坐著的大山」。

做某些觀測時，操作員可以把虛擬舵柄交給控制室中的天文學家，不過只要一發生問題或刮起強風妨礙操作時，他們又會立刻接手。

對於特長基線干涉實驗，每具望遠鏡都必須嚴格遵守一定的觀測程序。理論上是自動化的，因為畢竟每具望遠鏡都應該要精準的在同一時間指向同一個電波源。為了避免時區造成的混亂，記錄時都採用世界時（Universal Time），也就是英格蘭的皇家格林威治天文台（Royal Greenwich Observatory）所在的時區，不過這個天文台在很早以前就已經變成博物館了。

我們進行觀測時，並不只是觀察銀河系中心或 M87 星系的中心而已。為了設定望遠鏡的測量靈敏度，電波天線在每次觀測之間都會一再擺動，指向校正源。通常我們會用熟悉的脈衝星或星系當作校正源，例如與銀河系距離是二億四千萬光年，位於英仙座的3C 84星系。3C 84是個強大可靠的電波源，十八世紀後期由赫雪爾發現。

通常在每次測量期間，會取三到四個不同脈衝星來定位。只有如此，整個系統才能得到校正。對特長基線干涉實驗來說，連原子鐘都不夠精準，所以我們透過這些宇宙參考源的幫助，確保所有的鐘都整齊劃一的運作。

天線改變所指方向需要花幾分鐘時間。為了填補空檔，亞利桑那的操作員想出了一個小玩笑：[22] 只要望遠鏡在移動中，控制室和廚房就會聽到動感十足的樂曲〈古典汽油〉（Classical Gas）。這首歌曾出現在澳洲電影《不簡單的任務》（*The Dish*）裡，電影主要是講述澳洲帕克斯（Parkes）64公尺天線如何接收第一次登陸月球的電視影像訊號。任何人只要曾到過亞利桑那的格雷厄姆山觀測恆星或黑洞，就再也無法把這段音樂從腦中除去。

有時候會發生令人頭痛的測量偏移，此時就必須重新調整望遠鏡或儀器。電波源會因為大氣折射而稍微偏移，看起來像是出現在不同位置，而氣溫變化也會改變巨大天線所指的方向，程度雖小但卻無法忽視。這些都是造成誤差的原因，我們都想竭力辨認與避免。把天線指向目標及望遠鏡聚焦的過程，都經常必須在中場休息時校正，而採用的明亮校正源也經常是黑洞。有時因為天候不佳，我們無法很快找到目標，或找到後又失去掌握。此時，就像人在光線昏暗時用雙筒望遠鏡搜尋目標一樣，我們只能繼續嘗試，直到再次找到目標為止。

由於地球一直在自轉，電波源在天空中的位置會不斷改變。我們的任務是用望遠鏡持續追蹤電波源的移動路徑。還有另一個狀況，是恆星和黑洞在西班牙升起和落下的時間，比在亞利桑那要早。對於特長基線干涉實驗來說，這個狀況會帶來挑戰，因為望遠鏡分布於世界各處，而望遠鏡在各自不同的觀測位置上，無法全部在同一時間觀測同一個目標。有時候，相互重疊的共同觀測區間只能維持很短的時間。

再者，望遠鏡本身有時就是不合作。我常說「望遠鏡畢竟也只是個人」，不應責備它們。2015 年 3 月 21 日，我們先是報告「天氣看來不錯」，接著準備開始準時觀測。然而不到一小時，設備忽然發生問題。「望遠鏡運作異常。為了修復，操作員必須讓它偏離觀測程序。」我們如此記錄。

還有另一種狀況會讓望遠鏡不得不停下來，那就是電線不夠長，導致望遠鏡無法再多轉一圈。望遠鏡設計的規則是要能夠旋轉一圈半，所以追蹤天體時，能夠以同一方向旋轉的程度是有限的。當到達極限時，操作員就必須把整個設備反轉，以解開電線的限制。此時《不簡單的任務》的小曲就會播放個好幾分鐘。我焦躁的等待再次開始觀測的時間；我們必須捨棄至少一個測量程序，直接跳到行程表的下一個任務。

一週結束，我帶著複雜的心情離開格雷厄姆山。我們達成很多任務，得知幾件事，天氣不是很理想。我開車下山，雖疲倦但仍感到滿意。幾個月後，我們瞭解到有幾個組件的裝設位置不夠理想，而資料的品質並不好。

2016 年春天進行第二次一般測試。這段期間，有些望遠鏡經過升級。不過有一件特別重要的事，是我們即將把智利的阿爾瑪望遠鏡納入網絡，這是第一次測試性質的整合。如果我們這次能與阿爾瑪順利整合，就能繼續進行 2017 年的觀測，到時將不再是測試，而是整個大計畫真正登場。

那年年初，在我們開始行動之前，天上掉下了一顆科學炸彈。美國雷射干涉重力波天文台（LIGO）和歐洲處女座干涉儀（Virgo）合作計畫在 2016 年 2 月 11 日發布了一次記者會。我們預期這會造成轟動。背後的祕密早就已經洩漏，在同行間流傳，但我們仍呆站在宇宙表演廳的大型螢幕前，和全世界的人一起看著這場非凡的新聞發布會。[23] 科學家首次成功的直接觀察到兩個黑洞合併產生的重力波。人類竟然在地球上偵測到了太空中極其微弱的顫抖。合併黑洞的質量約是太陽的三十倍，是銀河系中心黑洞的二十萬分之一。「我們終於『聽到』黑洞了。」我興奮的說：「現在我們想要親眼看到！」

最讓我驚奇的是這些天文學家同行的幸運程度。在他們進行測量前，沒有人確定這種大小的合併黑洞是否可能存在。結果重力波的訊號比預期的強得多，而且這個發現是在測試將近尾聲時發生的。如果他們提早幾小時結束測試，就捕捉不到那些重要資料。[24] 後來，他們也未曾再找到同樣強烈的訊號。「這種好運不會發生在我們身上。」我羨慕的想：「等到明年我們的大實驗進行時，天氣一定很差，望遠鏡會壞掉，而且 M87 的黑洞會比我們預期的小太多。」這對我的耐心是場長期試煉，我努力撐住。

兩個月後，我再次駕車開上那條狹窄的山路，前往亞利桑那的次毫米波望遠鏡。我的研究生楊森（Michael Janssen）和伊索恩（Sara Issaoun）[25]這次也一同參與。楊森來自下萊茵地區的恬靜小城卡爾卡（Kalkar），碩士時就是我的指導學生，寫了十分出色的碩士論文。伊索恩生於阿爾及利亞的柏柏人（Berbers）家庭，父母都是工程師。由於阿爾及利亞的動盪，一家人在她小時候移民到加拿大魁北克，後來又搬到荷蘭的阿納姆（Arnhem），雙親在附近的高科技公司就職。

伊索恩就讀加拿大麥吉爾大學（McGill University）時開始研讀物理，在學期休假時問我是否有合適的任務可以派給她。我給了她 2015 年亞利桑那觀測計畫的資料，對她的成果大吃一驚。她沒花多少時間就把校正曲線加以改進，或整個重畫。她甚至找到望遠鏡軟體裡的錯誤。我察覺伊索恩具有獨特的天文物理學天賦。2016 年，我帶她去亞利桑那的望遠鏡，只過了三天，我就變得無用武之地：楊森讓軟體自動操作，而團隊裡最年輕的伊索恩已幾乎完全擔下操作望遠鏡的工作，同時還繼續改進我 2015 年的校正測量資料。接下來幾年，望遠鏡操作仍掌握在她手裡，而當時她甚至還沒開始進行博士研究。最終，她和楊森的工作都為事件視界望遠鏡帶來豐碩成果；他們兩人之後會負責全部觀測的校正程序，並得到合作計畫的特別表彰。

這次的測試結果頗為成功，也因此我們等待已久的阿爾瑪整合計畫終於可以往前邁進，但這次的結果並未經過詳細分析和發表。兩次觀測活動皆是對團隊韌性和事件視界望遠鏡整體的測試。如果我們想要成功，那麼世界各國不同地區的科學家和技術人員都必須學會一起工作。現在我們已經知道：如果能做好每一件事，那麼明年我們就可以達成目標——當然還要加上很多好運的幫助。

10

CHAPTER

展開遠征

大實驗

現在我們的大實驗進入倒數計時。種子已經埋下，幼苗已經長成健康的植株。收穫的時間即將到來。

參與事件視界望遠鏡的每個人都熱切等待著 2017 年 4 月的到來。經歷過科學上的壓力、政治上的緊張以及技術問題的突破，在多年的準備之後，夢想的實現終於來到前方不遠之處。2017 年 4 月初，事件視界望遠鏡的八個天文台[1]都要指向天空中的同一個目標，其中兩個望遠鏡在智利，兩個在夏威夷，西班牙、墨西哥和亞利桑那各一個，最後一個在南極。還有，馬爾科夫和一大群天文學家組成了一個戰隊，把地面上和太空中的眾多望遠鏡召集起來，將和我們一同進行觀測。從近紅外光到伽瑪射線望遠鏡，全都準備就緒。我們準備了整個光譜，不會漏掉任何一種電波發射。

這會是一場近乎極限的大探測。在智利，天文學家要在海拔 5,000 公尺高的地方與乾燥稀薄的空氣奮鬥，而駐守在南極的科學家則必須對抗冰凍的溫度——那裡的年均溫是攝氏負五十度。我們的太空探測計畫令人想起天文學的過往時光，那時科學家必須前往世界各地，盡可能從最佳的觀測地點研究天空，以便多瞭解一點宇宙的祕密。稍有差池便可能全盤皆輸，這在當時與今天都一樣。就像勒讓提跑到印度追尋金星凌日，經過多年仍未竟其志，我們對於黑洞影像的追尋也有可能空手而返。如果天氣和技術不合作，我們也會失敗。

春天到來，多數團隊成員都進入最後的規劃階段。設備已經送出，寫過的電子郵件已經難以計數，視訊會議進行了許多場，初步測試也已準備妥當。我們建立了一個通訊群組，方便彼此溝通。加入的成員愈來愈多。3 月 5 日，德國天文學家米哈利克（Daniel Michalik）從南極望遠鏡（South Pole Telescope，SPT）傳來訊息。他已經在那裡待了好幾個冰寒的月份。米哈利克原本在歐洲太空總署之下做研究，後來參加了蓋亞計畫，不過在接下來幾個月，他和一名同事將執行事件視界望遠鏡的觀測。他們所在的地方非常接近南極，從廚房窗戶就可看到極地標記。那邊的連線很差，而這次從他們那兒傳來的第一個生命跡象是引自搖滾樂團平克．佛洛伊德（Pink Floyd）曲子〈安逸的麻木〉（Comfortably Numb）裡的一句歌詞：「哈囉？有人在嗎？」[2] 我們很慶幸有人為大家堅守那裡的堡壘。

多數夥伴在 3 月下旬時前往各自的望遠鏡。就在幾天之中，世界各地的科學家紛紛移動到自己負責的觀測處，迎接我們最重要的一刻。[3]

在這些日子中，事件視界望遠鏡有如奇蹟般，愈來愈像是名副其實的國際合作。每次有新面孔出現在我們的群組，這個人就得到眾人招呼歡迎。歡樂中帶有興奮；緊張感也逐漸攀升。但每個人都要專注於自己負責的獨特任務，否則事情就不會成功。

2017 年的觀測活動中，特別體現出整個計畫的國際交流。直到現在，每當我看著不同團隊在各自所屬望遠鏡的照片時，總是喜於我們成功的把這麼多不同的人聚集在一起，而且並非刻意為之。愛因斯坦和愛丁頓兩位和平主義者想必也會感到非常欣慰。而且整個觀測活動的過程中，事情進展得也十分和平。在那之前並不總是如此平靜無波，之後可能也不是。

4 月 3 日，我從德國杜塞道夫飛到西班牙馬拉加，再搭公車到安達魯西亞自治區，前往格拉納達的毫米波電波天文學研究所西班牙分部。整個城市正準備慶祝復活節。隨著聖週（La Semana Santa）的到來，街上洋溢著一股特殊的氣氛。春天來到，溫度升至較為舒適的十度以上。我想在格拉納達停留久些，體驗一下節慶，可惜沒有時間多認識安達魯西亞。遙望東南方聳立的內華達山脈，我已經可以看到自己在地平線那頭的命運。在格拉納達，可以早上開車到海邊吹風，下午到山上滑雪。

毫米波電波天文學研究所的望遠鏡位在比韋萊塔峰（Pico del Veleta）稍低一點之處。海拔 3,396 公尺的韋萊塔峰是西班牙第三高峰。中世紀時，摩爾人（Moors）從著名的阿爾罕布拉宮仰望其山峰。前往山頂的路線是歐洲最高的鋪面道路，深受自行車手的喜愛。前往亞利桑那望遠鏡的旅途令人難忘，但在 4 月前去伊朗姆 30 米望遠鏡（IRAM 30-meter Telescope）則又是完全不同的經驗。

波昂的克里希包姆再度成為我們小組的一員。他以前曾在這裡做過幾次觀測。我們乘著一台廂型車一起上山。前往望遠鏡的路上，僅僅 30 公里路程就上升了海拔 2,000 公尺。沿路可以眺望格拉納達，景色十分壯觀。途中司機曾暫停幾分鐘，讓我們適應高山空氣；他一方面給自己喝杯咖啡的時間，一方面也給我們欣賞美景的機會。

前方的山上已經可以看到宏偉的望遠鏡。司機在滑雪纜車站放我們下車，一行人踩過積雪，經過一所滑雪學校，來到一輛紅色的滑雪道履帶車旁，車身上有著毫米波電波天文學研究所的圖徽。我們把行李放入黑色金屬籃框中，再爬上乘客席。這輛履帶車帶我們爬上最後一段雪地，抵達明亮陽光中的天文台。斜坡上是最後的泥濘之雪，藍天在我們頭上展開。這一切都是好兆頭。

身處地球上最遙遠的地方，看到用好幾噸水泥和鋼鐵築成的研究站，總是令人感到讚佩。人類為了探索與拓展自己的視界，真是不惜付出巨大的努力！伊朗姆 30 米望遠鏡本身就是座驚人的紀念碑，矗立在海平面上 2,920 公尺高之處。

這座望遠鏡是由馬克斯普朗克研究所大力促成，建造時的七〇年代山上剛開通了滑雪纜車。[4] 當時的研究所所長是滑雪迷，有傳言說望遠鏡地點的選擇可能與此脫不了關係。

今天這裡到處都是滑雪者和滑雪纜車，但沒有一幢建築比天文台更大。它比亞利桑那那個牆壁可以收合、建築可以旋轉的天文台大上許多。伊朗姆 30 米望遠鏡的結構雪白，外觀就如多數人印象中典型的電波望遠鏡，直徑 30 公尺的天線座落在一個圓錐形建築頂上，人員可由下方的大型車庫門出入。由於天線在戶外，它的反射面可以整個加溫，以避免冰雪附著。

望遠鏡隔壁是一棟三層樓的水泥建築，從窗戶可以欣賞內華達山脈令人屏息的美景。這裡也是我們住宿和工作的地方。有時雲層很低，可以掃視地毯般的雲景，就像在飛機上一樣。望遠鏡經常會消失在濃霧中，從控制室也看不到它的頂端──

不過那天我們抵達時，眼前絲毫沒有雲霧的蹤跡。

韋萊塔峰的事件視界望遠鏡小組有五名成員。[5] 我正好與波昂的技術專家羅特曼（Helge Rottmann）擦身而過；我們是研究所同學。他在我們抵達前剛檢查完韋萊塔峰的設備，然後就立刻飛去智利的阿佩克斯。

與亞利桑那相較，伊朗姆 30 米望遠鏡雖然帶著七〇年代的古風，卻像是四星級飯店。建築內的空間比格雷厄姆山的天文台寬敞得多，而且階梯不會亂跑。這裡有一個共用的廚房，冰箱和儲藏室永遠裝滿了食物，可以任君取用。不過我們所需不多，因為這裡有餐飲服務團隊輪流為我們獻上安達魯西亞佳餚。當地人廚師似乎在比賽誰能煮出最美味的食物。湯、烤彩椒佐肉丸、還有內容充實的甜點一一上陣。旁邊還有一大條塞拉諾火腿，隨時可以用一把銳利長刀削下幾片。此外，也有供應不絕的西班牙起司和新鮮葡萄。難怪這裡的技術人員、清潔人員和天文學家，看起來心情都很愉快。一不當心，體重就可能增加好幾公斤，然後覺得自己像是亞利桑那格雷厄姆山上那袋膨脹的洋芋片。

這裡甚至有專屬吉祥物。有隻在附近山裡覓食的狐狸注意到天文台的豐盛伙食。據說某天這隻狐狸成功偷走了一整條塞拉諾火腿。雖說這裡嚴禁餵食，這隻狐狸還是時常出現。大家真的都遵守規定嗎？

由於電波可能會影響電子儀器的靈敏度，所以這裡沒有 Wi-Fi，對手機成癮的我來說是個挑戰。

在山上使用望遠鏡的人經常有十來位。除了我們之外，還有兩個研究團隊共用觀測時數。觀測一小時約要 500 歐元。理想上，整個設施最好能夠每天二十四小時都有人使用。如果天氣對我們而言太糟（不管是這裡的或是世界其他地方天文台的天氣），別的團隊就會來使用。

從 2017 年 4 月 4 日開始，我們有十天時間可以進行觀測。費許和克里希包姆一起，再度開始為每座望遠鏡和每個電波源規劃每日觀測程序。這是耗費心神、不得有任何疏漏的工作。在這段時間，全球各地天文台的天氣必須夠晴朗，讓我們在十晚之內至少有五晚可以執行觀測程序。經驗告訴我們這幾乎不可能發生。為了讓大家協調得更好，我在奈梅亨的同事范羅素姆（Daan van Rossum）為事件視界望遠鏡設計了一個線上網絡。各個望遠鏡的資料可以在此匯集，所以每個人都可以看到其他望遠鏡的狀況。在這個平台上，任職於荷蘭氣象局、受過天文物理學訓練的吉爾茨馬（Gertie Geertsema）會使用歐洲中期天氣預報中心（European Centre for Medium-Range Weather Forecasts）的全球天氣模型，為我們各地的望遠鏡進行氣象預報。初看預報時，出現了一個驚喜：接下來三天幾乎所有地方都是晴朗的完美天氣。不過我還是有點擔心，因為氣象預報有可能失準。荷蘭人真的能預測山頂上的天氣嗎？

多爾曼已在波士頓建立了一個類比通訊中心；所有的望遠鏡訊息也都會送到那裡。還有一個攝影團隊已經待命，準備為紀錄片進行取材。[6]

我們會以電訊會議來決定是否實際開始執行觀測，每次都是在規劃的觀測期間開始前四小時召開會議。過去幾年來，事情總是有些混亂。這次又會如何呢？協調八具望遠鏡和數十名研究人員，就好像帶著一班被寵壞又神經質的都市小孩，在復活節前的大齋戒期間經過糖果店一樣。這兩群人都絕對不會乖乖聽話的。

4 月 4 日，事件視界望遠鏡的所有望遠鏡都進行一次測試運行。在一個特長基線干涉網絡中，總是會發生技術故障。我們必須把望遠鏡變成團隊中的成員。然而就像所有牽涉到電腦的事情一樣，在整個架構中，最弱的一環往往是使用者，也就是人類。再細微的錯誤也會成為成功的絆腳石：搞混兩條電線、資料標示錯誤、無意間下錯指令等等。我們全都繃緊了神經。技術人員再次檢查各自的儀器。「麥斯威爾望遠鏡和次毫米波陣列之間有條紋」人在夏威夷的提拉努斯興奮的在群組聊天室中這樣寫，用四個驚嘆號結束這個句子。然後又加上「有個蠢盒子必須關掉再重開」。「有條紋」的意思是，至少夏威夷毛納基亞的麥斯威爾望遠鏡和次毫米波陣列（SMA）共同運作良好，取得了干涉訊號。情況看起來，隔天是很有希望的。我準備上床睡覺，為自己充電。看了氣象預報，我知道明天要玩真的了。克里斯包姆還在控制室走來走去。我問他：「你還不去睡？」他心不在焉的回答：「喔，我只是要確定一切就緒。」

第二天，緊張氣氛更加升高。Mark 6 資料記錄器總有些小問題，時不時會在世界各地發作。波士頓的專家試著處理。我們這邊則看來一切妥當。克里斯包姆在群組寫下：「韋萊塔的 Mark 6 已經開機運作。」晚餐時間，決定是否繼續的電訊會議開始。奇蹟發生了。世界各地天文台的天氣都非常完美，而且所有設備都能運作！

「特長基線干涉實驗開始，這次不是測試。」多爾曼在群組中寫下。這次的測量在世界時 22 點 31 分準時開始，在西班牙是午夜零時半。由於我們的位置最東，成了黑洞最早升起的地方，所以我們也屬於最早開始的一批望遠鏡。時間迫近。

當然，整個團隊早在開始之前很久就已待在控制室了。沒有人想錯過這一刻。眼前是操縱 30 公尺天線的控制面板，顏色是難看的綠色和銀色，上面有許多大顆的旋鈕和開關，看起來像是從不知哪個年代空降的東西——或許是七〇年代的〇〇七電影。有兩座鐘分別顯示當地時間和恆星時。還有一枚可以讓整個設施在緊急狀況下完全停止的紅色大按鈕。整副控制面板上，只有四個電腦螢幕透露出這份科技正以完全不同的層次在運作。

團隊成員開始緊張起來，我也一樣。每件事都應該……不，每件事都必須好好運作。我們已經一次又一次檢查過所有設備。硬碟的程式是否正確，程式知道何時該開始記錄嗎？觀測程序是否準備完成，而且是正確的版本？望遠鏡的接收器是否有傳送資料？是否正確聚焦？我一直看著控制室裡顯示的大氣中水氣數值，那數字好到令人不敢相信。為了確認，也為了安撫自己的神經，我常常走出室外，抬頭看著晴朗的星空。一點雲都沒有。

克里斯包姆在螢幕前的觀測者座位上坐鎮指揮。他利用我們剩餘的時間，開始進行第一次校正測量。我在他旁邊坐下。

我像是回到年輕學生的時代，當時他向坐在旁邊的我解釋如何操作電波望遠鏡。有些事情永遠不會改變，就算過了二十五年也不會。我鎮定下來，享受這片刻。他操縱著望遠鏡的視野，劃過一個宇宙電波源。我們可以清楚看到電波發射的亮度先提高而後又褪去——很好。訊號很強，我們的興奮期待也是。

表單上第一個電波源是 OJ 287，這是一個距離我們三十五億光年的類星體，位於巨蟹座，在那裡有一個目前已知最大的黑洞。有人認為那其實是兩個相互旋繞的黑洞。[7] 對我們來說 OJ 287 是暖身，我們可以從螢幕上清楚看到它明顯的電波發射——事實上我們在螢幕上看到的也就只是兩條鐘形曲線。第一回合的「特長基線干涉掃描」預定要進行七分鐘。現在是半夜 12 點 31 分，終於要開始了。螢幕上的畫面改變，並顯示望遠鏡已經自動轉為特長基線干涉模式。

我小跑步到隔壁的機械室。Mark 6 記錄器疊在與人同高的儀器架上，正發出低鳴，風扇旋轉，燈號閃爍。正面的綠色小燈緊張而快速的明滅，代表記錄器已運轉，資料正在流入。在前面的房間有兩個螢幕，一個是把電波轉為零與一的類比數位轉換器，另一個是原子鐘。這裡也正常運作。我鬆了口氣。

羅特曼從智利登入系統，在我們的群組中這樣寫：「韋萊塔的四個記錄器都在記錄中。」我們早已知道了。這晚後來的時間，我一直跑回去檢查。儲存在這些硬碟裡的東西，將會決定我們的成敗。但還要等許多個月，我們才會知道裡面究竟記錄到什麼。分析就是需要那麼多時間。

現在，觀測工作的單調感開始浮現了。克里希包姆追蹤望遠鏡的每個動作，並在他的觀測日誌中用手寫下紀錄。他是個老派的天文觀察者。坐在望遠鏡控制室對他而言適得其所。我佩服的問：「你還是用手寫？」他從在埃菲爾斯伯格的時候就這麼做，而且也要求我用手寫——不過我偷偷寫了個程式，自動替我記錄。他回答：「喔，這樣可以讓我保持清醒。清晨四點很容易犯愚蠢的錯誤；最好讓自己忙一點。」我嘆了口氣，拿起一隻鉛筆。

對於事件視界望遠鏡網絡來說，並沒有八座望遠鏡全部同時執行觀測的必要。原因是，在同一時間要從每個位置觀測到我們清單上的電波源，本身就是不可能的。也所以今晚觀測程序的一開始，看起來充滿西班牙風情：阿爾瑪陣列和阿佩克斯在智利，大型毫米波望遠鏡（LMT）在墨西哥，次毫米波望遠鏡在亞利桑那，這些地方過去都是西班牙殖民地——而我們的伊朗姆 30 米望遠鏡就在西班牙。這幾座望遠鏡在世界時 22 點 31 分整，全都盯著空中同一個類星體。夏威夷的兩個天文台和南極的望遠鏡還需要等一等。

我漸漸冷靜下來。事情走在正軌上。現在的問題是，其他天文台的情況如何？群組中一條條加進來的訊息帶來希望。「阿佩克斯諸事順利。」此時已開始執行觀測的墨西哥同事寫著：「大型毫米波望遠鏡記錄中，掃描檢查沒問題。」多爾曼從波士頓報告，亞利桑那看起來一切正常。但舉足輕重的阿爾瑪陣列情況如何？智利安靜很長一段時間。不過到了最後，令人放心的訊息總算出現：「阿爾瑪觀測到目前所有目標。」

雖然不斷有小問題冒出來，但這是正常的情形。墨西哥表示在觀察 OJ 287 時發生困難，無法正確聚焦——相機也容易遇到這情形。雖然他們的天線不夠銳利，但望遠鏡網絡的整體規模夠大，可以補償這些困難，只是之後校正團隊就必須專為這些損失的訊號找出適當的補償方法。然而接下來，墨西哥團隊必須一再關機，他們的馬達不知為何一直缺乏足夠電力。他們必須等待，然後再從頭來過。現下我們缺了他們的資料，不過夜晚還很長。

回到我們的控制室，現在正要進入關鍵階段。馬上就是對 M87 的第一次觀測。此時是凌晨 2 點 45 分。我們必須讓望遠鏡嗅出來自巨大星系正中心的電波發射，就在五千五百萬光年遠的地方，一個巨大而活躍的黑洞正在施展它的威力，而我們還不知道這個黑洞的真正大小。

「定位 M87」，我對電腦輸入指令。螢幕上顯示下列坐標：赤經 12 時 30 分 29.4 秒；赤緯 +12 度 23 角分 28 角秒 。望遠鏡緩緩轉向天空中第二大星座處女座。我們目不轉睛的盯著螢幕上的變化。望遠鏡對準正確的方位角，也就是沿著地平線的角度；而仰角，也就是垂直方向的角度，現在也來到準確位置了。我們比照所有大規模移動的慣例，又做了一點調整。

克里希包姆報告：「韋萊塔峰已定位 M87 並開始記錄，指向鄰近的 3C 273。」控制室中的標示呈現出合理的訊號強度；硬碟轉動且剩餘空間逐漸縮小。這都是令人安心的跡象。在我們的儀器上，可以看到望遠鏡如何追蹤 M87 的中心，運動方向與地球的自轉方向相反。我們掃描 M87 幾分鐘後轉到一個校正用類星體，掃描幾分鐘後再轉回 M87，如此反覆交替已經幾個小時了。現在一切看來都自動化進行。

然後我們進入一種類似恍惚出神的狀態。那是一種很奇怪的感覺。我們實際上應該都累壞了，但同時又想要追蹤望遠鏡每一個最細微的動作。我原本應該要在清晨接手，讓克里斯包姆去睡覺——至少這是我們本來講好的。但他一直捨不得離開，結果待在觀測座位上一整晚；他體內一定藏有專為這種時候準備的祕密能量。

黎明來到。早晨 6 點 50 分，夏威夷的望遠鏡醒來，與我們一起觀測 M87 一小段時間。我們之間相隔著不可思議的 10,907 公里，在觀測這個電波源時是網絡中距離最遠的兩個觀測點！我們現在指向的位置快要碰到山頭了——這會不會有問題？又經過十五分鐘，我們三十四次掃描的最後一次也全部都存在記錄器裡了。燈號停止閃爍。克里斯包姆把最後一次報告傳送給群組：「特長基線干涉所有掃描完成。現在我們有點累了，觀測三十八小時後，我們終於要去休息了。」這可憐的傢伙前一晚也沒睡。

我們拖著疲憊的身體上床時，亞利桑那的伊索恩和她在夏威夷的同伴繼續努力好幾個小時。亞利桑那是位於中心位置的望遠鏡，觀測時程最長，而像我們一樣，伊索恩也捨不得離開螢幕。加上前面的準備時間，她連續不休的觀測了十九個多小時。當我們醒來準備下一晚的工作時，她還在忙。她能休息的時間所剩無幾。

最後倒數

第一輪觀測進行得很順利。但願能持續下去。多爾曼愉快的從波士頓傳來對第一階段觀測的讚美，並祝大家晚安——雖然我們大部分人只能在白天補眠幾小時。

其他人上床睡覺時，卻有一個全新的任務等著我。就在我們的遠征剛開始不久，英國廣播公司（BBC）網站上忽然無預期的出現一篇相關文章，聲稱我們「很快就要」取得第一張黑洞影像。他們是怎麼知道的？我們根本不知道會不會成功，也沒發新聞稿。萬一得到的又只是一個模糊的斑點呢？我們是不是讓人期望過高了？萬一觀測必須持續好幾年呢？我並不是個討厭媒體曝光的人，但這篇文章在此時出現，實在是增加困擾。

話雖如此，這篇文章已足夠引發媒體譁然，所以我們追加發布了自己的新聞稿。現在我的電話響個不停，全世界的記者都想知道我們在韋萊塔峰的實驗進行得如何。我透過 Skype 接受天空新聞台（Sky News）和半島電視台（Al Jazeera）的即時訪問，也上了荷蘭廣播電台。我們的社群網站粉絲專頁也開始受到矚目，以致老派的電波天文學家開始在這些社群網站發出抱怨。我試圖降低大家的期待，說「我們只要能看到類似醜醜花生的東西就滿足了」。

現在絕對沒時間睡覺了，而睡眠不足使得我的表達能力遭殃。有一些荷蘭的推特使用者對我的文法有意見。只有當他們聽說我實際上是德國人時，才好像稍微退讓了些。我幾乎把這當作是一種讚美。

到了傍晚，判斷下一輪天氣狀況的時候來臨。每一處的天氣條件對觀測來說都堪稱理想。簡短的電訊會議後，第二輪觀測的開始指令如預期下達：又是一次「執行特長基線干涉」。今晚的程序有將近一百次掃描，這表示眼前這一輪任務更加吃重。開始時間在午夜，比前一天晚兩小時。我們每隔幾分鐘就在 3C 273 與 M87 之間來回掃描，持續好幾小時。天氣十分配合，令人感謝。這晚的掃描按照進度在早上 7 點 30 分完成。此時 M87 星系中心的角度只有地平線上 10 度。就算是最強的電波源，也和太陽一樣總是得下山。

這些觀測活動伴隨著許多娛樂。群組討論很熱絡，愈是夜深，大家就愈是胡鬧。顯然大夥兒心情都很好。忽然間米哈利克從南極傳來一張照片，是他與同伴[8]穿著厚重外套、戴著滑雪護目鏡，站在南極望遠鏡巨大的接收艙前。在他們身後，寬闊的平坦大地延伸到地平線：冰雪連綿好幾百公里，直抵空無。白色地景直接轉換為藍色天空。這張照片有種特殊的美感，值得任何科技博物館收藏。對於這兩人在遙遠南方難以想像的工作條件，現在我總算有了一點概念。米哈利克寫說，氣溫是難以置信的攝氏負 62 度。

這張照片太棒了，我想再看多一點。當下我就決定發起一場事件視界望遠鏡照片大賽。在一條新的討論串中，我請大家拍下對自己望遠鏡的印象，貼上來分享。如此一來所有人都能更加瞭解各處團隊的工作環境，有時也能看到彼此的臉孔。有些成員在事件視界望遠鏡的遠征開始之前根本沒有與其他人見過面。這場攝影比賽透過自由隨興的方式，讓整個團隊更加親近。

隔天，觀測能否執行變得較不確定。某些望遠鏡附近的天氣狀況難以掌握，因此我們暫時決定繼續觀望。西班牙的操作員變得有些不安起來；如果不快點作出決定，會有別的研究團隊來用望遠鏡，而我們這晚就失去機會了。團隊終於在最後一分鐘決定執行觀測。一方面，我們每個地點都能連續三晚進行觀測，實在是非常幸運，另一方面連續整夜工作也帶來沉重負擔。多爾曼在留言中感謝大家的辛勞，他知道這對整個團隊來說都十分辛苦。但我們也應該充分運用可用的日子。補眠總是可以稍後再說。

這一次，我們的開始時間是當地時間早上六點左右。觀測程序裡終於出現了銀河系中心。現在我格外緊張，但每件事都進行得很順利。隔天，我們在天氣上的好運用完了，墨西哥在下雨。韋萊塔峰這邊甚至出現下雪預報。亞利桑那也是，天氣不穩定，還有強風，對大型望遠鏡來說風力可能過強。我們決定休息兩天。倘若換個年份，我們或許會堅持下去，但此時沒有人感到惋惜，整個團隊都筋疲力竭了。

我用這段時間寫了一個小電腦程式，可以用來準備與啟動未來的觀測任務。對我來說，寫程式就和冥想靜坐一樣，具有美妙的舒緩效果。

兩晚過後，又是「執行特長基線干涉」——各重要天文台的天氣穩定下來了。今晚，我們這邊狀況非常好，空氣十分乾燥。不過南極的望遠鏡卻有些問題；南極團隊只得錯過幾次掃描，幸好後來望遠鏡又恢復運作。再觀測一晚，我們就十拿九穩了。這晚除了少數干擾，大體上運作順暢。到了早上八點左右，托尼（Pablo Torne）從韋萊塔峰發出訊息：「我們結束了。只有兩次沒掃描，其餘一切順利。」我們做到了。計畫管理人提拉努斯從夏威夷做了檢查，感謝每個人的辛勞，並祝我們歸途愉快，「或在山上享受滑雪之樂」——他很瞭解這個天文台。

我們攤在椅子上。控制室裡的氣氛有點安靜。睡眠不足確實影響了我們，但此刻仍有種勝利的感覺——至少當下如此，因為要再等上好幾個月，才能知道資料是否真能使用。無論如何，我們已經完成自己的任務。

隨著最後一次觀測結束，其他望遠鏡團隊的緊繃氣氛也開始放鬆。現在是慶祝的時候了。第一聲「乾杯」來自南極。他們那裡有一瓶為了觀測活動結束而準備的蘇格蘭威士忌，不知是怎麼送到南極的。在墨西哥的大型毫米波望遠鏡，氣氛顯然也十分高昂。納瑞雅南（Gopal Narayanan）留言說他們剛在皇后合唱團（Queen）的〈波希米亞狂想曲〉（Bohemian Rhapsody）配樂下結束最後一次掃描，播放清單上的下一首曲子是歐洲合唱團（Europe）的〈最後倒數〉（The Final Countdown）。波士頓也很歡樂，他們正在聽夏威夷歌唱家卡瑪卡威烏歐爾（Israel Kamakawiwo'ole）唱的〈飛越彩虹〉（Somewhere Over the Rainbow）。然而我在亞利桑那的學生是第一名。伊索恩說：「我們正在聽謬思（Muse），曲名是〈超大質量黑洞〉（Supermassive Black Hole）。」我困惑了一下。我知道什麼是超大質量黑洞，但誰來幫個忙，告訴我這個「謬思」是哪位？

踏上歸途

遠征是科學家職業生涯中最令人興奮的經驗。但因為旅行對天文學家來說是家常便飯，所以我在工作結束時總是期盼著盡快與家人團聚。每次回家時，我太太總會說她必須先把我從空中抓下來，腳踏實地回歸現實。這次在西班牙的觀測活動正是如此。連續幾晚不睡覺工作，讓每個事件視界望遠鏡團隊筋疲力竭。現在我需要的是睡覺，相信其他望遠鏡的團隊夥伴也是如此。這票事件視界望遠鏡研究者從地球上的偏遠角落各自回到文明世界的同時，資料記錄器的硬碟也展開自己的旅程。將近一千顆硬碟各自裝在木箱中，由貨運公司運送。

「請保佑一切順利。」我心想。特長基線干涉實驗的資料過去曾在運送過程中搞丟過。這些硬碟儲存的是事件視界望遠鏡的整個資料寶庫，沒有備份。資料量實在太大了，我們無能展開安全網。一旦資料遺失，對我們和整個計畫都將會是無法想像的災難。整個觀測活動全部白費，而且沒有人知道何時才會再有這麼好的天氣。

裝滿硬碟的箱子逐一抵達海斯塔克天文台。有些資料則從那裡送到波昂的馬克斯普朗克研究所。等最久的是南極的硬碟。南極的冬天要等半年才結束，然後硬碟才可以從麥克默多研究站（McMurdo Station）空運出來。我們在南極的團隊也得在那裡等那麼久。他們的夜晚仍十分漫長。

八座望遠鏡觀測五天下來，每一處都累積約 450 兆位元組（terabytes）的資料。這表示我們得分析的資料達 3.5 千兆位元組（petabytes）——一個千兆位元組後面有 15 個零！第一步先要使各個望遠鏡的資料產生關聯，也就是讓各望遠鏡資料以精準的時序重疊並結合。麻州和波昂的團隊計畫要分擔這份工作，然後彼此檢查對方一部分資料。兩邊的研究機構處理這種工作都有數十年的經驗，但老話一句：謹慎些總是好的。

關聯化的作用是要找出儲存在廣大資料之海中的電波並一一疊合起來。事件視界望遠鏡是一個干涉儀，所產生的資訊總是結合自兩座望遠鏡偵測到的波——對我們來說，單一望遠鏡毫無用處。你可以這樣想像干涉：把兩顆石子丟到池塘裡，會產生漣漪，或說水波。當兩個波相遇重疊時，在某些位置會互相抵消，某些位置則會彼此增幅，因此產生獨特的圖形。電波天文學家稱這種圖形為「條紋」，是「條紋圖形」的簡稱，基本上就是相互交錯的線條圖案。根據線條的方向和強度，我們可以得到兩顆石子相對大小的精確讀數，以及石子接觸到水面的位置。不過，實際情況更複雜，因為電波天文學家進行測量的地方不是平靜的池水，而是暴風雨中的大海。我們先得把許許多多波動的波峰和波谷重疊起來，才有可能看出一點東西，而為此這些波必須精確同步，不然就會分歧發散。

用比喻的方式來說，要達成同步，就必須挪動各個電波，讓它們以同樣的韻律震盪。關聯中心的專家有點像音樂 DJ，為了讓兩支不同曲子節拍一致，他們會調整兩張唱片的轉速，達成完美同步，此時兩支曲子聽起來就像是同一張唱片放出來的。在此，電波天文學家的不同之處是他們處理的不是兩張唱盤，而是記錄幾個不同望遠鏡複雜資料的 Mark 6。只有當這些資料完美同步後，望遠鏡才開始發揮特長基線干涉技術的作用。

對我們來說，這意味著等待。相對而言，DJ 可以立刻知道兩張唱盤是否同步。如果他們沒弄好，兩首曲子的韻律稍微沒對上，他們立刻就可以察覺，再不濟，至少當跳舞的人因為亂七八糟的節拍而開始掩著耳朵衝出舞池時，他們也會知道。但在我們執行觀測的時候，很難檢查是否每件事都同步運作。我們的觀測經驗很像早期的海上探險家，既沒有 GPS 也沒有路標，就在茫茫大海上前進，期望找到那最重要的目的地。不到終點，我們也不知道自己的努力是否白費；正如當年的探險家，只有平安抵達時才知道結果。也就是說，條紋或良好的重疊模式並不一定會出現。結果出爐之前，我們只能咬著指甲，不安的等待。

要在各個望遠鏡間找出統一的韻律，必須知道每座望遠鏡相對於天空的位置，以及電波從天空抵達望遠鏡的相對時間，資料必須非常精確。為了估計這些數值，特長基線干涉專家會使用一種地球運動的模型，含括自轉、不平衡、以及海與層層大氣的運動所造成的地軸擺動。連接超過一千個運算單元的超級電腦會搜尋每對望遠鏡偵測到的電波雜訊，藉由把波排列對齊、挑出最佳的關聯，以找出共同的震盪。

要找出正確的數值是艱巨的任務，而且也很容易犯錯。如果有一毫秒的偏差，就得尋找數百萬個其他的可能；完整的資料關聯分析往往比觀測本身的時間要長。因此我們總會先行測試，以較小的資料集做為基礎，例如用兩具望遠鏡觀看一個非常明亮的類星體。

2017 年 4 月 26 日，關聯分析之海傳來了第一個消息。麻省理工學院的關聯專家泰提斯（Mike Titus）得意洋洋的告訴我們，對類星體 OJ 287，夏威夷麥斯威爾望遠鏡和墨西哥大型毫米波望遠鏡之間的第一個條紋已經找到了。大家鬆了口氣。這就像是水手高喊「看到陸地了！」現在事情一步步往前推進。第二天，泰提斯說：對電波源 3C 279，麥斯威爾望遠鏡、大型毫米波望遠鏡和次毫米波陣列之間已找出更強的干涉模式。幾乎每天都有新的捷報傳來。逐漸的，整個網絡都包含在內了。5 月 5 日，我通知毫米波電波天文學研究所所長[9]，事件視界望遠鏡幾乎每具望遠鏡之間都已經找到條紋了。難以置信——我們真的辦到了！就算我們還不知道這些資料會帶來什麼，但這是同類實驗蒐集過的資料中最好的一次。我們正在進入太空中的新領域。

不過，若要將南極在內的所有資料都完成關聯，還得等九個月。在還不知道這些資料到底會告訴我們什麼之前，我們已經開始第二次觀測活動了。

2018 年 4 月，幸運之神沒有站在我們這邊。前三天都無法工作，因為有一具望遠鏡的新接收器來不及裝配完成，而後天氣變壞。韋萊塔峰的雲霧太濃，連望遠鏡的頂端都看不見。智利的阿爾瑪望遠鏡忽然結冰，亞利桑那和夏威夷的天氣也不是很好。話雖如此，我們來自台北的團隊首次以新的格陵蘭望遠鏡（Greenland Telescope，GLT）參與了觀測。

然後傳來令人震驚的消息：我們聽說墨西哥的團隊遭到武

裝人員以槍威脅。我的博士生楊森也在那裡。我心急如焚，不斷試著與他聯絡，同時一直責備自己。我們讓年輕天文學家置身於多大的危險之中？雖然過去那個地區並沒有發生任何事件，但我對團隊和計畫的安全負有最大責任。最後我總算和楊森通了電話。「我們開車去望遠鏡那裡時，有一輛深色的皮卡車擋住去路。」他語氣急促的告訴我：「有六個戴面罩、全副武裝的人圍著我們。我們高舉雙手。他們其中一人會說一點點英語。我發現他其實很緊張時，自己變得更緊張。」楊森在描述親身經歷時，聽起來很冷靜，在敬佩之餘，我也聽得出他受到很大的驚嚇。「我試著解釋我們是天文學家。然後事情很混亂。他們說他們是要保護我們，然後就開車走了。鮑曼（Katie Bouman）和布雷克本（Lindy Blackburn）都已經在天文台那兒了。幸好她們沒事。現在我也安全了。」他如此作結。我說：「你們趕快回來，只要能安全離開就回來。」我和多爾曼通電話緊急討論，然後我再與墨西哥的望遠鏡主持人聯繫。[10] 我們決定把團隊從那裡撤出，本次觀測活動捨棄大型毫米波望遠鏡這個重要的天文台。

沒有人知道那次到底是失敗的綁架行動，還是祕密警察在背後運作。我們也不想知道。大約在那時，培布拉（Puebla）地區的犯罪集團和墨西哥政府間的緊張情勢正開始升高。後來，在前往內格拉休火山（Sierra Negra）曲折而視線不良的山路上，開始發生愈來愈多伏擊事件。因此，操作望遠鏡的單位，也就是墨西哥國家天文物理、光學暨電子學研究所（National Institute of Astrophysics, Optics, and Electronics）做出了合理的決定，暫時關閉大型毫米波望遠鏡以及鄰近的高海拔水契忍可夫（HAWC）伽瑪射線望遠鏡。[11]

由於上述原因和其他因素（包括其他望遠鏡的技術問題），我們排定的 2019 年觀測計畫也無法執行。我們想要在 2020 年 4 月再試一次，我打算去法國阿爾卑斯山布爾高台的毫米波電波天文學研究所諾艾瑪陣列（NOEMA）望遠鏡。然後新冠病毒來襲，一切停擺，無法觀測。2017 年似乎成了我們的奇蹟年。我們必須讓 2017 年的資料告訴我們當時是否善用了那個獨一無二的機會。

11

CHAPTER

影像形成

雜訊如何成爲影像

外太空的影像並不會從天上掉下來。實情恰恰相反，每個天文學家都知道捕捉一張宇宙的影像需要多少努力與耐心——尤其當光波儲存在硬碟上時。資料收齊後，基本上必須在電腦上組合出和地球一樣大的望遠鏡，然後弄清楚這台巨大望遠鏡的天線或鏡子會如何處理真實的波。

來自宇宙的光經過一面鏡子聚焦起來的數學運算，稱為傅立葉變換（Fourier transform）。法國數學家傅立葉（Jean-Baptiste Joseph Fourier）在 1822 年想出這個運算法，在今天的日常生活中，幾乎處處都有它的存在。只要在電腦中儲存壓縮的 JPEG 圖片或 MP3 音樂檔案，就會用到傅立葉變換的某些面向。連我們的耳朵把振動轉成音符時，也牽涉到傅立葉變換。凹面鏡和我們的耳朵實際上是數學天才，兩者都能夠自動處理複雜的數學運算，連睡覺時也可以——任何人只要曾在半夜被設錯時間的鬧鈴驚醒，就有過這樣的經驗。不過，在電腦中，變換的艱巨任務必須先透過程式來完成，意味我們必須教導電腦如何一步步進行運算。

傅立葉變換有一個特出之處，就是能夠適當捨棄資訊，卻不至於影響圖像或音樂的整體印象。日常生活中，電子壓縮過程便是善用這項特點。對圖片或音樂進行傅立葉變換，刪除不重要的資料，儲存剩下的資料，然後可以在任何時刻把這些圖片或聲音檔案變換回先前的狀態。其中的差異幾乎看不見也聽不出來，但資料量卻變小很多，這也表示一張記憶卡可以儲存更多圖片。

當相機鏡頭上有灰塵，或觀測天空的望遠鏡鏡子上有刮痕時，也會發生同樣的事情。訊息因此損失，而鏡子無法進行完整的傅立葉變換。但我們得到的並不是有洞或缺了幾顆星星的圖像，而是每顆星星都在，但看起來稍微模糊一點。在我們沒察覺的情況下，訊息缺失導致的干擾分布在整張影像上，鏡子上的任何瑕疵都會平均的影響影像中每顆星星。然而，藉著電腦演算法，就可以盡量計算、移除這些瑕疵，好把影像打磨清晰。

因此，地球電波干涉儀（並非一個大的反射鏡，而是由許多小望遠鏡相連起來）不需要很完整，就算它的望遠鏡沒有覆蓋地表每一寸土地也沒關係。它相當於有很多刮傷破洞的鏡子——事實上，更像絕大部分都是刮傷和破洞的鏡子。雖然如此，只要有一點技巧和一些重要的數學知識，就能重建出一張準確的影像。這省去了許多天線和經費。如果地球表面完全覆蓋了電波望遠鏡，對人類同胞來說也有些不方便。

圖像的傅立葉變換，可以用交響曲來比喻。看到的圖像就和聽到的音樂一樣。圖像的傅立葉轉換就像是交響曲的樂譜，而電波干涉儀就是一種測量工具，用來記錄音樂並把它區分化簡為樂譜上的一個個音符。

在我們的特長基線干涉網絡中，隨時都有兩具望遠鏡共同測量圖像中的同一個音符，並由關聯器負責計算。這一對望遠鏡之間的距離就是基線；你可以把它們想像成豎琴裡兩條不同長度、發出不同音高的弦。只不過這邊的情況正好相反：琴弦並不產生音符，而是捕捉音符；琴弦愈長，捕捉的「圖像音符」就愈高。回到交響樂的比喻，短基線主要捕捉到的是定音鼓和低音提琴，長基線則是短笛和三角鐵。

舉例來說，如果對一個人頭的圖像做傅立葉變換，那麼圖像低音捕捉到的只有頭部外形，而沒有臉上的細節。相對的，圖像高音可以清晰呈現嘴巴和鼻子的輪廓，但看不出外圍的頭顱形狀。從電波源的角度來看，重要的是兩具望遠鏡之間的虛擬琴弦可以有多長。如果從某個偏斜的角度看，長度會比從正上方看要短。由於地球會自轉，方向和投射的弦長都會改變，而望遠鏡在晚上幾個小時的觀測中，也調了幾個小時的音。

要從特長基線干涉網絡取得好的圖像，每具望遠鏡的測量靈敏度都必須相對於其他所有望遠鏡進行精確校正，而不同望遠鏡之間的相對延遲也必須修正。這就相當於有一面由幾個部分組成的鏡子，全都必須調整和平均拋光，也像是為鋼琴精確調音。我們的校正團隊[1]在2018年春天進行調音工作，在這支由許多樂器演奏的大曲目之中，為不同音量進行調整，以確保各個要素都恰如其分；這就像在音樂會開始前試音彩排。如此一來，才有可能從充滿雜音的資料中產生一張眾聲和諧的黑洞影像。

5月中的某天，我像往常一樣正準備離開辦公室時，伊索恩跑來跟我說：「你看過我們對人馬座A*和M87的第一次校正圖了沒？我想你會覺得很有意思。」她的口吻平靜到令人起疑。伊索恩平常就很開朗坦率，但今天她的眼角更流露出某種淘氣的光芒。我好奇的看了她的螢幕，然後忽然瞭解到發生了什麼，又仔細看了一眼。我驚愕的問：「妳覺得這裡看到的東西是真的嗎？」「呃，當然這只是初步資料，我們還得更仔細檢查……」她回答。

校正團隊看到的東西，是一條黯淡小點組成的曲線。我們測量出圖像音符的音量，再依照頻率排列，呈現出 M87 的音階，像是老式 Hi-Fi 音響的等化器。在這裡，愈往圖像的高音移動，音量會穩定下降，最終會達到零。如果黑洞的影像是一張肖像畫，現在我們會知道它的頭實際上有多大。高音愈少，頭愈大。然而曲線突然又開始上升。我們也測量到許多吵雜的高音。這顆頭還有臉孔，而且讓我們捕捉到了！當西班牙和夏威夷同時觀測的時候，我們在最後幾分鐘測量到最高也最重要的音——實在令人吃驚！

我深吸一口氣，同時感到放心又緊張。「這好得太過頭了！」我們全都認識這種形狀的曲線，因為每本電波天文學教科書上都有這個圖形。[2] 我的語調帶著難以置信的感覺：「我不想這麼說，但這正符合環狀物體的傅立葉變換。如果這是真的，表示 M87 確實和某些人認為的一樣大，而且我們可以看到它的影子。」伊索恩微笑補充：「對，六十到七十億個太陽的質量。」

「好吧，那我們就先等著瞧吧。」我決定讓自己以輕鬆的語調回答，並扮上一副撲克臉。話雖如此，那天剩下的時間，我都在辦公室裡不安的來回踱步。那就像是有一位你已經準備了幾十年想要接待的貴賓，現在得知她真的要來了——對我來說當時的感覺就是如此。我們很快就要親眼一睹她的真面目了。在安靜的房間中，我不斷說著感謝。

大驚奇

特長基線干涉實驗沒有測量每個音符，意味理論上與測量結果相符的影像會有很多種。假如沒有交響曲樂譜中的每一個音，理論上就可以隨興演奏許多其他旋律——儘管多數聽起來可能荒腔走調。

我擔心著該如何確定我們不是在自我欺騙。我們必須成為自己最嚴厲的批評者。令人感謝的是，團隊中每個人似乎都對這種危險有充分的自覺，而且我們每個步驟的分析都透過兩種方式獨立進行。

校正團隊格外努力處理資料。哈佛的布雷克本是這項工作的專家，寫了一套處理資料流的管道系統，而楊森與我們這邊合作寫了另一套，命名為rPICARD。[3]就像《星艦迷航記》(*Star Trek*) 裡我最喜歡的畢凱 (Picard) 艦長，只要一聲下令「動手！」，就會全自動處理資料。兩條管道都得到同樣的結果；現在樂器已經調好音了。我們可以釋出資料，透過它們來產生影像。現在，來自整個事件視界望遠鏡龐大又認真的成像團隊，[4]都全神貫注在這項任務上。

要得到一張科學上的清晰圖像，路途十分漫長。成像團隊的數十位成員來自世界各地，他們的任務包含繁複的步驟。一張影像的產生有無數種可能方法，而鮑曼在此加入戰鬥。她是電子影像處理專家，從高中時期就對這個領域充滿熱情。她完成學業後先在麻省理工學院工作，然後轉到哈佛。她瞭解影像處理的所有曖昧之處，也知道如何安全避開重大陷阱。她為團隊設計了多次競賽，好測試特長基線干涉專家和演算法。各專家會從她那兒收到模擬資料，有的就如同你想像中黑洞看起來的樣子，有的顯示了一道噴流，還有的很像是附上帽子、圍巾和紅蘿蔔的雪人。收到資料的小組必須在不知裡面藏著什麼東西的狀況下，把影像重建出來，互相比賽，彷彿是小型的選美競賽。各小組的成果甚至要接受評審團的評選；我也曾擔任其中一回的評審。我們用這種方法讓自己一次次接受純資料分析的品質管制，而成像團隊也可以由此選出幾個通過測試的演算法，再加以發展。

目前為止，成像團隊只處理過模擬的影像資料及校正用的資料。現在不同了，經過測量和調整的 M87 和人馬座 A* 音符正式來到他們手中。此刻的緊張感無比龐大。我們的黑洞看起來是什麼樣子？我們像是等不及拆開耶誕禮物的孩子。耶誕樹下擺了幾個很大的禮物，現在我們就要動手打開。然而，拆這種禮物的機會只有一次，因為「第一次」只有那麼一次。在科學上，拆開禮物，或說評估資料，也是一個實驗；由於實驗是由人來執行的，所以也會對分析造成影響。

因此團隊分成了四組，獨立於其他組別各自拆禮物。[5] 我屬於第二組，成員還包括我的博士生伊索恩、楊森和羅洛夫斯（Freek Roelofs）。整個小組跨越三塊大陸，由伊索恩和日本同伴秋山和德（Kazunori Akiyama）帶頭。

為了確保每個小組得出的結果是獨立的，不同小組之間嚴禁交流。當然，各小組產生的任何影像也不可以給事件視界望遠鏡之外的人看。我們想要嚴格確保影像不會外洩。不過有件事我必須承認：我還是把影像給我太太看了。

我們依照非常緊湊的時間表進行成像工作。2018 年 6 月 6 日晚上，四個小組都收到 M87 和人馬座 A* 的測量資料。我們都很興奮。我的博士生立刻著手分析。一開始他們分開處理各自的資料。當時我人在美國，參加美國天文學會的研討會，並要做一場月球電波天線的演講。我努力掩藏自己的興奮，並偷偷與羅洛夫斯等人保持聯繫。那天晚上，黑洞的第一張影像誕生在世界上。沒人知道誰奪得第一，但那不重要。我坐在飛機上飛往德國時，事情還一直有進展。我從丹佛飛回去的路上緊張到幾乎無法承受。在機上的影音節目中，我發現一場鮑曼的 TEDx 演講。「等我著陸時，這些都將過時了。」我心想，自顧自微笑起來。當飛機終於在法蘭克福的跑道完全停下來時，我立刻從口袋掏出手機，看我們小組的影像。恭候已久的貴賓就要抵達了。

我的心情就像十九世紀通俗浪漫小說的高潮。那影像就像一名身在遠方的戀人，在我苦苦守候的數十年裡，只能透過滿溢情感的書信往返，傾訴彼此的思念。即使從未見過面，在我腦海中仍有一個屬於她的明確形象。她就是那位貴賓，如今總算來與我相會。看到影像的第一眼，就像是馬車終於停下來，車門打開，而我終於得償夙願親眼看到摯愛臉龐的那一刻。但期待中混雜著恐懼和不安。我的想像是否讓我迷失？這一切是否只是幻想？會比我想像的更粗糙醜陋嗎？萬一我看了卻沒有感覺呢？馬車停下來，門打開。

我搭上德國城際高鐵，把筆記型電腦放在眼前，一邊微微顫抖，一邊打開羅洛夫斯寄給我的檔案——格式是天文學專用的特殊版。[6] 我鬼鬼祟祟的向周圍看了一圈，其他乘客完全沒注意我在做什麼。視窗終於打開，然後某種灰色、不太清晰的東西映入眼簾。我把圖像放大，調整對比，選了我最喜歡的火焰色階，然後看到……沒有閉合的環？馬蹄鐵？不，比較像是四分之三個圓環。真美！

我無法移開眼睛。看再久也看不夠。這張影像令人著迷的新鮮，卻又相當熟悉，好像我們彼此已經認識了很長的時間。一整個小時我都像飄在雲端——然後疑心病回來了。這次只是短暫一瞥！明天再看時又會變成什麼樣子？就算我的第一印象在明天得到確認，要建立起彼此的關係，仍有險峻的長路要走。這段關係能夠維持嗎？還得經過漫長的旅程，才能步入結婚禮堂啊。

很快的，我收到一則秋山的電子郵件。他為我們小組在隔天安排了一場電訊會議。第二小組的每個人都要把自己的影像拿出來與其他人比較。他叮嚀大家，把影像寄給他時，務必為檔案設定密碼。而他本人也非常興奮：「哇喔！我今晚睡不著覺了」，他如此寫著。我很想衝到奈梅亨，直接和我的學生討論。但現在我必須先去亞琛（Aachen）的大學做一場 TEDx 演講。在彩排之前，我悄悄躲入儲藏室，藏身在食物和椅子之間，檢視一張又一張的黑洞影像。幸好！每張影像都可以看到環形，所以那不是我的幻想而已。不過我不能在演講中洩漏任何機密。在我上台時，演講內容已經過時了，但我仍十分享受和投入。[7]

七月下旬，有一場重要的影像研討會在哈佛大學舉行。[8]事件望遠鏡各個面向的合作夥伴有超過五十人聚集在此，拿出自己的影像：先是校正源的影像，然後是 M87。研討會的時間訂在暑假正中間，那時我與太太在波羅的海度假，不過晚上我仍跟手機黏在一起，等待最新消息。我無法完全離線，至少還不行。其他三個小組的影像確實也顯現出環形，儘管無法再帶來驚奇感，但仍能令人感到無比安心。這位熱情而神祕的年輕戀人終於介紹給家人，而且立刻得到接納。

到了此時，事件視界望遠鏡的科學理事會開始討論如何進一步分析和發表我們的影像。隨著夏天的推移，我們體悟到人馬座 A* 觀測資料的分析處理工作實在複雜得多。因此，我們決定暫時先集中精力評估 M87 星系的資料。「先從容易的做起。」我親愛的同事暨科學理事會副主席包傑夫如此說道。

M87 星系裡的巨大怪獸非常適合我們的影像，因為它十分龐大，即使發亮的電漿在黑洞周圍以近乎光速旋繞，氣體仍需要幾天甚至幾週時間才能繞完一圈。在我們花八小時左右試圖以地球望遠鏡捕捉一張影像時，M87 的黑洞就像冬眠中的大熊一般靜止不動。相對而言，人馬座 A* 中心的黑洞只有 M87 黑洞的千分之一，因而熾熱氣體在同樣的時間範圍內旋繞的圈數為一千倍，且外觀會改變。當我們嘗試拍攝它的影像時，它會搖擺跳動，就像慶生會中坐不住的兩歲小孩。曝光時間長，照片會變得模糊，我們到時要從觀測資料產生清晰影像就會遇上很多麻煩。

哈佛的研討會結束後，各成像小組解散。現在整個團隊從頭開始。現在我們已知 M87 電波天體大致上是什麼樣子，就可以讓電腦來運算出最好的影像。我們選了三個可信賴的演算法彼此對決。[9] 有一個小組發展出許多模擬的特長基線干涉資料，與真實資料相似到幾可亂真的程度，但其來源是不同的影像。有的資料是環狀，有的是盤狀，有的只是兩坨光斑。這些資料自動放入演算法中，然後產生數千張影像。最後，成像團隊選出對所有模擬影像（包括那些中間沒有影子的模擬影像）都能產出優良結果的確切參數。如果我們選出的演算法只善於重建出環形，那就是自欺欺人了。

直到此時，成像團隊才拿三個演算法加上新得出的參數，處理我們 M87 的實際觀測資料。得到的三個影像略有不同，但都很明確；我從未預期我們能夠得到這麼好的影像。三張圖的中間都有一個暗點，呈現發光的紅色圓環。顏色的選擇並非巧合，出自我們以前用理論預測黑洞之影的老文章。亞利桑那的一名同事 [10] 稍微調整了顏色範圍，改善圖片。一般人或許無法看見無線電頻率的輻射，但當我們的影像發表後，黑洞將會以帶著橙紅色光芒的印象，留在大眾的腦海裡。甚至美國航太總署在自己製作的黑洞電腦動畫中，也會開始採用這種紅色。[11] 後來，當我告訴寇瑟（Lothar Kosse）關於這紅色電波的故事時，這位當代基督教頌讚音樂的作曲家驚奇的說：「我看到的是自己看不到的顏色。」我覺得這說法很不錯。

我們可以向大眾發表這些影像。那天就像是祕密的訂婚日——從即刻起，我們開始為婚禮做準備。

分析團隊現在火力全開，著手對結果進行檢驗。理論團隊[12]日夜不休的工作，用超級電腦產生巨量的模擬黑洞資料庫，好與我們的資料進行比對。黑洞模擬達到前所未有的徹底與詳細程度。

另一個團隊[13]準備測量黑洞。這黑洞有多大？能推斷出質量嗎？定向如何？

在短短的時間中，這裡發生的事情實在精采得令人屏息，其中包含了無數或大或小的英雄事蹟。每個人都使盡全力，然而激昂的情緒和晚上睡眠不足也在耗損團隊。不時會有人把自己逼到超過極限，也有人感到落後、承受極大壓力。那不捨晝夜看似英雄般的自我奉獻，也有具侵略性的一面，因為這會激起危險的狂熱，讓英雄和同伴都疲憊不堪。在緊湊的全球合作中，我們有時會發現古老的領域性部落主義，一群人驅逐另一群人，只因為對方的想法或做法「和我們不一樣」。管理團隊的關係惡化，董事會和科學理事會又沒有餘裕把整個團隊團結起來。有人火上澆油，有人試著滅火，但是事件視界望遠鏡做為一個整體，我們每個人仍都努力達成自己的目標，交出最好的成果。

帕薩提斯以計畫科學家的立場，嘗試把這場富創造力的風暴引導至較有條理的方向，開始研擬發表計畫。我們應該儘速以短文形式把影像發表在大科學期刊，例如《自然》期刊上嗎？這樣會迷失方向。我們的黑洞圖像如此精采又具開拓性，不應把自己變成一時的聳動話題。這份研究收穫豐碩，全都應該妥善記錄下來！帕薩提斯與整個合作團隊多次討論，最後擬定的計畫是發表六篇學術論文，獲得科學理事會的贊同。我們希望能把事件視界望遠鏡動用的各種科學過程適當描繪出來，包括特長基線干涉技術、資料校正、影像的產生、模擬，以及影像分析，五個主題各一篇文章，再加上一篇縱覽文章，總結全部的發現並加以評價。結果我們一共寫了 204 頁——針對一張影像，幾乎寫出一本書。

2018 年 11 月，事件視界望遠鏡在奈梅亨舉行了一次大型集會，共有 120 位科學家齊聚拉德堡德大學，[14] 一起討論事件視界望遠鏡的各個不同面向。這是繼上次的觀測活動，以及 2017 年大家正式同意合作後的第一次全體大會。我當時的助理柯尼格斯坦（Katharina Königstein）投注大量熱情與精力為這一週做準備。這次的研討會辦在柏克曼尼亞努（Berchmanianum），這座古老的耶穌會修道院不久前剛由拉德堡德大學取得管理權並重新整修。在古老禮拜堂中聖人們的嚴厲目光注視下，我們將討論事件視界望遠鏡和六篇文章的戰略。

星期一早上，住在附近旅館的同伴陸續搭公車過來，而我在修道院門外等著迎接他們，車門打開時，我看到一張張熟悉的臉孔，讓我心裡充滿暖意。現場氣氛愉快而輕鬆，三不五時就能聽到「我在電視上看過你」這句話。儘管我們其實花了數不清的時間在一起工作，在此之前卻從未實際碰過面，很多人只有在視訊會議中見過。

一年半後，新冠病毒危機到來，許多人不得不受到隔離，許多公司的工作文化也永遠改變。對事件視界望遠鏡合作團隊來說，日日夜夜的視訊會議早就是習以為常的事，我們平常就像在自主隔離，但 2018 年合作會議那緊湊的一週，倒是打斷了我們的自主隔離。這次的經驗對於事件視界望遠鏡團隊的內部互動十分重要。它讓我們全體瞭解到，當人與人之間只能依靠螢幕、相機和麥克風交流時，其實遺失了不少情緒和社會因子。奈梅亨的集會就像同學會，讓我們可以再次見到那些感覺十分親近，卻變得有些疏遠的同學。

自由時間時，大夥兒熱絡交談，像個忙碌的蜂窩，隨處都有人自然聚成一小群聊天。儘管荷蘭每年此時通常陰灰又潮濕，天氣卻相當合作，也讓人想起我們觀測時遇上的數日完美天氣。遵循特長基線干涉團隊的一項傳統，我要求來一場足球賽。我還得分了——雖然隔天爬樓梯時有些痛苦。為了這週的高潮，柯尼格斯坦在奈梅亨的聖斯德望教堂（Saint Stephen's Church）安排了研討會晚宴。這起初讓我覺得有些突兀，但在世俗化的荷蘭，這其實是科學組織為教堂增加收入以維持運作的一種方式，而我們這群人也在此共享了情感交流的經驗。當一名歌手現身樓座，在管風琴的伴奏下開始歌唱時，許多手機紛紛亮出來拍攝影片，還有面紙出籠輕拭眼淚。

在全體出席的會議中，每篇文章的協調人報告各自的計畫。我負責協調總結的主要文章。我問大家：「我們的故事是什麼？如何述說？我們想做出什麼樣的主張？」

一如我們對黑洞的預期，我們絕對看到了黑洞之影。帕薩提斯強調，黑洞永遠無法證實。我們只能主張自己的結果與廣義相對論的預測相符——但是達成的方式相當精采。如果你看過理論組拿出的圖像，就會知道模擬的結果與我們的影像有多麼相符，尤其當我們在電腦中進行一對一模擬，拿仿造的特長基線干涉望遠鏡觀測模型時，相符之處更是多得驚人。這是祝福同時也是詛咒。如前面提過的，影子是黑洞十分有力而顯眼的訊號。但有些問題我們仍無法回答，例如這個黑洞是否在旋轉，如果旋轉的話又有多快。

無論如何，只要可以穿透發光的電波之霧，就可以看到那個黑點，而且它的大小和質量有精確的關聯。我們看到的環是從四面八方圍繞著黑洞彎曲的光。它的底部比較亮，符合氣體以接近光速繞著黑洞，並朝向我們移動時應有的模樣。根據相對論，這種接近光速的移動會使得光在前進的方向上更為聚集而增強。這是因為噴流和電漿的旋轉軸指向我們的右上方，而下方的氣體朝著我們的方向運動；這表示這個環必然是以順時鐘方向旋轉。

不過，我們的主要成果是這個環的大小。以天文學術語來說，它的直徑是 42 微弧秒。誰會料到，經過多年辛勞、在超級電腦裡處理千兆位數的數字之後，這個大哉問的答案竟是 42？[15] 這真是萬事萬物的唯一解啊。

對地球上的我們來說，黑洞就像是有人在奈梅亨看到紐約一顆中間有洞的芥菜子，也像從三百五十公里的距離看一根髮絲。由於 M87 位在距我們五千五百萬光年之處，可知直徑相當於一千億公里。透過與我們模擬的比較，可以知道這個巨獸不可思議的質量相當於六十五億個太陽。拿我們太陽系的尺度來說，如此之大的黑洞事件視界圓周，相當於海王星軌道的四倍。

不過，在此時我們還不確定應該讓哪一張影像成為「那張」影像。畢竟我們手上有來自四個不同日子和三個不同演算法得出的影像，總共十二張。這些影像看起來都十分相似，但並不完全相同。

成像團隊之中爆出激烈爭論。包傑夫和我試著協調。最後他們決定把三種演算法平均起來，使用 2017 年 4 月最佳測量日的資料，形成一張圖像。其他日子和三種演算法的個別影像也會放入文章中，只是不會放在最顯眼的位置。這簡直是所羅門王才做得出的英明裁決。現在成像團隊的成員可以名副其實的宣稱自己的工作成果已經呈現在這張影像裡。

最後一個重要問題是：成果何時發表？多爾曼計畫了 2 月的某個日子，大約與美國科學促進會（American Association for the Advancement of Science）年會在華盛頓的大型記者會同時。這場年會是全世界最盛大的科學研討會，但時間在我看來太趕了。我和馬隆支持春天或甚至夏天。好的科學和好的科學文獻需要時間，而一天只有二十四小時。我們很快就發現較早的日期不可行，然後我們同意 4 月——在下一次已經計畫好但後來取消的觀測活動之後。多爾曼如同敲戰鼓般的呼喊「奮鬥，我們做得到」，成了內部人士的格言；雖然有了更多時間，但若想要在 4 月準備好一切，將需要所有人齊心協力。「奮鬥」一詞還太過輕描淡寫了些。

產痛

在影像公諸於世之前，還有另一階段的緊湊任務等著我們完成。《天文物理期刊》答應為我們的六篇論文推出一冊專刊。每篇文章都有一名團隊協調人（一般來自相應的工作團隊），然後通常還有次一層級的副協調人，負責各自的小組。文章撰寫會共同完成，由多位作者透過網路平台同時工作。

多爾曼、提拉努斯和費許負責觀測儀器方面的文章。我和包傑夫、帕薩提斯、雷佐拉則負責協調和撰寫縱覽文章。我們是沒有工作團隊的撰寫人，因為這個任務是為整個計畫做總整理，某些環節甚至必須在其他團隊的文章寫好之前完成。我們一再重寫草稿，交給其他團隊，聽取他們的評論。每一個句子、每一條文獻引用都受過質疑，有時會往復辯論。每個撰寫小組都經歷了令人心力交瘁的過程。有一個監督整個過程的發表委員會，[16] 他們從事件視界望遠鏡成員中挑出審稿人，審查過每篇文章後才送交給期刊。

我們負責的文章不只要總結其他文章，還得討論研究結果的優缺點。光環有沒有可能只是隨機出現在那裡，例如或許是噴流造成大氣中的環狀煙霧，很快就會被吹散？可能不是，因為黑洞四周的噴流已有數以千計次的特長基線干涉觀測，從來沒發生過這種事，而且我們得到的結構應該是穩定的。有沒有可能那裡的確有某種東西，只是看起來很像黑洞，但實際上是完全不同的東西？例如某種尚未證實的基本粒子組成的巨大團塊，像是玻色子星（boson star）？理論物理學家已經發展出許多諸如此類很有創意但難以證實的想法，而我們也確實模擬了這類的替代理論。[17] 事件視界周圍的朦朧區可能還藏著未知而複雜的物理學，我們無法完全排除那些可能性。然而，就現在而言，黑洞是最簡單也最合理的解釋，而它又解釋了宇宙間許許多多的天文物理現象。

我們真正的突破，是第一次傾人類可達之力如此接近一個超大質量黑洞。現在我們終於可以說，據我們最佳知識所知，星系中央的黑暗怪物確實就是黑洞。

類星體發現者在將近五十年前所提出的懷疑，如今能由我們親眼見證——很快的，整個世界都可以看到。尋找黑洞數十年後，我們現在可以觀測它，開啟了一個新階段。接下來的問題不再是黑洞是否存在，而是我們能否對它有正確瞭解。現在事情已然清楚：就算黑洞與我們原先所想的不同，但這份不同並不會導致太大的偏差，否則我們的影像看起來就會是另一種樣子。

事件視界不再像愛因斯坦和史瓦西的時代那樣，屬於抽象的數學概念。它已成了一個具體的地方，我們可以對它進行科學探索。如今，在重力波、脈衝星和事件視界望遠鏡之間，我們已經掌握了豐富的工具，可以在宇宙最極端的地方，以不同的尺度對相對論進行詳細檢驗。例如，廣義相對論基本預測出，事件視界和其影子的大小，與黑洞質量成比例關係。2016年發現的重力波基本上來自這塊影子區域，雖說那次的來源是小的恆星黑洞，但我們可以據此估計該黑洞的大小。

我們的黑洞重了一億倍，同時比起恆星黑洞也大了一億倍——正如預期。由此，愛因斯坦理論的基本預測「尺度不變性」（scale invariance）得到肯定，而且精確程度令人讚嘆，幾乎達到小數點後八位。

我們撰寫文章的同時，我也意識到 M87 星系黑洞的名稱是個問題。現下這個重力奇蹟就是缺了適當的名稱。天文學家從未考慮過這樣的天體應該叫什麼名字。因此我們要不就是給它一個名字，要不就是永遠繼續嘮嘮叨叨的說「M87 中央的黑洞」。畢竟 M87 是一整個星系的名字，而不只是那個黑洞。

因此，與合作團隊經過深入討論後，我們決定比照人馬座 A*，簡潔的為它加上一個星號。對天文學家而言，這決定既便捷又合理，而同樣的原則還可以延伸到其他星系。不過，這決定後來並無法讓所有的科學記者都滿意。大眾需要更有表現力的名稱，才能感受到它對自己有意義；M87* 實在無法成為順口的暱稱。我們也曾半開玩笑的想過把這個黑洞叫做卡爾或阿爾伯特，以算是對史瓦西或愛因斯坦致上小小的敬意。但這真的能夠引起廣大群眾的共鳴嗎？

在我們的文章發表後不久，夏威夷大學發出了新聞稿，宣布一名語言學教授把這個黑洞取名為「波維希」（Pōwehi），[18] 來自夏威夷神話，意思大致上是「無窮創造的暗美之源」。這是個美妙的名字；夏威夷人值得為其自豪，而且現在可以成為他們文化的一部分。然而這個影像是透過全球各地的望遠鏡產生出來的，應屬於全體人類和所有語言。或許，每個國家都應該為 M87* 取一個屬於自己的暱稱。

我們的文章完成時，內容占了九頁。但還必須列出所有相關的合作者、機構、大學、贊助者還有望遠鏡，而這又需要同樣的篇幅。348 名共同作者以姓氏字母順序排列，從第一位秋山和德的 A，到最後一位久里斯（Lucy Ziurys）的 Z；久里斯是亞利桑那大學教授，負責建造並維護次毫米波望遠鏡。

2 月初，我們把這篇文章正式交給《天文物理期刊》。現在剩下的是所謂的同儕審查過程，這需要獨立的專家檢查我們的結果。通常整個過程可能耗時數週甚至數個月，但幾位審稿人已經提前選出，隨時等著文章完成。同儕審查是最後的重要關卡。萬一審稿人否決了我們的文章或找到我們的疏漏呢？有些審稿人的反應很不友善，會讓人覺得生不如死。過了幾天，我們得到不具名的審稿結果。我匆匆略讀整篇審稿意見，然後倒在椅子上，鬆了口氣。反應非常正面——我們所有的努力和自我挑剔得到了回報。我們只需做幾處小修改。其他文章也沒受到什麼嚴重批評而通過了。

現在，距離我們 4 月初的記者會剩不到幾週。多爾曼對進程的掌握毫不放鬆。他想要與美國國家科學基金會一起在華盛頓舉辦大型記者會。在歐洲方面，我們與所有重要參與者定期舉行視訊會議，準備在布魯塞爾舉行記者會。很快的，東京、上海、台北和聖地牙哥也決定跟進。而羅馬、馬德里、莫斯科、奈梅亨及許多其他城市，將會直播布魯塞爾的記者會，再搭配當地的專家出席解說。這樣一來，不同國家的人都可以用自己的語言聽到研究結果。

以歐洲而言，這是一項創舉。通常此類記者會只在一個大型研究機構進行，如甲慶的歐洲南方天文台或日內瓦的歐洲核子研究組織。科學研究的發表從未進入歐洲的政治中心。但這張影像同時也是歐洲合作與經費贊助的勝利果實。就在此時，英國脫歐已成定局。透過這張影像，我們可以為這片多樣而歧異的歐洲大陸樹立一種標竿。透過各國的支持和興趣，各國國民也在這份計畫的成功上扮演了一角。這對我來說十分重要。

2019 年 3 月 20 日，期刊接受了最後一篇文章。記者會已策劃完成。現在最重要的是嚴守祕密，不允許任何資料外洩。由於計畫規模如此之大，參與者如此之多，這個任務格外困難。已經有一些傳言在外，說 4 月 10 日將有重大宣布。

科學記者一聽到將有六場記者會在世界各地同時舉行時，警鈴就此大作。我開始接到無數詢問，從早到晚，每天不斷。有一個《紐約時報》的著名記者沒有直接找我，卻打電話給我的博士生伊索恩，假借了一些理由試圖從她那兒騙取消息，但她沒有洩漏任何口風。不過最終他還是從美國方面得到他想要的消息。多數記者猜想我們要公布的是銀河系中心的影像。想必後來有很多人必須趕快重寫他們預先準備好的文章。

記者會前一天，我和雷佐拉、莫西布羅茲卡、曾蘇斯及他的同事羅斯（Eduardo Ros）一同前往布魯塞爾，揭曉這張影像。我們幾個人代表了五個國家和至少六種語言。

在美國，多爾曼和三名美國同事前往華盛頓，其中包括我在阿姆斯特丹的同事馬爾科夫。而在東京、台北、上海和聖地牙哥，事情也在準備中。這是另一種全球遠征——只不過這一次是我們本身受到仔細觀察。就像幾年前我們看著重力波的發表一樣，將有許多老師和學生在大學裡即時收看記者會。對天文學家來說，這有點像是世界盃足球賽，所有球迷都可以即時收看，只是少了點啤酒而已。

前一天下午，我們在媒體專家的幫助下規劃記者會。命運安排，記者會的地點就是我們當初在歐洲研究委員會專家面前爭取經費的同一個房間。遮光窗簾已經放下；我練習開場演講，緊張的在投影螢幕上第一次向歐盟官員展示我們的影像。一下子，我就看到他們全都目光閃閃全神貫注，在這群閱歷豐富的專業人員之間，出現了幾秒近乎敬畏的沉默。我提早感受到這張影像能夠帶來的情緒張力。

那天傍晚，我回到旅館房間，再次回想自己的演講內容，並在鏡子前練習。我很想用四種不同語言說出：「這是史上第一張黑洞影像」。伊索恩幫我翻譯為法文，德文和荷蘭文我可以自己說。工作中，我兒子尼克跑來找我，他僅管年紀尚輕，但已經在音樂和影片配樂上有了成功的開始。他要幫我們給歐洲南方天文台網站的黑洞放大影片[19]配上音樂，並要把記者會當天拍攝的影片片段加入他的第一支音樂影片中。[20]

約莫半夜時分，公關方面有了麻煩。有一位科學記者，還有我的一個老同事[21]在我們未加密的網站上，發現了新聞稿中那張絕對機密的影像。他本可以藉著這條網路連結引起轟動，但感謝他沒那麼做，而是提醒我們這件事。幾個同事徹夜不眠的堵上網站漏洞。他是唯一一人嗎？還有誰發現了？我們不安的等待，直到第二天記者會開始。不管有誰看到了，至少他們都保持沉默，影像公布當天總算成了科學上的歡慶之日。

1992 年，當諾貝爾獎得主斯穆特（George Smoot）公布第一張電波影像，呈現我們的年輕宇宙在大霹靂之後僅三十八萬年的影像時，他語帶恭敬的說：「如果你有宗教信仰，這就像是直視上帝。」我對此也想提出自己的思考。如果大霹靂是空間和時間的起點，那麼黑洞所代表的就如同終結。因此我以這句話結束記者會上的致詞：「這就像是凝視著地獄的大門。」然後全世界與我們一起凝視。

第四部

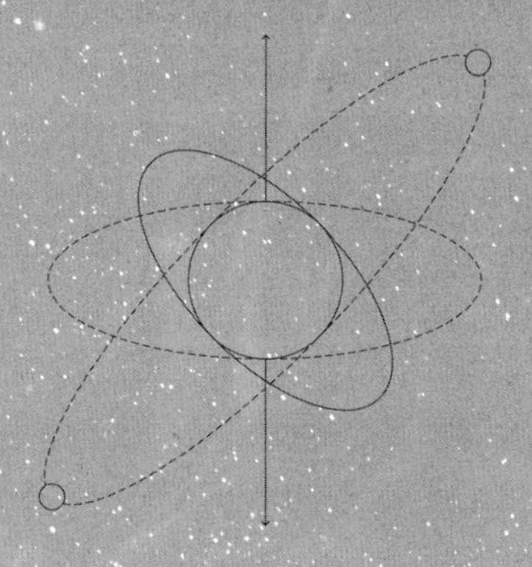

超越極限

窺探未來：物理學中尚未解決的大問題，
人類在宇宙中的位置，以及對神的探問

12

CHAPTER

超越想像之外

席捲人間

黑洞影像帶來了無與倫比的衝擊。[1] 它似乎讓所有人著迷不已。全世界所有主要報紙和週刊都報導了這個科學和人類歷史上的獨特成就。電視新聞拿來做為重點報導；社群媒體反應熱烈。這既美妙又令人害怕。這是全球同歡的一刻，令人想起 1969 年 7 月登陸月球所帶來的情緒震撼。我女兒已經長大到成為一名助理牧師，正在一所學校擔任實習牧師。她自豪的傳訊息給我：「教師交誼室裡每個人的手機上都有你那張照片。」

看到那麼多人立刻認同這張影像，實在令人感到驚嘆。有它入鏡的照片難以計數，轉傳分享次數也早已數不清，它甚至被修改為小貓照片、變成好笑的迷因。Google 也把它做成 Google 塗鴉放在首頁。[2] 在德國的主要媒體，編輯部的公布欄上面釘著這張影像，配合本日政治軼事做了修改。鮑曼第一次看到黑洞影像的滿意神情，成了網路上的熱門照片，她也不情願的成了社群媒體明星。[3] 一家中國的大型圖庫公司聲稱擁有這張影像的版權，試圖販賣。網路上的憤怒聲浪導致這家公司的股價下跌了 27%，僅在記者會兩天後，這家公司就因為我們的影像損失了一億兩千五百萬歐元。[4]

在這之前，從來沒有任何科學影像能如此迅速的激發這麼多人的想像力。但最終，我們的成功也是他們的成功：團隊中的任何一人都不可能毫無外援的執行計畫。我們需要很多人的照顧，才能做好自己的工作：我們的麵包是麵包師傅烘焙的，房間有清潔人員打掃乾淨，在天文台還有餐飲服務團隊和技術人員。說到底，每個公民都因為對全球福祉的貢獻，而支持了這個跨越全球的計畫。

我也從世界各地的工作夥伴聽說他們如何度過這不可思議的一天。他們都必須對朋友、鄰居和媒體解釋到底是怎麼一回事。大型記者會後的一週呼嘯而過。事情一件接一件向我們瘋狂襲來，除了訪談、演講，中間還穿插無數郵件和簡訊。我們使盡全力才勉強趕得上影像揭曉之日，到現在我的精力已經不夠了。我人生中第一次感到胸口有種奇怪的緊繃感。已經有好幾週，我的感覺像是一輛高速度空轉的車子，而且在可見的未來仍無法煞車。

我五天裡有七場演講，都安排在復活節前的聖週，原本是我格外重視的一段時間，但現在卻變得一點都不像復活節。週一棕樹主日（Palm Sunday）我在奈梅亨一間擠滿了人的博物館演講；週四濯足節（Maundy Thursday）是對劍橋的一大群天文學家演講，也是座無虛席。里斯也在席間，他是英國皇家天文學家，在七〇年代首次讓黑洞的想法得到尊重。現在他親眼看到黑洞的第一張影像，提出一個重要問題：「我們看到的到底是什麼？事件視界嗎？」我回答：「它的影子。」在那一刻，我覺得自己的體力大不如前。我喉嚨乾癢，感到暈眩，自知力氣用盡。我拖著疲倦的身體回家，依計畫慶祝復活節。

隔天是聖週五，我和太太如同往年，一起去科隆基督教青年會（YMCA）參加禮拜。這裡是我的信仰起點。我們聽著耶穌基督受難的故事：在棕樹主日受到群眾熱烈歡迎，濯足節與友人道別，當晚便遭到背叛，聖週五被假見證人控告，然後被嘲笑並釘上十字架。我坐在最後一排，聽著故事，想起過去幾天的群眾歡騰，也想起過程中團隊成員的艱辛與痛苦。我流下眼淚。現在我需要的是復活節帶來的平靜與力量。

之後我花了幾天才終於感覺回到原本的自己。我的精力逐漸恢復，但胸口的緊繃感則是過了好幾週才真正消失。

我在復活節之後的第一場大型演講並非刻意安排，是在德國紹爾蘭（Sauerland）地區舉辦的大型基督教研討會SPRING。此研討會中如果有科學性質的演講時，向來是在小型討論室舉行，然而這次主辦單位臨時保留了大型會議廳。

擠滿聽眾的會議廳裡，完全感受不到對科學的敵意；現場只有真切的期待。護理師、藍領工人、學生、退休人員、教師、辦公室職員、創業者，全都坐在椅子上一動也不動的專心聽講。我的音樂家友人寇瑟高興的說：「一切都有可能；一切都不可能。」然後在他的下一張專輯裡插入天堂與黑洞的指涉。黑洞似乎讓所有人同樣著迷。但究竟為什麼？

黑洞讓我們反思自己

重力怪物、宇宙終極吞噬機器、地獄般的深淵……再怎麼形容也不足以描述黑洞。黑洞是天文物理學裡的恐龍，受歡迎的程度好比霸王龍，儘管它倆都令人恐懼——或許正是因為令人恐懼而受歡迎。事實上，我們的黑洞影像占據全世界的雜誌封面，就已經夠讓人興奮了。然而人們在情感上的反應，又讓事情更加令人感動。

很多人告訴我他們對這張影像如何著迷，或是在發表前夜睡不著覺，又或是看到影像時如何深受感動。不管是希格斯玻色子或是重力波的發現，都沒有激發這麼多的情感流露。那麼，黑洞到底透露了什麼關於我們自身的事情？

在我看來，黑洞以迥異於其他科學現象的方式，反映出人類最根本的恐懼。黑洞是深邃太空中的巨大神祕物體。在天文物理學中，黑洞代表絕對的終點，是碩大無情的毀滅機器。人可以直覺感受到這點。在我們想像中，黑洞代表吞噬一切的空無，越過其邊界，所有生命和體會都將停止——它確實讓我們窺見地獄般的深淵。

黑洞訴說著一個完全不同於我們所在的世界。在那裡，光線不以直線前進，而是形成環狀軌跡。如果我往前看，會看到自己的背後。時間對某個人來說似乎靜止，對另一個人卻正常流動。氣體旋轉速度近乎光速，溫度高到如同世界末日，讓所有物質破碎成單獨的粒子。分子和原子核唯一的命運是變成質子和電子的熔融熱雲，也就是電漿。我有可能會掉入黑洞；理論上有可能存活，甚至進行科學測量，但卻永遠無法告訴別人我在那裡看到的東西。沒有任何資訊能逃離黑洞，連光波都不能。黑洞帶我們更加接近彼方。

即使是物理學，生命終結後的彼方也確實存在。在廣義相對論中，彼方一點都不超自然，而是理論中很重要的一部分，把世界區隔為兩個領域：「此方」是我們存在的空間，可以取得資訊，可以溝通。然後是「彼方」，彼方的一切超越我的認知能力。我無法得知彼方的任何事情；彼方沉默的注視著我。

我的視界畫出了兩個領域的界線。

黑洞從很根本的地方頑強抵抗我們的感官與好奇心。假設愛因斯坦的理論依然是這個議題的最終定論，那麼消失在事件視界後面的東西，全都會永遠待在那兒。

黑洞彼方的永恆特性，為現代物理學帶來一個重大挑戰。理論上，越過事件視界的空間仍具有明確的位置，然而對那空間的存在，我們只能想像。它的真實同等於它的不真實。今天，我們可以藉著電波望遠鏡，在深邃的太空中用驚人的精準度找到這扇通往彼方的大門。我們可以實際描述它，甚至看到光線如何消失在裡面而不復出現，變成一個黑暗的斑塊。

「看，就在那裡。」我們可以這麼說：「就在這個位置，存在著不屬於這個世界的空間。」然而我們卻只能投降，手足無措的承認自己無法測量它。黑洞是我們此方光天化日之中的彼方。

對物理學家來說，這就如同宣告破產。在我們的宇宙中普遍存在的物理學，為何在那個可以清楚定義的位置要進行調查時，卻變得完全不管用？這還算是自然科學嗎？「是的，那當然是物理學。」理論物理學家會這樣對我說：「因為我們可以計算那個空間裡面到底會發生什麼事。」「不，那不是物理學！」我回應：「那是『彼方那邊』的物理學！」或者，我們有一個現成的詞彙：形上學。

多數人在思考另一邊的世界時，並不在乎物理學定律。每個人對此都有某些概念，但也都知道這些概念的知識源自久遠以前。另一邊的世界激發想像，帶來考驗，同時也與死亡緊緊相連。黑洞只不過就是這份古遠思考的又一個象徵。

早於十萬年前，人類祖先開始埋葬死者。有可能他們已具有死後世界的概念。沒有人知道，他們概念中的彼方看起來是什麼樣子。但尊重死者的儀式與對死者的哀悼，打一開始就已經在那裡了。這些儀式至少見證了一種文化上的演變，到現在發展為高度精煉的彼方概念。

許多不同文化都有同樣的信念，諸如永恆的生命、上天的審判、天堂與地獄。古人相信上方的世界屬於活人，下方的世界屬於死者。這種概念在許多文化都可看到。古希臘人稱之為黑帝斯（Hades）。北歐神話的死神赫爾（Hel）在冥界之廳（Halls of Hel）統治死後的世界；這有可能是後來地獄（hell）概念的起源。維京戰士死後可以住在戰士的天堂瓦爾哈拉（Valhalla）。古羅馬人也想像下方有個黑暗世界，稱之為奧迦斯（Orcus）。馬雅人把下方世界稱為席巴巴（Xibalbá），或是恐懼之地。

死後世界的概念成為世界各主要宗教的一部分。基督教和伊斯蘭教都教導人天堂以及死者世界的存在。在猶太教有兩種不同信仰：其中一種認定靈魂不朽，在死後繼續存在並回歸上帝；另一方面，猶太教正統派相信復活，他們不會火化死者，對他們而言，埋葬死者讓其長眠是神聖的。佛教和印度教相信我們經歷無數次輪迴，還有可能重生為動物或植物。打破輪迴的唯一途徑是涅槃。

黑洞為這些死後世界的神話添加了一個全新的現代版本。這個現代神話源於自然科學，而人類的疑問和源自現代物理學的概念，在當中得到了深刻的結合。對我們而言，生物學上的死亡意味跨過界線：從這裡與現在，我們跨入一無所知的另一邊；我們甚至不知道彼方是否真的存在。那裡還會發生更多事情嗎？或者什麼都沒有？任何曾經目睹摯愛死亡的人，都能看到瀕死之人在生命最後幾分鐘如何離開身體，只留下一副軀殼。我們無法得知摯愛最後的體驗、想法和夢想。他們名副其實的把這些都帶入墳墓與另一個世界。「她去哪兒了？」母親在眼前過世時，我這樣自問。然而就在幾分鐘前，我仍握著她的手為她禱告。

死亡徹底震撼著我們。最後終結之前的顫抖，是我們最基本，可能也是最原始的情緒。我們試圖避開，但它仍對我們施予近乎魔力的拉扯之力。過去黑洞一直都是十分抽象的概念，只存在於好萊塢電影激發的想像中。但現在，有史以來第一次，黑洞有了具體形象。我們或許無法觸摸或感覺，但可以看到。現在我們可以直視這個傳說中的怪物，同時也直視我們古老的恐懼。這會不會是克服恐懼的第一步？

「看這裡，通往地獄的大門看起來就長這模樣。」我聽到自己的潛意識如此耳語。「不用害怕，你很安全，你正坐在書桌前面。」即使我不知道那裡實際上正發生什麼事，至少我已親眼看見。那份恐懼不再難以捉摸；它是可以捕捉並描述的。

陽光穿透窗戶，地球安靜自轉，我看著這張黑洞影像，知道它位在非常遙遠的地方。包括銀河系裡的許多小黑洞在內，沒有任何一個黑洞會把我們拉到彼方。已知最靠近我們的黑洞重達四倍多的太陽質量，距地球約一千光年。[5] 它的重力拉扯在這樣的距離下和普通恆星差不多，而其事件視界的大小只與康士坦茲湖（Lake Constance）相當。[6] 我們遇上這種小型黑洞的機率，小到幾乎等於零。過去四十億年沒有發生，可見的未來也不會發生。

因此我們可以繼續在安全的距離觀察黑洞，享受它奇妙不凡的物理學。但一張照片可以帶來象徵性的力量。從這方面來說，我們的影像不只是科學，同時也是藝術和神話。[7] 紐約現代藝術博物館（Museum of Modern Art）和阿姆斯特丹國家博物館（Rijksmuseum）都與我們聯繫，希望把影像納入他們的收藏，還有一些人把這張影像掛在自家門廊。

藝術家能夠捕捉文字與形象中的抽象精髓，將之實現為作品。反過來說，現實也會透過藝術的詮釋而演變。從這方面而言，科學裡也含有某些藝術的面向。科學產生的影像從來不是現實本身，而是對現實的見證，透過科學傳述的故事，產生了新的抽象現實，激發出全新的思考與概念，並促使我們對世界提出新的問題。

科學影像背後如果沒有故事，那便毫無價值。我們的影像也一樣，如果沒有背後的故事，它就只是一個黑暗的點。也因此，這張影像的重要與否，端賴製作者的可信度以及製作者賦予它什麼故事而定。這道理實際上適用於所有的科學發現。讓科學家賴以為生的不只是事實，也包括其他人對我們的信任。

因此，在這張影像中所匯聚的，是整個物理學和天文學的發展，加上感動、神話解釋的需求、通達事理的沉默、對星空的仰望、對地球和太空的測量、對空間和時間的瞭解、最新科技、全球合作、人際張力、對迷失的恐懼、以及對某種全新事物的期望。這張影像在所有面向上都把我們推到極限，但並不是所有圍繞著黑洞的問題都得到解答。還差得遠。

事件視界望遠鏡仍持續運作。我們重新分析幾具望遠鏡過去的資料，證明 M87* 的影子在超過十年的時間裡沒有多大變化，一如我們對黑洞的預期。我們也能看到磁場如何在 M87 的黑洞周圍彎曲。現在大家都興奮期待銀河系中心的黑洞看起來是什麼樣子。我們能夠拍下照片嗎？宇宙濃湯的高速亂流會來搗亂嗎？人馬座 A* 是否也能向我們展現它的影子？ M87* 過幾年後的長相如何？我們是否有可能拍下影片，而不只是一張靜止的影像？我們想要進行更多觀測，也亟需更多望遠鏡。我們可能很快在非洲也會有一座望遠鏡[8]——任何支持都令我非常感激！有朝一日，當我們有了在地球軌道上的電波天線，立刻就可以捕捉到更加清晰而明確的影像。[9]如果真能實現，到時我們的望遠鏡就比地球還大了。光是地球還不夠，可以探索觀測的還有更多！

13

CHAPTER

愛因斯坦之外？

蟲洞

我小時候和父母住在一大棟公寓裡。公寓後方的庭院有一個沙坑和一小片草地，整個庭院由堅不可摧的牆圍住。我很想知道牆的另一邊有什麼，因此終於忍不住開始用指甲和棍子在石板之間挖了一個洞。對我的小手來說，這是極其艱辛的工作。我趁著大人沒注意的時候祕密進行了幾個月。洞漸漸變大，但我一直沒有成功穿牆，那堵牆實在太堅固了。

後來我大到可以上學了，忽然能夠探索牆後的世界——因為學校正好在牆後。那個過去未知的神祕領域，不需要穿過牆，只要離開後院，繞過房子，然後穿過一道大門，就能夠抵達。有時我們就是得多點耐心，等長大以後才能瞭解直接穿牆並不是正確的道路，而正確的道路需要繞點路。

直到現在，我對於牆和邊界仍有股同樣的好奇心。另一邊有什麼？我們能突破自己的極限嗎？我們有辦法繞過黑洞的黑暗之牆嗎？在事件視界的某處會不會有個缺口，讓我們可以窺視裡面，或甚至繞進去嗎？

愛因斯坦在 1935 年與助理羅森（Nathan Rosen）討論黑洞內側的情況時，也問了同樣的問題。就數學上來說，方程式也容許與黑洞相反的天體，稱為白洞，東西只出不進。讓事情更加複雜的是，理論上白洞與黑洞有可能藉著一條「橋」相互連接，於是就有了東西從黑洞進去，再從白洞出來的可能。

在物理學上，這個架構後來稱為「愛因斯坦－羅森橋」（Einstein-Rosen Bridge）。不過在五〇年代，普林斯頓教授惠勒透過一點聰明的行銷技巧，把這個假設性的結構重新命名為「蟲洞」（wormholes），此舉讓好幾代的科幻作家十分歡喜。根據愛因斯坦和羅森的建構，逃離黑洞不僅是可能的，蟲洞也能夠連接宇宙中相距遙遠的兩個區域，因而比光速更快的旅行也成為可能。甚至是穿越時間、拜訪另一個宇宙，也變得可以想像。

但是，數學上可能的事情，就是真的嗎？數學是一種抽象的敘述方法，是科學領域的神話，能夠描述真實經驗，也能夠同樣精采的描述神奇的幻想生物。存在於數學中的事物可能會存在於現實，但不是必然。而物理學家賴以維生的工作就是，區分可能與真實。

對於白洞和蟲洞，我們也面對同樣的問題：數學上兩者看似真實，但在物理上真的有意義嗎？我們還未找到宇宙間存在著蟲洞的線索。在產生 M87* 的影像時，我們的確曾稍微考慮了一下那有沒有可能是個蟲洞，但它的大小並不符合預測。[1]

讓事情更加棘手的是，蟲洞在數學上並不穩定，如果物質從裡面穿過，蟲洞會塌縮——至少根據理論是如此。為了避免蟲洞塌縮，必須發明一種可以產生反重力的新物質型態。反物質本身不符合這項要求，因為反物質和普通物質一樣，遵循同樣的重力定律。如果把反物質拋到空中，它也會落回地上[2]——除非它在那之前就先發出一陣耀眼的毀滅性光芒，連同物質一起自我摧毀。

另一個問題是，就我們所知，能讓東西穿過的蟲洞無法自然形成。我們只能自己建造一個。對某些很有創造力的理論家來說，這不是問題，諾貝爾獎得主索恩（Kip Thorne）在《紐約時報》上宣稱：「既然我們對非常高級文明擁有的技術和材料完全沒有概念，我們物理學家就擁有無限的自由來建造可供穿越的蟲洞模型。」[3] 我對此持懷疑態度。即使蟲洞有可能存在，可是理論上也還無法保證它真的能實現所有神奇的特質。但我們仍可以抱持夢想。

霍金輻射

整個科學領域中最具開創性的理論，或許要算是量子理論和愛因斯坦的相對論了。兩者描述世界的方式都至為根本。然而，若想要把兩者結合，就得踏出我們的心智邊界。在所有天體中，就屬黑洞最能把這份難解衝突赤裸裸的呈現在我們眼前。

廣義相對論描述的是大中之大，也就是時－空。我們的生命開始於時－空，也終結於時－空；宇宙間各種戲碼也都在時－空之中上演，它是呈現出我們宇宙發展的劇場。在時－空中，每樣東西都有自己的位置。然而，如果回想一下那張有彈性的床單，就會想起這個劇場的舞台不是靜止的，有彈性的背景會一同演出，隨著演員而有所反應與改變。黑洞是這個宇宙舞台上最離經叛道的演員，不僅會撕破布景，還為我們帶來深刻的疑問。

每樣東西都占有時間和空間？真的是這樣嗎？不是！因為我們還有第二個同樣根本的理論：量子理論。相對論描述的是非常大的尺度，量子理論則告訴我們小中之小，也就是組成物質的東西，如分子、原子、基本粒子。儘管如此，讓時一空變得可以測量的，是光的組成單元，也就是光子。這些光量子把時一空從抽象數學描述的黑暗中拉出來，進入可以覺察的明亮現實中。然後相對論和量子力學便在這裡相遇了。

和愛因斯坦相對論不同的是，量子力學中，並不是每樣東西都有自己的時間或位置。在一小段時間裡，事情可以往前進也可以往後退。只要沒有人觀察，粒子可以同時存在於兩個地方或更多地方。量子理論在最極端的情況下打開了一個微觀世界，看起來就與巨觀世界中的黑洞邊緣一樣陌生而奇怪。儘管如此，兩種理論都成了我們日常生活的一部分，而且並肩工作相安無事，例如智慧型手機裡就是如此。我們手機裡的每個晶片、每個半導體都應用了量子力學。沒有量子力學就沒有網路也沒有電腦處理器。然而與此同時，我們手機上用來指引方向的導航系統，則是運用了廣義相對論的結果。

在黑洞邊緣，這兩個理論以非常根本的方式相互撞擊。這裡想必有種全新的物理學在作用。許多年來，地球上成千上萬最聰明的科學家想破了頭，試圖搞清楚這種物理學是什麼樣子，至今仍沒有明顯的成功。

這問題到目前為止只存在於純理論的世界。事情可以追溯到著名天文物理學家霍金（Stephen Hawking），他思考著量子粒子在事件視界會發生什麼事。

量子物體是物理學上已知最小的惡棍。擁有無限智慧的上帝放任它們做出我們連做夢都想不到的事。例如它們可以不經允許暫時「借用」一點能量。這其中的竅門是，它們必須在還沒有人注意到的極短時間內把能量還回去。

基本上，我們可以把空無一物的空間想像為巨大而漂滿泡沫的海洋。水花和霧氣一次次飛濺到半空中，再落回海裡。海與空氣的界線變得模糊。在接近海面的地方，即使還未下水游泳，也會感覺濕濕的。

同樣的，微小粒子出現在空蕩蕩的空間中，然後再度消失。於是這個空間不再空蕩蕩，而充滿了粒子之霧。但是要從空無一物中創造出粒子，自然需要能量。能量哪裡來？在海上，製造水滴的能量來自風，但在什麼都沒有的空間裡可沒有風。因此大自然用了簡單的作帳技巧：利用虛光量子暫時借用一點能量。這種方式可以產生一對量子，它們是完全相反的雙胞胎，也就是一個粒子和它的反粒子；打個比方來說，就像是一個迷你天使和一個迷你惡魔。其中一個帶正電，另一個帶負電。如果一個向左旋轉，另一個就向右旋轉。如果一個是物質，另一個就是反物質。回到大海的比喻，這粒子就像是空中的一顆水珠，反粒子就像是海中的一顆氣泡。

如果兩者再次相遇，雙方的性質就會彼此抵消，物質和反物質互相摧毀，在發出一道能量的虛擬火花後，瞬間消逝於時一空之海，不留一絲痕跡。於是能量債務償清，沒有人會提出抱怨。

但這也像是金融危機。如果沒人注意，而且債務一直得到償還，這種騙局便可以持續下去。但當天氣變壞時，事情就會開始走樣。海面上的水滴被吹到港口，噴灑到陸上。路上的人被噴濕，海中的水蒙受損失。只不過，以這種方式幾乎永遠吹不完海水，而且河川和降雨也會帶來補充。

根據霍金的看法，同樣的過程也發生在黑洞邊緣。在時一空之海中，事件視界就是海岸，黑洞就是風暴；而相當於風能的，則是重力能。

霍金在他的公開演講中描述的過程大致如下：在黑洞邊緣，雙生的粒子和反粒子從強大的重力場借用能量而製造出來。在這一對粒子重逢之前，其中一個就消失於事件視界之後。存活的另一個粒子再也無法與它的反粒子合一，逃逸到廣大的太空中。原本應是暫時存在的一對粒子忽然變成單一粒子留存下來。

然而，原本應該要為這個粒子償還的能量債卻沒有還回去，交易變成一筆損失。黑洞借出兩個粒子，只拿回一個，結果損失了能量和質量。這就像是有道粒子噴霧一直從黑洞飛走，有如在岸邊感到海水的細小水花不斷迎面而來。因此黑洞看起來一直在發出輻射。這種輻射稱為霍金輻射，由霍金在 1975 年首次描述。

不過，霍金對粒子與反粒子的描述有點簡化，因為他主要的目的是解釋量子理論的計算方式。實際上，最後發射出來的並不是粒子，而是光子，也就是光，而且波長比黑洞本身還要大。輻射也不是直接從事件視界發射的，而是圍繞著黑洞的較大區域。因此整個情況看起來就像是重力場在發出輻射一樣。

在正式的說法中，也可以把黑洞發射的輻射描述為熱輻射。熱咖啡經過一段時間會變涼，就算加上蓋子、不讓水氣逸失也一樣，這是因為杯子會發出熱輻射。杯子表面的原子會因為熱而開始稍微振動，振動之時便會輻射出量子光粒子。德國物理學家普朗克在 1900 年發現這種輻射的性質，為量子理論奠定了基礎，並與熱力學連結：無論材質和形狀，所有不透明的黑色物體在加熱時都會發出輻射。

所以，熱咖啡就展現了量子物理學，它發出的主要是近紅外光。咖啡因此失去能量並逐漸變涼。熱像儀可以看到這種光，我們的眼睛不行，但我們的手在接觸到杯子之前就可以感受到這種輻射。可以說，我們藉著看不見的光，可以感覺到杯子內的量子振動。

熱輻射的數學式只依溫度而定：溫度愈高，光的頻率也愈高。所以鐵加熱時會先以看不見的近紅外光譜範圍發光，然後變成看得見的紅色，再變成黃色，再變成白色——顏色的改變代表頻率愈來愈高。有些恆星甚至可以發出帶藍色的光，因為它們比熔化的鋼鐵還要熱。

至少在理論上，發出霍金輻射的黑洞可以給出同樣的輻射。因此，黑洞依照自身的質量，也可以有不同的溫度。愈小的黑洞愈熱。根據霍金的理論，質量約等於月球百分之五質量的黑洞，大約和一杯剛煮出來的黑咖啡一樣熱，散發的輻射量也差不多——儘管嚐起來應該天差地遠。

由於霍金輻射，黑洞會損失能量，也一起損失質量，正如愛因斯坦最著名的公式所說，質量最終也是能量。不過黑洞與咖啡不同，咖啡變涼是因為放著不管時發生的熱輻熱，黑洞卻會因為釋放的輻射而變得更熱！當黑洞變得愈小，溫度就愈高，發出輻射的效率也愈高。到了某種程度，黑洞爆炸，釋放近乎無限的熱，就此終結。這可以解釋小黑洞為什麼似乎不存在於大自然中。相當於兩具柴油機車質量，合計 160 噸的黑洞，會在一秒之內就輻射至消失。

對天文物理黑洞而言則不同。質量相當於小行星伊卡洛斯（Icarus），約 1 億噸重的黑洞，可以存活的時間約和宇宙一樣長。質量與太陽相當的黑洞壽命可達 10^{67} 年，而 M87* 則是難以想像的 10^{97} 年。

我試著把這時間具象化，但實在辦不到。假設把整個已知宇宙（包括太空中所有的恆星、行星和星雲）的質量集合在一起，變成質量的大海。然後，每隔一百億年，也就是大約我們宇宙的歲數，從這片物質之海中撈出一顆超級小的質子，如此重複直到取完所有的質子——那麼宇宙消失的時間，仍比 M87* 因為霍金輻射而消失的時間快一千萬倍。

還有，在黑洞完全消失之前，宇宙必須先完全死盡、變成空虛又黑暗，因為宇宙中每個氣體粒子和每道光波都可以讓黑洞繼續成長。在比我們可以想像的時間還要久得多的時間中，諸如 M87* 這樣的超大質量黑洞只可能變得更大。M87* 的霍金輻射實在是太微弱了，不太可能建造出足以找到霍金輻射的偵測器，就算窮盡我們宇宙的壽限、就算我們能飛到 M87* 都不行。

儘管如此，從純理論的立場而言，黑洞確實可能消散，而且所有曾困在裡面的東西也可能釋放出來。永恆的事物並不存在，黑洞也是如此。

計算霍金輻射時，視線視界的存在是關鍵，但如果霍金輻射實際上是重力場的放射性衰變，那麼我可以想像：中子星或甚至一般物質最終也可能以類似的過程衰變，而且所有重力場最終也會變成光而消散。不過，這目前仍純粹是推想。

太初有光，而宇宙最後僅存的也可能是光——除非在宇宙終結之前，又發生了某種新鮮刺激的事。

在我們揭曉黑洞影像的記者會最後，歐盟執委會委員莫伊達斯引用了霍金的話：「黑洞不像描繪中那麼黑。黑洞不是我們想像中的永恆監獄。東西可以從黑洞裡出來，包括釋放到黑洞外面，或是跑到另一個宇宙。因此，如果你覺得自己在黑洞中，不要放棄，一定會有出路。」

對一場重要記者會來說，這是一段充滿鼓勵的結語。然而，如果繼續跟隨霍金的思路，黑洞在我們經歷了地獄後，真的會給予重生的機會嗎？黑洞真的只是通往真實覺悟道路上暫時的煉獄狀態嗎？

別被這種虛假的希望所誤導。如果我死後火化，然後來了一場颶風，把剩下的骨灰和煙塵掃在一塊兒，從中又生出一個我——這樣的機會遠大於我被黑洞吞噬後還能回來的機會。

不過，理論物理學家不會滿足於這種實際上的不可能性。只要理論上有一點可能，他們就不會乖乖安分聽命。

資訊丟失

每個年代都有自己的重要議題。這些議題影響我們對世界的認知，也影響科學。我有個同事某次做出的觀察相當諷刺：用來描述宇宙誕生的詞彙「大霹靂」就出現在第一次原子彈爆發後不久，實在不令人意外。今天我們生活在資訊時代，也愈來愈常看到物理學以資訊理論的語言重新表達。最近的版本甚至主張重力可以用位元來描述，自然律就像是程式語言，或甚至整個宇宙其實就是一套巨大的電腦模擬。[4] 我不覺得這樣異想天開的推測真有說服力，但資訊確實成了自然科學裡很重要的概念。

世間萬物一切都是資訊，例如物質、能量，甚至黑洞可能也是。這裡最關鍵的概念，是資訊的對立面，也就是非資訊（noninformation），混亂，或用個很厲害的名詞：熵（entropy）。事實是，光和時間、知識和無知、機會和命運，這些概念全都緊密相關。

十九世紀晚期，奧地利科學家波茲曼（Ludwig Boltzmann）研究熱力學不同面向之間的關係，例如熱、壓力、能量和功，還有最小粒子的關係。在波茲曼的時代，蒸汽機的熱和壓力產生能量和功。在蒸汽機中，許多微小的水蒸氣粒子運動並產生了壓力，由此使火車有了動力。

鍋爐裡的粒子就像是在充氣城堡上跳躍的小朋友。他們愈是到處用力亂跳，充氣城堡就晃動得愈厲害。愈多小孩在上面不加控制的亂跳，充氣城堡的壓力就愈大。每個小孩的能量和速度可以對應到鍋爐裡的溫度。生日派對結束時，小孩已經累了，能量也開始降低。充氣城堡靜止下來；鍋爐冷卻。

在小孩跳躍開始前，讓我先把他們分成兩組：身穿藍色衣服的安靜小孩先坐在充氣城堡裡面，然後哨聲一吹響，穿紅色衣服、調皮又愛鬧的小孩就衝進去，而且會發生幾次相撞（幸好沒有人流血）。當調皮的那群衝進去時，充氣城堡開始嚴重晃動起來，他們幾乎像是約好了似的，同時撲向高聳的城牆。此時主要的條件仍是高度有序與低熵。然而，因為整座城堡都是小孩，安靜的小孩也不得不開始跳起來，否則就會被撞翻；而調皮的小孩則必須跳得輕一點，否則就會不斷和別人相撞。兩群小孩於是混合起來；本來的瘋狂變得較為平均，亂跳程度也變得難以區分。物理學家會如此描述這種現象：充氣城堡達到熱平衡，熵提高。很快的，一切都會混在一起，紅色和藍色衣服四處都是。如果大家都把衣服脫掉，沒有人認得出誰在一開始時屬於哪一組。

蒸汽機裡也發生類似的事情。如果把一個充滿熱空氣和一個充滿冷空氣的鍋爐連接起來，那麼空氣會從熱鍋爐流向冷鍋爐，推動渦輪。如果停止加熱，兩個鍋爐的溫度會變得平均，兩邊的氣體粒子會開始以同樣的速度運動，空氣不再只以一個方向流動，渦輪也會停止。此時系統達到熱平衡，所有粒子完全混合。原本冷粒子在這邊、熱粒子在那邊的有序系統，現在變成了無秩序的系統；熵提高了，不再做功。物理學家會說這個系統「熱化」，意思是完全混合了。現在只有一個大而同化的質量，特徵只剩下一個，也就是所有粒子都具有同樣的溫度。

我們也會說亂度永遠只能提高。這是新手父母最重要的發現之一，同樣的概念也適用於物理學。這描述了熱力學的一個基本原則，而熱力學適用於所有封閉的物理系統和所有小孩的遊戲間。兩個溫度相同的鍋爐不可能自主的變為一個冷一個熱，就好像小孩遊戲間的玩具積木不可能自動以顏色區分。我們必須先給予能量，才能把熵降低。收拾玩具很麻煩，需要耗費能量。

儘管如此，就算是一箱亂七八糟的彩色玩具積木，也沒有達到最大程度的熵。假使要讓熵達到最大程度，這些積木必須要磨碎、分散，最終變成漫射的熱光而輻射掉。所以即使是沒整理的遊戲間，東西永遠都可以變得更亂。

因為宇宙目前只有幾十億歲，我們應該自認幸運。如果我們生活在一個近乎無限老的宇宙，那不管如何努力，這個宇宙的特徵都會是最高的亂度和完全的無序。不再有星系、恆星、粒子，也不再有黑洞。光會無限的擴張延伸，如同熄滅。宇宙令人興奮的程度，就像一根蠟燭被沙漠之風吹熄後的灰煙。就這種意義上來說，宇宙的有限本質其實是我們存在的先決條件。

有趣的是，熵的概念也出現在資訊理論中，正如美國數學家夏農（Claude Elwood Shannon）在 1948 年所說：你需要做的，只是把小孩房間裡的玩具或鍋爐裡的氣體粒子替換成字母。讓我們隨便挑出這本書中的幾頁，如果我打電話給鄰居，安靜念出書上的文字給她聽，她再憑記憶複述給她的鄰居，後者又再告訴她另外的鄰居，如此傳遞愈多次時，錯誤也會愈來愈多。本來多少帶有一些意義的文字（我希望），最終會變成難以理解的胡言亂語，不再含有任何資訊。如果我只是繼續轉播但不做任何更正，資訊就會遺失，而亂度會持續提高。不管多久，一碗字母組成的熱湯都不會變成一本有意義的書。[5] 我們需要懷抱目的注入能量，例如對作者試圖寫出帶邏輯句子的大腦來說，儲存在巧克力中的太陽能就是必需品。

熵的概念也能延伸到黑洞。黑洞其實是終極的資訊等化器與毀滅者。愛因斯坦的定律應用在一個跌入黑洞中的人時，表明這個人所帶的全部資訊、他本人的完整歷史、他的想法、他的外表、性別和記憶，全都會縮減為一個數字，也就是他從宇宙中消失那瞬間的體重。因此，五個沙包在黑洞留下的痕跡，比一個美國總統還要多。

由黑洞形成的整個系統，完全由其質量和角動量來定義。從這個角度來說，儘管黑洞非常大，卻是宇宙中最單純又坦白的東西。連蚯蚓的每一個細胞都比黑洞複雜不知多少倍。

如果黑洞真的具有霍金溫度，則我們便能說明為什麼事件視界的表面可以度量黑洞的熵。原因是，根據愛因斯坦的理論，黑洞只可能變大，而熵也只可能提高，同時整體資訊，也就是宇宙整體複雜度則只能下降。不管任何時間，只要一個人或甚至一條蚯蚓死去，宇宙也失去少許歷史。如果在地球上，他們至少還會留下屍體，但如果是掉入黑洞，全部都會消失。

如果霍金是對的，那麼黑洞最終必會消散，也表示黑洞的質量、大小和熵會下降。然而宇宙全部的熵並不會減少，因為輻射會帶熵一起散發出去。對一個被黑洞的血盆大口吞下並變成一個點的人來說，這意味最終他會被劈分為最小的個別單元，並輻射四散到宇宙所有地方。

是沒錯，他所有的想法也會隨之飄散到某處，但會和宇宙的量子雜訊混在一起，根本無法聽見。再加上宇宙的無情擴張，這些想法最終仍會消逝於虛空之中。

因此，消散的黑洞就像是翻倒了一個裝滿不同顏色積木的箱子，變得一團混亂。但因為全部的熵不會因黑洞消散而改變，這表示黑洞從一開始就是一團混亂。的確，今天的宇宙中，幾乎所有的熵都存在於黑洞中。[6]

不過，許多理論物理學家無法接受這種資訊丟失，而改口談論黑洞的資訊悖論（information paradox）。在量子物理學，資訊的保存是神聖的。只有當所有資訊得到保存，我們才能確認一個量子系統是按照規律發展，並且可以預測。一個沒受干擾、沒被測量、沒給看見的量子粒子在某一特定時間的狀態，是由之前的狀態所決定。[7] 也就是說，粒子的現在與未來有著非常清楚的連結。量子物理學的方程式是可逆的，可以讓它往前或往後，結果都一樣。然而，在量子物理學中，一個粒子的狀態永遠只能是相對準確的一個機率值，至於其他機率值則仍無法確定。根據海森堡測不準原理，一個粒子的值永遠不可能正確測量，而每次測量一個粒子，都會改變這個粒子的狀態。

你可以把這想像為射箭：一名優秀的弓箭手瞄準目標時，你有相當把握她可以射中目標，卻沒辦法預測這支箭究竟會落在哪一圈，只能以機率來描述。只有當箭實際射中靶時，才知道這一箭得了幾分。

量子粒子就像飛在空中的箭。一旦被測量時，箭已經落在靶上。如果你回頭看，也說得出是哪位弓箭手射了這支箭。這個問題是可逆的，箭和弓箭手是連結的。因為這樣，物理學在某種誤差範圍內可以相當準確的做出正確預測，也可以連結因果關係。

但如果黑洞毀壞了量子資訊，也就干擾了時間的清晰路徑，這就像箭的飛行受到干擾。我們不知道箭從哪裡來，要往哪裡去。它可能忽然射中某處——甚至可能射到站在弓箭手後面的觀察者旁邊。資訊保存的教條一旦遭到破壞，就對量子物理學的全能以及物理學的預測能力投下懷疑，這可不是小問題。

有一些理論家認為，或許所有的量子資訊都儲存在黑洞中央，也就是奇異點的鄰近區域。但這樣一來，所有消失在事件視界後面的資訊都必須保存在那裡，直到黑洞消散。這樣並不合理，因為即使只是儲存資訊，也都需要空間和能量。說到底，黑洞只有那麼大，不可能有儲存十億個太陽資訊的空間。

其他物理學家則提出，資訊或許就在緊鄰著事件視界後面的地方撐著。或許當某個東西越過事件視界時，事件視界會像膜一樣的振動，並用這種方式儲存了資訊？有沒有可能黑洞僅僅是資訊，儲存在自己的表面？愛因斯坦如果聽到上述任一種猜測，想必會在墳墓裡不安的翻身，因為根據他的等效原理，一個自由下落到黑洞深淵的粒子根本不會注意到自己通過了事件視界。只有當它撞上奇異點時，才會發覺事情糟糕了。在相對論中，事件視界沒有資訊容身的空間。

儘管如此，大部分物理學家還是假定黑洞會以某種方式儲存資訊，並在放出輻射時再次釋放，說不定黑洞發出的輻射中也可能含有密碼，而且至少在理論上我們可以解讀這些密碼並瞭解其過去。霍金本人在一開始的懷疑和輸了賭注後，[8] 終於向這一派想法投誠。另一方面，著名數學家和黑洞開創先鋒潘洛斯則堅持資訊在黑洞內是真真切切、不可撤銷的遺失了。總而言之，我們仍然不知道重力場實際上對量子粒子做了什麼。

我比較傾向潘洛斯的立場，但也帶著審慎保留。黑洞是巨觀物體，並不只是局限在中央的奇異點；相反的，黑洞包含了周圍彎曲的整個時－空，由所有在奇異點內外的量子粒子共同組成。沒有任何一個量子粒子能獨立而不受其他粒子影響。資訊是集體化的。[9] 基於這樣的事實，難道我們還能討論個別粒子間的關係，以及個別粒子的資訊嗎？如果空間不能量子化，用量子力學的原則來討論空間，還有意義嗎？量子力學是可逆的，但真實的巨觀宇宙卻不是；黑洞又為何得是可逆的呢？或許黑洞是宇宙間最大的隨機產生器？

物理學正陷入資訊危機當中；有好幾本書都在談論這個主題。相對論或量子力學，到底誰錯了？受到擁護的論點很多，但我們不知道哪個論點可以帶來進展。然而，物理學的危機總是帶來新理論的轉機。物理學家已經在此尋訪超過四十年，只是目前為止還沒有成功，我們還無法讓重力和量子物理學和諧共處。要發展出一套量子重力學，是件無盡複雜的功業。光是要讓蘋果落到地上，多數嘗試就已經困難得不得了了。

我們並不缺乏有創意的思維，缺的反而是得自上天的清晰靈光，所以才無法從眾多想法中認出哪個正確。波茨坦的量子重力研究者尼可萊（Hermann Nicolai）是這領域的領頭人物，他有一次對我說：「我不認為我們可以光靠想像就得到任何進展——我們需要實驗！」我們需要量子重力的愛丁頓遠征！

然而，截至目前為止，這個物理學危機基本上仍是理論性的。我們的黑洞影像還未能幫助確認或排除許多新理論。在這個當下，相對論就是我們瞭解黑洞所需，而和所有方法比起來，廣義相對論中的一些參數限制仍是最好的。如果有個新理論，能讓黑洞之影的大小和形狀改善幾個百分點，那麼我們或許終能看到它的實際效果。如果偏差的程度只發生於量子物體的尺度，那麼我們可能永遠也無法察覺。

感謝黑洞的影像，兩個理論的無法調和變得比過去更真實而有形了。我們看向影子中的黑暗之處時，看到的是事件視界的邊緣，而相對論和量子力學正在那裡爭奪主導權。統一兩大理論的問題非常真實，絕不抽象。我們所做的，是給予這個問題一個位置，讓你可以用手指著它。這個影像真正的神祕之處並不在那如火焰般明亮的環，而是存在於陰影之處。

14

CHAPTER

全知與局限

所有東西都可以測量嗎？

哈伯太空望遠鏡有一張非常令人著迷的影像，拍攝於1995年聖誕節前後。幾乎像是隨意選擇似的，望遠鏡花了十天時間注視著天空中一塊不起眼的地方，對著這片北斗七星右緣上方的區域拍下342張照片。這些照片結合為一張影像，稱為「哈伯深空區」（Hubble Deep Field）。相較於遼闊的太空，哈伯深空區非常小，差不多等於你伸直手臂拿著一根縫衣針，從針眼看出去的天空大小。影像中布滿大大小小的光點，分散在黑暗的太空中。如果仔細看，會發現每個光點本身都是一個星系——在這張影像中就有三千個。如果要拍攝整個天空，需要約兩千六百萬張這種針眼大小的影像，這會得到數千億個星系。考慮到每個星系都擁有數千億個恆星，這表示我們宇宙至少有 10^{22} 顆恆星，而實際上可能比這多得多。

「天上的萬象不能數算，海邊的塵沙也不能斗量。」[1] 超過兩千五百年前，先知耶利米（Jeremiah）寫下這樣的句子，表達一種無法估量的尺度。雖然他靠肉眼只能看見數千顆星星，但已經對太空難以理解的浩瀚有了概念。儘管沙子的數量更難精確計算出來，但天空中的星辰真的與地球海灘上的沙子數量差不多。

我們生活在一個特殊的年代。古代先知只有模糊概念的景象，今天我們可以親自目睹。望遠鏡和衛星打開了視野，讓我們窺見未知世界，這是過往世代不曾擁有的機會。我們就像上帝本人，可以從上方俯視飄浮的地球，在黑絲絨般的太空映襯下，地球就像一顆藍色珍珠。我們看見火星上的沙塵暴和新星誕生的巨大發光塵雲。我們看見遠方擁有數千億顆恆星的星系，個個色彩斑斕，而在針眼般的區域裡所含有的數千個星系，只代表了宇宙萬象的極小一部分。太空影像的數量何其豐富，遠遠超越了一個人能夠遍覽與瞭解的程度，而我們的知識仍持續成長擴張。

這清楚代表了科學與科技的成功。這是我們的時代——自然科學的時代。每樣事物都可以測量，甚至連人也可以。在過去，幫助我們做決定的是直覺、希望與信念，現在我們有了研究、測量結果、模型與資料庫。每個決定都應當理性判斷，並得到資料和模型的支持。今天甚至連神學家和人文學者都借用自然科學的工具，以電腦和統計方法做自己的研究。科技牢牢掌握我們的生活，也提供娛樂和靈感。玩遊戲的地方也是在電腦上，不再是院子裡。上帝被馴服，人類不再不可預測。會不會有一天，我們終能對自己做的所有決定找到理性與科學的基礎？或許透過某個應用程式的協助？

物理學處於這項發展上的最前線。物理學和天文物理學不只將宇宙之美呈現我們眼前，也帶領我們直指生命的重大問題。透過望遠鏡，我們回看空間與時間的起始，探索大霹靂。現在我們也看向黑洞中間的虛空，不久前還沒有人能想像這種可能性。時間的開始和終結都已納入我們的視野，這豈不是物理學最大的勝利嗎？在徹底瞭解世界的漫長演化之路上，這不是最新的一步嗎？來自世界每塊大陸的科學家，合作解決人類面對的最大謎團之後，現在又有誰或什麼東西可以阻擋我們？

在全球共同合作之下，又有什麼祕密能逃過我們的檢視？

我們動員了一整片大陸的力量，找出每個人質量中都帶有少許的希格斯玻色子。動員了兩塊大陸的研究站和研究人員，找到時－空的震顫與偵測重力波。動用了整個世界，捕捉到黑洞的影像。

世界正準備迎來一場最終戰鬥，將要揭開物理學與生命的最大問題。我們是否遲早能解開大自然最後的謎團、揭開上帝面前那層神祕的面紗？

整個科學史中，我們的視界不斷拓展，新發現與知識也爆炸般成長。本來只知道國家，後來成為大陸，再變成全世界。而地球拓展為太陽系，太陽系延伸到星系，星系擴展為整個宇宙。現在物理學家甚至開始談論數個不同宇宙，也就是多重宇宙（multiverse）。

德國物理學家焦利（Philipp von Jolly）有句評論在科學編年史上非常有名：物理學幾乎已經發現了所有的東西。他在十九世紀末勸年輕的普朗克不要學物理。普朗克記得他如此建議：「在某些角落或許還有些小渣滓或小泡沫可以研究、歸類，但整個系統已經相當完整。」那時剛進大學的普朗克並未因此感到退縮，後來更為愛因斯坦的相對論打開大門，也開啟了量子物理的世界。

所以，事情將這樣繼續下去，不是嗎？到底是否如此呢，我自問——而且不是只有我這樣問。[2] 或許下一個重大發現是我們無法發現所有事物。發現我們的局限，同時也是對人類本身的發現。

的確，物理學的新進展其實是基於知識的不足，這份不足已成為物理學本身很根本的一部分。相對論中光速是有限的，此一事實已經意味我們無法知道一切、無法算盡宇宙中所有星辰、無法確實測量所有事物、也無法完美預測任何事情。量子理論連同海森堡測不準原理，讓我們瞭解到沒有任何事物以確實的狀態存在。熱力學和混沌理論的啟示，則是未來在本質上終究是無可預測的。

今天我們使用最先進的方法，在自己星系裡數到的恆星將近二十億顆。這和整個太空所有星系裡的恆星數目根本無法相比。我們永遠無法幫所有恆星編目，更不用說前去拜訪。這些星星只是來自過去的回聲，有很多其實已經不存在了，畢竟我們看到的只是古遠以前從它們那兒發出的光。由於宇宙持續膨脹，即使我們能以光速飛行，今天所見的星系中仍有 94% 根本不可能到達。[3]

根據我們所有知識及現今的共識，大霹靂和黑洞是科學上的現實，但伴隨這份現實而來的局限也就化為真實。一旦越過這些局限，就進入想像與數學的領域。我們無法看進黑洞裡面，也無法回聽大霹靂之前的聲音。

我們當然仍會嘗試突破這些限制，尋找以前無法探索的智慧，但這些智慧不保證存在。我們的視界要有任何真正的擴展，都必須對已知的物理學進行一場徹底的革命。物理學真的允許這樣的革命發生嗎？在整個歷史中，無論人類曾用何等誇飾的詞彙來描述科學革命，事後回顧時，科學發展看起來都不是幾個重大革命的結果，而像是一條漫長的漸變演化之路。愛因斯坦並未使牛頓退場，從某方面而言，他只是指出牛頓理論的限制，然後植入一個較為完整的新理論。

要解開物理學最後幾個重大謎題，將需要全世界共同努力；未來數十年也還有許多令人興奮的事情等待著我們。但是，如果還需要更多努力呢？設置在太空中，擁有數十架巨型望遠鏡的龐大干涉儀？像行星那麼大的粒子加速器？誰來買單？人力做得到嗎？而就算可能做到，這能回答我們所有的問題嗎？

我自問，或許自然科學最大的勝利，同時也是它最大的失敗？或許在試圖完全瞭解、全面征服世界的最後戰場上，我們在狂妄之中會忽然察覺到：自己追逐的其實是海市蜃樓，而這樣的科學並不能帶領我們更接近生命最大問題的答案，連一步都不能。

我們來自何處？將要去往何方？這樣的根本問題，會不會永遠無法透過科技得到答案，而我們只是落入「一切都有可能」的妄想中？這不表示我們該停止問問題，但對於大自然、上帝，以及有關我們自身存在的問題，應該以更具人性的方式探詢。

科學的努力仍會為我們帶來許多滿足，但這本身並不是神聖的目標。科學並不是解釋世間與超越世間所有事物的絕對方法，在更大層面上反而是人類創造力與好奇心的展現。最終，我們物理學家在回答重要問題的最後戰鬥中可能會戰敗，但儘管如此，穿越黑暗帶出光明的戰鬥仍是值得的。

時間之霧

因為科學可以做出令人讚佩的預測，似乎具有預知能力。這種預知能力是科學對自己的重大要求，對許多人來說則是令人刮目相看的成就。球飛越空中的軌跡、不同材料的行為表現，光在太陽附近的彎曲方式，或黑洞的模樣，這些都可以準確的提前計算出來。現下的天氣預報也變得更加實用，而科學家正傾全力預測新冠病毒大流行會如何發展。會不會有一天，所有事情都可以預測，而那天到來時，未來的一切都已經決定好了？我們的直覺不怎麼願意接受這個結論——幸虧我們不願意。

我年輕時常想著時間是什麼。我把時間想像為一座森林，林中濃霧瀰漫，而我不能停下腳步，只能前進。只有上帝能從上方俯視，看見這座迷霧森林中所有可能的路徑；只有祂能同時看到過去與未來。而我只能看到自己前後一小段路。在我前方，未來從不確定的迷霧中一點一點的出現；在我後面，過去逐漸消失在我的記憶之霧中。有時我匆匆趕路，有時漫步前行，但就是不能完全停下。在每個岔路口，我都面對新的決定。由此，我的路徑改變，通往一個不確定的新未來。其他人也有他們自己在迷霧森林中的路徑；有時我遇上一些人，有時我們一起走一段路，有時我們看不見彼此。

但是，為什麼我們在迷霧森林中的旅程只能是單向的？為什麼真實生命中的時間總只能往前進？為什麼時間之箭只能指向一個方向？又為什麼我們對未來的凝視是有限的？

畢竟在空間中我們可以前進與後退，也可以向左或向右，甚至可以往上和往下。在空間裡，我們也可以一次又一次回到同一個點。時間則不這樣運作。在很多物理學方程式中，時間是其中一個參數，而對這些方程式，可以像電影一樣把時間快轉或倒轉。儘管我們有時極度渴望時光倒流，但真實人生中不可能如此。

要瞭解這些問題，就必須查驗物理學的所有領域：處理極小東西的理論，是量子物理;處理極大東西的理論，是相對論;還有處理很多粒子的理論，是熱力學。

有件事很清楚：沒有時間，就沒有成長與發展。時間既是祝福也是詛咒。我們的出生和經歷都要感謝時間，我們的衰老和死亡也是。有了時間，也就有了開始與結束。雖然靜止的宇宙中沒有苦難也沒有失落，但也沒有經驗與發現。

物理學中，有人把時間的出現解釋為熵的作用，是一種不可阻擋的衰落。熱力學第二定律和熵有關，因為熵只會升高，所以熱力學第二定律與許多其他物理學定律不同，只能往一個方向移動。和時間一樣。結果就是事情的過程變成不可逆，在時間上只能往一個方向移動。一旦燒掉一本書來發動一部蒸汽機，同一本書就不可能自動從灰裡再度出現。只要做了功，用了能量，就會有一小部分能量損失，以亂度提高的形式消散。當我們活著、呼吸、移動時，我們就用掉能量並提高了熵。所以任何活著的人在時間上只能往一個方向移動。

重力也一樣，是條奇怪的單行道。電荷可以是正電或負電，可以吸引或排斥；磁場有北極和南極；只有重力沒有對等的另一半。質量只會吸引。蘋果在地球重力場中只能往下掉，而黑洞只會變得更大。

不過，也正是這種單行道，才讓發展變得可能。如果大霹靂之後沒有任何重力，氣體和其他物質就只能永遠迷失於空蕩的太空中。恆星和行星永遠不可能聚結成形；人類根本不可能演化出來。如果沒有重力，太陽不可能燃燒，行星不會形成，人也不會吸收食物。我們的存在必須感謝重力。

熵只能增加的定律令人沮喪，但也帶來一個正向的推論：只要以針對的方法應用能量，就可以降低特定區域的熵。用一點能量，我可以整理小孩的遊戲間；用一點能量，我可以寫出一本書——雖說是從宇宙整體能量中借了一點來用。因為有了重力和時間之箭，才容許太空中存在著具有創造力的小島。主要的問題在於：這所有能量是哪裡來的？這仍是我們宇宙中最大的未解之謎。

不過，給予我們生命的東西，恰恰也對我們的求知慾設下限制。熵愈高，我對各個粒子的過去和未來也知道得愈少。我知道一本書燒到最後會變成灰，但不可能預測這灰將會如何飛散。所以世界的進展本質上就是無法確定的，也不是固定的。

有時候，與人談話時，我能察覺到有很多思考方式受科學影響的人，心裡仍然抱持著嚴格決定論的世界觀——儘管這違反了更全面的科學判斷。如果能知道世界在某個特定時間點上的確切條件，那麼所有事情的發展就會完美的固定下來，並且可以預測——是的，甚至可以提前計算出來。這樣世界的確會是一部大型電腦遊戲，每個人的自由意志也只是一種錯覺，只不過是我們從環境接收到資訊後影響了腦細胞的量子系統，再作出了必然反應的結果。然而，如此一來，所做的每個決定必然都是由過去決定的——事實上甚至在出生之前就已經決定了。大霹靂是否決定了我現在將豎起手指表示反對？

世界無法預測，從根本上就無法預測！物理學家對自己能計算的所有東西感到自豪，也值得如此，但有時他們看漏了自己的局限。對物理學家來說，決定論就像隻粉紅色的獨角獸，在夢中是那麼迷人，在現實中卻不存在。決定論只能在短時間及小而有限的空間裡達到大致上的成功。如果我把骨牌依照正確間隔排列好，然後推倒第一塊骨牌，那麼最後一塊骨牌的倒下就是預先決定好的，對吧？但從本質上來說，不管是未來或過去都不可預測。機運的迷霧阻擋我們看清永恆。在現實世界中，骨牌並不總是按照我們所想的倒下——例如，薛丁格的貓正好偷偷跑進房間的話。

我的萊登（Leiden）同事茲瓦特（Simon Portegies Zwart）用的說明方式很高明。他拿電腦模擬三個非自旋黑洞的運動，以質點表示這三個黑洞，雖然只用牛頓的古典重力定律進行模擬，但以任意精度來進行數字計算。這可說是想像得到的最簡單物理系統。一般會預期，對這三個重力系統的發展，不管是前進或倒退，預測想要多準就有多準。然而事實並非如此。因為在相當於宇宙年齡的一段時間之中，系統就會無法預測的改變，除非對黑洞彼此間距離的掌握精確到小於一個普朗克長度（Planck length）。一個普朗克長度大約等於 10^{-35} 公尺，是我們可能知道的最小距離，比任何量子粒子都小得多。要測量這樣的長度從根本上就是不可能的，因為在如此小的尺度，所有已知的自然律都無法作用。這意味著，即使是一個只由三個質點組成的系統，它的發展也會變得不可逆和不可預測。反過來說，這樣的系統也無法追溯回起點。我們無法知道這三個黑洞一開始時是什麼樣子。

如果茲瓦特團隊計算的是多行星系統而不是黑洞，或者使用的不是牛頓單純的重力定律，而是愛因斯坦相對論較複雜的方程式，這個系統的發展會更為混亂。一旦加入更多恆星和黑洞，就開始變得一片混沌。我們必須接受這個事實：宇宙從根本上就是混亂而無法預測的！

我還需要再補充說明，一個人比起三個黑洞的系統不知複雜多少倍嗎？應該不用吧！就算在很短的時間範圍內，人都是不可預測的，只要是照顧過幼兒的父母都明白。所以，與其夢想在某個時間點把人轉載到電腦中，並計算出他們生命的一切，還不如去夢想粉紅獨角獸——至少獨角獸並非具體上完全不可能的生物。人類的確必須服從自然律，但人本身在最深刻的層次其實相當自由。

即使在微觀層次，我們腦中做出決定的起源之處，也很快就會迷失在不確定之霧中。不過，並不是我腦中迷霧般的量子泡沫為我做出決定的。和某些物理學家的主張相反，我仍擁有自由意志，並且因而不能擺脫我對自己行為所需負的責任。[4] 我不能把責任推卸給腦中的量子粒子，聲稱這些粒子和我無關，只是透過我的身分做出隨意的決定；因為「我」並沒有那麼的混沌。我不只是那些我可以切分出來的粒子的總和；我同時也是這些粒子的互動及它們隨著時間的發展。從一切之中，某種新的、具有自主性的東西一直在成長，也就是我，我自己。[5]

然而這個自己究竟是什麼，在哲學上的明確程度，就像物理學對時間本質的掌握一樣。我有一部分的看法是：我不只是由我腦中的量子泡沫構成的，還包括我的過去與未來——至少在我的視界可及的範圍。在我裡面聚集的，包含了我的想法、我的記憶、我的現在、我的希望，與我的信仰。我是這全部的總和。於是，我可以一邊在時間中前進一邊改變，因為我的視界隨著我移動，隨著我跨出的每一步而改變。由此我在仍保有自己、沒有完全變成另一個人的情況下，一直不斷改變。

但是，這時間之霧，這種雙向的不確定性，如果以物理學的概念來說，究竟從何而來？我們之所以無法準確看到未來或追溯過去，是因為我們無法絕對精確的知道世界上任何一件事情。

舉例來說，如果要以無限的精確度知道某個東西，我們就必須以無限久的時間測量它。但在一個壽命和大小有限的宇宙中，這是不可能發生的。所以從根本上來說，在一個有時間的宇宙中，沒有一件事情是精確的。如果有某個無限小或無限短的東西，就必須花無限多的能量，以無限的精確度來測量。數學上已經證明了這一點，[6] 並導出著名的海森堡測不準原理，說明永遠不可能精確的知道所有量子粒子的值——而既然從根本上無法確知一件事情，就不可能對它做出精確的物理描述。

在這種意義上，我們在學校裡學的數學方程式其實是一種詐欺。這些數學描述的世界並不存在——至少不是以精確的形式存在。瑞士物理學家吉辛（Nicolas Gisin）因此建議我們採用一種直覺式的新數學，[7] 把數字的不精確性納入考慮。只有加入時間因素，數字才變得更為精確。用誇張的方式來說：「二加二等於四」只有經過無限久的時間，才會變得剛好為真。舉例來說，如果要確認一條麵包的重量正好是兩公斤，我必須量無限久的時間。但在那之前麵包可能早就發霉，或者被吃掉了。

如果光速是無限的，那麼太空中所有資訊都會立即抵達我這裡，就算我們之間的距離是無限遠也一樣。我們可知的宇宙將沒有限制，同時也會是無限大的。每樣東西都會同時與每樣東西連在一起。但因為光速是有限的，時間和空間中沒有可知的無限，所以絕對的精確度不會存在。光速的有限本質因此給予我們一種特殊的自由：只有這裡和現在才算數。每個地方都有自己獨特的現在、過去和未來。現在這個當下的我仍無法知道明天會有什麼事影響我。沒錯，我甚至看不見明天，只能等待它的到來。未來只有到了明天才能真正讓我看見——如果沒意外的話。

有限也是讓我們的生命變得可能的先決條件。根據熱力學第二定律，無限擴張和無限古老的宇宙會無限隨機、永遠無趣。一旦經過了幾乎無限長的時間，所有星辰都燃燒殆盡，所有物質都分解消散，所有黑洞都消失無形，這個宇宙就會是個空虛、沒有結構的輻射之海，充滿了無限微弱的光波。

所以，是因為有一個開始，才讓我們的宇宙能夠支持生命並如此可愛。俗話說得好：每個開始都含有一點魔法。不過，我們也不需要害怕結束。宇宙在發展過程中已經有過那麼多驚喜和創造力，我們不妨期待還有更多轉折。創造了一個起始的創造力，為何不能持續下去？

宇宙中的生命在隨機和可預測之間有著微妙的平衡。我們不能免於自然律，但我們也不是自然律的奴隸。如果只看一個粒子，那麼未來是完全隨機的。如果是在一段時間看著幾個粒子，那麼事情的發展會有某種程度的可能性和規律性。如果以很長的時間觀察非常多粒子，那麼對每個粒子來說，幾乎什麼都是可能的。人類生命的展開處於中間層次，有一部分可以預測，儘管偶有混亂偶遇陽光，但也有自由做出一次又一次的新決定。在我看來，迷霧森林的比喻相當適切的描述了人類的生命狀態。

從起始到超越

小時候，我常常躺在床上睡不著覺，想著許多問題。「天空後面是什麼？」我問自己：「如果天空後面還有東西，那東西的後面又是什麼？那東西的後面的後面是什麼？神在那裡嗎？也許是無限的空？」

有些物理學家認為這些問題屬於孩子氣的幼稚問題。[8] 但像小孩子一樣問問題，並不會自動讓你變幼稚！我很高興自己保持赤子的好奇，而且永不停止問問題——就算我想試，也無法改變這一點。

我為了能夠看得更遠而成為科學家，但我的科學凝視永遠不可能抵達無限。無限是某種我既不能真正設想，也不能實際測量的東西，所以無限無法用科學來處理。無限是一種數學上的抽象概念和形而上的推測。

在今天已經建立的宇宙模型中，我們對無限的窺視終止於大霹靂。大霹靂開啟了我們的時間和歷史；所有將會發生的事物都包含在裡面。大霹靂是一種超額的密集能量。[9] 我們現在看見的所有事物（所有形式的物質或能量，[10] 甚至我們自己），最終都可以追溯回到這份原始能量。

一個近乎無限小的空間忽然在 10^{-35} 秒內指數膨脹。純能量和光的原始閃電誕生，基本粒子的量子糖漿從閃電中開始結晶成形。質子和電子形成，物質有了基本構成單元。過了三十八萬年，質子和電子配對形成氫，充滿了宇宙。物質和光忽然彼此區分，走向各自不同的道路。暗物質在自身的重力影響下變得集中：暗星系從大霹靂的殘骸中出現，並把氫聚集到自己周邊。星系就此形成，產生了發光的星星，創造出新的元素，並透過巨大的爆炸再度把這些元素擲回太空。

從這最早的恆星之灰中，誕生了新的恆星、行星、衛星與彗星。星辰的生命循環開始，最終也誕生出我們的地球。水落在地球上匯聚起來，加上星塵，形成了菌類、單細胞動物，還有植物。這些新生命改變了世界，大氣開始形成，雲朵綻開，動物演化。最後出現了人類，在日、月、眾星的俯視之下繁衍，征服地球，建造都市，瞭解世界、時間、太空，並寫了關於這一切的書——這都要感謝大霹靂帶來的宇宙級大騷動。

我們的宇宙竟然能夠運作，整件事實在太過驚人、太過不可思議。宇宙的產生就像是走在物理學的鋼索上，需要微妙的平衡。如果重力再強一點，恆星都會塌縮成黑洞；如果再弱一些，暗能量會使所有東西分崩離析。如果電磁力更強，恆星就不會發光。[11] 宇宙機制的各個齒輪彼此相互影響，而生命竟可能在此出現，是恆久以來最偉大的奇蹟。如果有人可以目睹大霹靂並預測自己將會從那堆混亂之中誕生，一定會被視為瘋子。物理學教科書不允許物質忽然開始思索自我，形成個性與觀點，甚至發揮創意——儘管如此，我們就在這裡。

這道謎題有個解釋相當受人歡迎，就是宇宙實際上不只一個，而是許多個，它們就像原野上的花朵那樣誕生又凋零，只是每個宇宙都略為不同。我們只是正好出現在這裡，生活在這一個誕生了生命的宇宙，因為這是我們唯一可見的宇宙。

我們能否更把思考尺度變得更大？我們有沒有可能在自己的宇宙裡找到古老宇宙的遺跡，例如兩個宇宙相互碰撞後留下的大型結構？我自己願意如此猜測：超超大質量（hypermassive）的黑洞有可能是古宇宙留下來的化石——畢竟，像我們這種宇宙最後殘留下來的，應該就是超超大質量黑洞。目前為止還沒有人找到任何證據。不過，也還沒有任何跡象顯示平行宇宙真的存在，可以讓我們觀測。

另外，只因為我們的宇宙非常不可能存在，就要推論「必定有許多宇宙存在，才讓我們宇宙的存在成為可能」，這樣的關聯不見得正確。如果我的鄰居中了樂透，不表示他一定已經買過百萬次彩券。[12] 我們頂多可以說自己正好住在那個真實幸運兒的隔壁。如果我們只買過一張彩券，又不太清楚它的運作方式，那我們並無法論斷買了彩券的人有多少——或者有多少宇宙存在。

由於無從得知多重宇宙的證據，倒是引出這樣的問題：多重宇宙的存在與否，究竟屬於物理學還是形上學的問題？我們既無法回溯得比自己宇宙誕生的奇異點更早，也無法看穿宇宙的邊緣。就算主張多重宇宙不只是妄想，而是真實的物理學，這個問題仍然未解：多重宇宙是哪裡來的？我們所做的，只不過是把自己的無知推到物理學的無人之境。

霍金曾說，問大霹靂之前有什麼，就像問北極的北方是什麼一樣。他提出的世界模型，是一種時間坐標從來就不從零開始的款式。[13] 對我看來，這只是一種機巧的手法，因為北極只是存在於某坐標系統下的某世界模型中的一個問題。沒錯，如果有人只把世界想像為一個球體的表面，確實無法回答那個問題。然而他仍可以從北極上方往各個方向移動，然後問自己在那之上或之下可能是什麼樣子。

還有人說，宇宙是從虛無之中自動形成的。不過這得視你如何定義虛無。每個關於世界如何形成的理論，都得始於一套自然律、一套數學方程式。而今天，在多數理論中，這是指從一個漫射量子泡沫之海中，可以自發的出現一個宇宙。沒有一個模型真的是從一無所有之中冒出一個宇宙——對多個宇宙也一樣。

「太初有道……」這是《約翰福音》最初的一段話，也是《聖經》裡最有名的句子。[14] 自然科學所有分支的最初，是世界據以運作的法則，以及由此建構出來的「語言」。但最初的話語（道）[15]是哪裡來的？法則又是哪裡來的？由於法則而變成的某種最初的東西，又是哪裡來的？

接下來，「……道就是神」，這也是這段話的關鍵。數千年來人類一直追尋著第一因，或說原初的推動者，而在猶太－基督教－伊斯蘭教文化圈中，這個古老問題的答案是「神」。某種程度上，「神」只是一個占有位置的符號，每個人必須自己填入意義。於是這個重要問題就變成：神是誰或是什麼？單是這個問題的陳述方式，就已經明白顯示：我們正碰觸到一個超越物理學和其限制的向度。

雖然如此，一個人也可以決定說，神的問題不屬於物理學討論的範疇。如果一個人採取不可知論的立場，這也是完全可以瞭解的。一個人如何處理起源問題或生命意義問題，乃是非常個人的決定。人或許會問這樣的問題，但也不是非問不可。

在現代天文物理學的發展背景之下，不可知論的立場也顯得十分合理。從古代到現代，占星術和天文學在一段漫長的過程中漸行漸遠，終至分離。今天，如果有個天文學家同時從事占星術，那其他同事會認為他是個不正經的科學家，會指謫他為假科學。

科學變得愈來愈獨立，導致現代的自然科學完全排除了宗教、哲學和神學問題。這是解放過程的一部分，科學因此能夠從教會和哲學的主宰中獲得自由。但這不表示一個人應該徹底棄絕這些問題。科學或許只問非宗教問題，但這是一種選擇，而不是答案。

同樣的道理，不能只因為物理學不討論神的存在，就用科學來論斷神不存在。無神論是一種可以成立的信念，但這信念沒有科學基礎。試圖用科學來否定神的存在，對我來說，就和用科學來證明神的存在一樣荒謬。

世界是有局限的，而黑洞不是告訴我們這件事的唯一一樣東西。如果你勇於探問超越物理學範圍之外的問題，就無法迴避關於神的問題。正因為大自然對於我們所能知道的事物設下了根本的限制，我們才會一次又一次撞上這些限制，並為了我們的疑問而敲擊天堂的大門。因為限制消磨掉了人類的傲慢，還讓我們產生信念與希望，所以在限制之中也能找到一絲慰藉。如果你真心追尋人類知識界限的問題，而且還想越過這些限制繼續探尋，那麼我不認為一種完全無神的物理學有可能存在。我們人類一直在內心深處懷有這些重要疑問。從何而來、將去何處，又是為什麼？這些疑問像是某種原始的天性，是人類靈魂的一部分。這些問題占據所有人的生命，並使我們出發追尋。宗教、哲學、科學，都在這項追尋裡扮演各自的角色。然而，當一個學門宣稱只有自己能夠詮釋整個世界，事情就會變得比較麻煩。

科學要能良好運作，就要接受本身的限制並參與有建設性的對話，而不是把自己抬升為一切事物的終極解釋者。否則對奇蹟的期待與救贖的保證便會成為科學的負擔，而科學原本就不能帶來奇蹟與救贖。我認為，只依賴科學和科技來滿足我們的靈性需求很危險——不僅對我們很危險，也對科學的可信度造成危害。

不過，今天還有必要討論神嗎？科學的進步不是已經把神縮小為一種暫且保留之物，我們的知識不是已經把神推到更小更遠的神龕了嗎？像霍金那樣，宣稱現代物理學已經回答了所有問題，所以神已經變成多餘，是把事情看得太簡單了。相反的，我會說，神比過去更為必要。最終，在重要的哲學問題上，科學並沒有讓我們更接近解答，即使我們在生命和宇宙的發展上已經發掘出數不清的細節，仍無法回答我們從何而來。就像我們不可能真正迫近無限，我們也不可能真正瞭解創造的起源。

今天我們的知識達到前所未有的豐富，但我們自知不可能明白的事，也比過去多更多。原本應由神來填補的空缺，已經變得比過去更大也更為根本，包含整個宇宙（或者多個宇宙）的起源，以及整個次原子的量子世界。這一切從哪裡來，又會去哪裡？我們對掌管宇宙的規則已有更多瞭解，但這個宇宙以及規則從何而來，我們仍沒有答案。我們或許把自己放在知識的巴別塔頂端，俯視下方的渺小世界，並宣告科學的全面勝利，但這種宣稱的勝利卻是永遠不可能實現的。我們或許宣布上帝已死，但我們也不會是第一個讓神從遠方俯視我們所做所為時忍不住發笑的人。[16]

因此，信仰和科學的爭論，在我看來就像是龜兔賽跑。科學就像是兔子，小看了對手，但當他接近終點線時，卻發現烏龜已經在那裡等著。

不過，難道神不就是一種抽象化的人類自我投射嗎？的確如此，因為所有關於神的敘述都跟人有關而且是抽象的。我們的心智嘗試把無以瞭解的事物變得可以瞭解，為此我們使用了抽象概念。但這不表示概念背後的東西不存在。複數是數學方程式中的抽象概念，卻帶出了正電子的預測，而正電子真的存在。

事實上，雖然自然律描述的過程完全符合現實，但它也是抽象的人類建構物。嚴格說來，自然律只存在於我們腦中。蘋果對牛頓重力定律或愛因斯坦相對論完全無知，但不管你從多高的地方放手，蘋果仍能夠每一次都往下掉。重力定律是真的，因為蘋果掉落；同樣的道理，神做為一切的推動者是真的，因為世界誕生了。

自然律是對現實的抽象描述，以數學的語言寫成。但自然律並沒有完整的描述全部的現實，只是以驚人的精確程度描述了簡單系統，當自然變得愈加複雜時，就愈難透過簡單的數學來表達。每個數學方程式，每個電腦程式，永遠都只是在逼近現實。只有現實本身是對現實的完美描述；只有宇宙是對宇宙的完美描述；只有一個人是這個人本身完美的描述。但我們沒有辦法取得這種完美描述。因此，對於現實、宇宙、身而為人的我們自身來說，我們能夠取得的只有不充分的點。

同樣的，只有神是對神的完美描述。任何對神的說法，只可能是不充分完美的。不管是誰，自稱瞭解神是何者或不是何者的，顯然都不瞭解神。在《聖經》裡有一條戒律，表明我們不可塑造神的具體形象，這是一種深刻的智慧。神不能被表現為任何形象。*Deus semper maior*——神永遠比我們想像的神更為偉大。這對信神者和無神論者具有同等的效力。有時候，看到神被轉變為一種諷刺形象，不管作者有自己的目的或只是為了嘲諷，都會讓我心情沮喪。神既不是飛天義大利麵怪物，也不是注重儀容的美國白種老男人。

但，真的有任何值得思索神的理由嗎？如果神只存在於我們能知的視界之外，討論神又有何用？就算我們無法研究宇宙誕生的瞬間，我們仍能研究其影響。即使黑洞的內側無法測量，物理學家確實會做有關黑洞內側的計算。

對於神，萊布尼茲（Gottfried Wilhelm Leibniz）在十八世紀提出一種極度簡約的論點，也就是把神比喻為偉大的鐘錶匠。神是原初的推動者，在一開始，祂推動了世界，而因為這個世界是由神的高超技術所建造，有著完美的運作機制，因此世界可以保持運作，直至永遠而不改變。神的功業如此完美，因而祂不再需要為宇宙煩心。祂的世界是所有可能性中最完美的世界。萊布尼茲的神是啟蒙時代的神，這個神在沒有名字也沒被注意的情況下，依然影響著今日某些人的心靈，儘管這些人也知道世界並非完美。

事實上，就算神是鐘錶大師，也不是世界完成後就退位了，因為科學思考的核心乃是因果律。如果我相信神只是所有自然律和遍存於原初世界的起始條件的總和，那麼這些自然律和起始條件依然一直決定著我們宇宙的形式和方向，以及我測量到的東西。它們反映著起源。神做為鐘錶大師的影響力和本質也因此留存至今，且可以測量。因此，天文物理學在某方面來說，是在現今的世界中尋找鐘錶大師留下的蹤跡。

同樣的，神學家也絞盡腦汁數千年，試圖瞭解神是何者或是何物，並在今天尋找神的蹤跡。對我個人而言，神不僅是位鐘錶匠。在我的宗教中，《聖經》記載著有關神的眾多人名、事蹟與故事。別的宗教也有相當豐富的神聖故事。這些關於神的描述，出自人類活在這個世界上的歡喜、痛苦、疑問、渴求與希望，經過了一代代的發展與演變。雖然這些故事都描述曾發生過的現實，但所用的語言並不是數學，而是經驗、詩、夢、遠見和智慧。

關於我是否受寵愛或者我是否值得等問題，數學的語言並無法帶給我洞見——除非我自己是個數學家，畢竟數學家有時似乎可以單靠數學之美而活。如果只因為今天的我比一百年前的人更加瞭解現實的物理學，就去想像我可以並應該把這所有屬人的經驗推到一旁，在我看來就算不是赤裸裸的傲慢，也顯得自以為是。

因此，對神的追尋至今依然適切而重要。我思考最初起源的方式，也決定我如何看待今天和明天。如果神是位鐘錶大師，那麼我預期神一貫而可靠，但祂對於我或其他人並不感興趣。然而，如果我相信神不只是某樣東西，同時也是個人，意思是類似於在一神教中看到的神，那麼我預期神是我能與之互動的對象，我能在今天與明天期待新的事物發生。這樣的神使得與神相遇變得可能。在基督教信仰中，神的人格透過耶穌基督受難與犧牲的象徵而表達，也表現在基督團契與創造的宏偉之中。

把神描述為具有人格，或許會讓不可知論或無神論物理學家對我投以懷疑，但這個想法可能沒有你想像的那麼古怪。質子可以組成人類，顯然具有人的屬性。大霹靂加上一點物質和幾條自然律，便發展出擁有意識的人類，這人類還可以進行抽象思考，具有情感、幽默感，還有責任感與命中注定之感——物理學顯然可以接受這種可能性。

因此，生命、個體性和人格形成的可能性，就算不是注定的，也應該存在於大霹靂的自然律裡。這種可能性顯然不能排除，因為我們就存在於這裡！稍微改寫笛卡兒著名的「我思故我在」，一個人可以說「我在，故可能」。如果物質已經在思索與感覺，那麼創造之神，原初的推動者，又為何不能具有人格，擁有心靈、情感和理性？

如果物理學家能構想出一個充滿生命、具有無限可能性和多重宇宙的世界，那麼在我看來，一名人格神的想法並不那麼不理性——無論如何，都比我某些同行暗地裡想的，把世界理解為預先寫好演算法的電腦模擬要理性得多！只因為幾千年來許多人相信有一位人格神，並不會自動讓這種信念變成迷思或過時。

然而，神的人格卻處於物理學的任何探測方法之外。如果對於宇宙的科學探索已經讓我們知道自己有多渺小，那麼神則告訴我們自己是多麼珍貴。一個人的價值感並不是物理上可以測量的量，而必須不借助任何外力，從內在感受。如果有人宣稱愛你，那麼不管是透過粒子加速器或望遠鏡都無法瞭解這種表述——除非我把整個奇蹟般的宇宙，包含其令人痛苦的一面，都視為對我們人類的一種龐大的愛。

愛的表述是極端個人的，一個人有可能因此感到滿足，另一個人則可能什麼感覺也沒有。兩個人收到同一封信時，通常會有非常不同的解讀。探詢神的人格，是一種深刻的人類經驗，每個人只能獨自體會，無法靠物理學幫我們完成。然而，這些經驗是可以分享的，我們自己的經驗可能與他人的類似，也因此這些經驗並非完全隨機或隨意。

每當有人問我如何調和科學與信仰時，我總是感到訝異。事實上，我和許多把現代知識當作基礎的科學家沒有不同。哥白尼、克卜勒、普朗克、愛丁頓，還有許多科學史上的重要人物，都是十分虔誠的人。今天我仍可以走過荷蘭科學院的走廊，和某人討論量子物理學的最新發現，和另一個人討論深刻的神學問題。

對我而言，自然律是創造的一部分，如同我是我自己的一部分。如果蘋果掉落，與自然律和諧，那麼對我而言就是好的物理學；然而這也適用於從昨天、今天到永遠都可以一直信賴的造物者。對其他人來說，事情就只是蘋果掉落而已。

神對我也不只是某種事物，而是某人。我在自己的人生、逝者的人生以及我四周親友的人生中體驗到神的這一面。我在獨自祈禱中、在教會的禮拜儀式中、在對耶穌的思索中，以及在宇宙的宏偉和絕美中，都體驗了神。當我往外看向太空，我看到的不只是自然、生命以及宇宙的浩瀚，還有存在於這一切之上的東西。物理學為我揭示了新的奇蹟，但並沒有拿走我的信仰，反而加以擴展和深化。如果我看著做為一個人的耶穌基督，便會發現創造和造物者的人性面。由此我為自己找到一個神，同時是開始也是結束，一個我不用對其證明任何事，也無法證明任何事的神，在神之內我已經找到最終歸屬。

不過，也正如懷疑論在科學的進展中扮演重要角色，懷疑也是我的信仰的重要成分。信仰的實驗場是人生，因此我必須永遠讓自己的生命和信仰接受批判。也許，今天之所以有那麼多人懷疑教會，是因為有些教會對自己的懷疑不足。世界的本質和神的本質永遠比我們有限的思維所能瞭解的更為複雜。缺乏自我批判的科學是騙術，不知懷疑的宗教是褻瀆，沒有不確定性的政治是詐欺。我們就是無法瞭解一切。

自然對我們設下的限制以及我們知識的不足，同時也是人類神奇的一面，因為這些限制將我們轉為追尋者。正是這個世界的不確定性，讓我們持續做新決定、問新問題。如果不再有新事物可以發現，科學會變得多無聊？沒有問題，人生該怎麼辦？每件事都可以提前計算出來的人生好嗎？既然已經知道關於神的一切，那還需要什麼信念呢？這樣的神又算是什麼呢？沒有辦法知道一切，沒有辦法證明所有事情，自有其光明面。這也是一種自由的形式，甚至可能是自由的基礎。

當然，我不能禁止神讓自己被這個世界證實，並取走我的信仰自由——儘管這會讓我非常沮喪。

也當然，或許一個人在這個世界上及超越世界之處的真正使命，是繼續問問題、繼續追尋。這讓我們迥異於宇宙間多數事物。知識的局限是祝福也是挑戰。視界的本質就是無法超越，但我們可以加以拓展。我們拓展視界的方法就是繼續前行，思索、質問、懷疑、期望、愛、相信。

在本書的開始，我帶你展開一趟太空之旅，飛掠月球、經過我們太陽系的行星，進入銀河系，也拜訪燃燒殆盡的恆星與黑洞。前往宇宙的旅程是一場接力賽，世世代代的天文學家把知識的接力棒傳承下來，開啟新的疆域。對我來說，這趟旅程並不是征服，更像是朝聖，為的是拓展我們的心智與靈魂。這趟旅程的最後帶我們回到自身，以及我們仍未得解的問題。現在時候到了，我們應停止作一個過度自滿的世界征服者，而該回頭作一個謙遜的追尋者。

追尋者永遠懷抱著自己將能發現什麼的希望。每個追尋者都必須也永遠是懷抱希望的人。我的同事，同時也是電視節目主持人的萊施（Harald Lesch），在德國天文學會（German Astronomical Society）成立一百週年慶祝會進行主題演講，演講後有人問他，人類和信仰的重要性是什麼。他引用使徒保羅談到人還留有什麼的文字：「如今常存的有信，有望，有愛這三樣，其中最大的是愛。」[17]

我們人類只是微小的塵埃，住在稍微大一點的塵埃上，位於難以測量的浩瀚太空之中。我們無法讓恆星爆炸，我們沒有推動星系旋轉，而在我們頭上架起蒼穹的，也不是我們。然而我們可以對宇宙發出驚嘆並提出問題。我們在這個世界可以有信，有望，有愛——這讓我們成為一種非常特殊的星星之塵。

今天如果地球從太陽系消失，如果太陽系從我們的銀河系消失，如果整個銀河系從太空中消失，對宇宙來說不會有什麼差別，但儘管如此，宇宙會失去某種非常珍貴的事物，也就是我們的信仰，希望與愛。而隨著我們的探問，一次又一次，我們會以光明照亮黑暗的地方。

致謝

本書的構想起源於我與羅默（Jörg Römer）的一次對話，時間是在 2019 年 4 月的影像發表之後。羅默是德國《明鏡周刊》（*Der Spiegel*）的科學編輯，已訪問過我數次，後來也隨我參加過幾場演講。某天我們坐在漢堡一家越南餐廳裡討論黑洞、神和宇宙。他是具批判精神的文字工作者，而我是有宗教信仰的科學家，但我們兩人都有強烈的好奇心，也都著迷於科學，因而找到彼此合作的理由。

我們努力合寫這本書，希望它能夠重現當初對話的精神。我們想把我個人的小故事連接上人類探索宇宙的壯闊故事，以大眾容易瞭解的方式呈現出來，因此本書從我的視角來敘述，含括我個人經歷的事件、我所知道的事、我個人生命歷程（從好奇寶寶到知名的教授、科學家）的幾則小軼事，以及少許取自《聖經》、特別觸動我的簡短經文。

這本書也觸及我的一部分人生，唯有家人的愛、支持和耐心，它才可能存在。我親愛的太太不僅是最棒的教育行政人員和伴侶，還為本書做了校對工作。如果書中還能找到任何錯誤，都是在她校對後才加入的。

我的同事烏德勒茲／奈梅亨的佛本特（Frank Verbunt）教授、慕尼黑的柏納（Gerhard Börner）教授、和海德堡的珀斯爾

（Markus Pössel）博士讀過了原稿，他們的指教給予我和羅默極其珍貴的幫助。感謝伊索恩檢查了英文翻譯版。

我們的經紀人布魯格曼（Annette Brüggemann）在本書的成形過程扮演了關鍵角色，也協助發展本書構想。萊茵古德研究所（Rheingold Institute）的古魯納沃德（Stephan Grünewald）為我們提供工作空間。德文版的出版者克勞斯哈爾（Tom Kraushaar）和我們的編輯查亞（Johannes Czaja），還有克萊特－柯塔出版社（Klett-Cotta）的全體職員，都以專業認真的態度陪伴我們完成整個出版計畫。

最後，我感謝所有同事與工作夥伴的努力，雖然無法一一列名於此。有許多人的名字收錄在附注中，同樣不及備載。我們各篇黑洞文章的共同作者列於致謝之後，但除此之外我還能舉出更多人的名字。

羅默感謝他的太太和兩個女兒，在新冠疫情封城期間他們經常無法相聚，只能各自照顧自己。他也表達對《明鏡周刊》的感謝，讓他得以實現本書的計畫。最後他也感謝好友與同事提供的協助與指教。

我將把本書大部分收益做為捐款之用。

夫雷亨，近科隆，2020 年 9 月
海諾．法爾克

事件視界望遠鏡作者列表

Kazunori Akiyama, Antxon Alberdi, Walter Alef, Keiichi Asada (淺田圭一), Rebecca Azulay, Anne-Kathrin Baczko, David Ball, Mislav Baloković, John Barrett, Ilse van Bemmel, Dan Bintley, Lindy Blackburn, Wilfred Boland, Katherine L. Bouman, Geoffrey C. Bower (包傑夫), Michael Bremer, Christiaan D. Brinkerink, Roger Brissenden, Silke Britzen, Dominique Broguiere, Thomas Bronzwaer, Do-Young Byun, John E. Carlstrom, Andrew Chael, Chi-kwan Chan, Shami Chatterjee, Koushik Chatterjee, Ming-Tang Chen (陳明堂), Yongjun Chen (陈永军), Ilje Cho, Pierre Christian, John E. Conway, James M. Cordes, Geoffrey, B. Crew, Yuzhu Cui, Jordy Davelaar, Roger Deane, Jessica Dempsey, Gregory Desvignes, Jason Dexter, Sheperd Doeleman, Ralph P. Eatough, Heino Falcke, Vincent L. Fish, Ed Fomalont, Raquel Fraga-Encinas, Bill Freeman, Per Friberg, Christian M. Fromm, José L. Gómez, Peter Galison, Charles F. Gammie, Roberto García, Olivier Gentaz, Boris Georgiev, Ciriaco Goddi, Roman Gold, Minfeng Gu (顾敏峰), Mark Gurwell, Michael H. Hecht, Ronald Hesper, Luis C. Ho (何子山), Paul Ho (賀曾樸), Mareki Honma, Chih-Wei L. Huang (黃智威), Lei Huang (黄磊), David Hughes, Shiro Ikeda, Makoto Inoue (井上允), David James, Buell T. Jannuzi, Michael Janssen, Britton Jeter, Wu Jiang (江悟), Michael D. Johnson, Svetlana Jorstad, Taehyun Jung, Mansour Karami, Ramesh Karuppusamy, Tomohisa Kawashima, Mark Kettenis, Jae-Young Kim, Junhan Kim, Jongsoo Kim, Motoki Kino, Jun Yi Koay (郭駿毅), Patrick, M. Koch (高培邁), Shoko Koyama (小山翔子), Michael Kramer, Carsten Kramer, Thomas P. Krichbaum, Cheng-Yu Kuo (郭政育), Huib Jan van Langevelde, Tod R. Lauer, Yan-Rong Li (李彦荣),

Zhiyuan Li (李志远), Michael Lindqvist, Kuo Liu, Elisabetta Liuzzo, Wen-Ping Lo (羅 文 斌), Andrei P. Lobanov, Laurent Loinard, Colin Lonsdale, Ru-Sen Lu (路如森), Nicholas R. MacDonald, Jirong Mao (毛基荣), Sera Markoff, Daniel P. Marrone, Alan P. Marscher, Iván Martí-Vidal, Satoki Matsushita (松下聰樹), Lynn D. Matthews, Lia Medeiros, Karl M. Menten, Yosuke Mizuno, Izumi Mizuno, James M. Moran, Kotaro Moriyama, Monika Moscibrodzka, Cornelia Müller, Hiroshi Nagai, Masanori Nakamura (中 村 雅德), Ramesh Narayan, Gopal Narayanan, Iniyan Natarajan, Roberto Neri, Chunchong Ni, Aristeidis Noutsos, Hiroki Okino, Héctor Olivares, Tomoaki Oyama, Feryal Özel, Daniel Palumbo, Harriet Parsons, Nimesh Patel, Ue-Li Pen (彭 威 禮), Dominic W. Pesce, Vincent Piétu, Richard Plambeck, Aleksandar PopStefanija, Oliver Porth, Ben Prather, Jorge A. Preciado-López, Dimitrios Psaltis, Hung-Yi Pu (卜宏毅), Ramprasad Rao, Mark G. Rawlings, Alexander W. Raymond, Luciano Rezzolla, Bart Ripperda, Freek Roelofs, Alan Rogers, Eduardo Ros, Mel Rose, Arash Roshanineshat, Daniel R. van Rossum, Helge Rottmann, Alan L. Roy, Chet Ruszczyk, Benjamin R. Ryan, Kazi L. J. Rygl, Salvador Sánchez, David Sánchez-Arguelles, Mahito Sasada, Tuomas Savolainen, F. Peter Schloerb, Karl-Friedrich Schuster, Lijing Shao, Zhiqiang Shen (沈志强), Des Small, Bong Won Sohn, Jason SooHoo, Fumie Tazaki, Paul Tiede, Michael Titus, Kenji Toma, Pablo Torne, Tyler Trent, Sascha Trippe, Shuichiro Tsuda, Jan Wagner, John Wardle, Jonathan Weintroub, Norbert Wex, Robert Wharton, Maciek Wielgus, George N. Wong, Qingwen Wu (吴庆文), Ken Young, André Young, Ziri Younsi, Feng Yuan (袁峰), Ye-Fei Yuan (袁 业 飞), J. Anton Zensus, Guangyao Zhao, Shan-Shan Zhao, Ziyan Zhu.

Juan-Carlos Algaba, Alexander Allardi, Rodrigo Amestica, Jadyn Anczarski, Uwe Bach, Frederick K. Baganoff, Christopher Beaudoin, Bradford A. Benson, Ryan Berthold, Ray Blundell, Sandra Bustamente, Roger Cappallo, Edgar Castillo-Domínguez, Richard Chamberlin, Chih-

Cheng Chang (張志成), Shu-Hao Chang (張書豪), Song-Chu Chang (張松助), Chung-Chen Chen (陳重誠), Ryan Chilson, Tim Chuter, Rodrigo Córdova Rosado, Iain M. Coulson, Thomas M. Crawford, Joseph Crowley, John David, Mark Derome, Matthew Dexter, Sven Dornbusch, Kevin A. Dudevoir (deceased), Sergio A. Dzib, Andreas Eckart, Chris Eckert, Neal R. Erickson, Aaron Faber, Joseph R. Farah, Vernon Fath, Thomas W. Folkers, David C. Forbes, Robert Freund, Arturo I. Gómez-Ruiz, David M. Gale, Feng Gao, Gertie Geertsema, David A. Graham, Christopher H. Greer, Ronald Grosslein, Frédéric Gueth, Daryl Haggard, Nils W. Halverson, Chih-Chiang Han (韓之強), Kuo-Chang Han (韓國璋), Jinchi Hao, Yutaka Hasegawa, Jason W. Henning, Antonio Hernández-Gómez, Rubén Herrero-Illana, Stefan Heyminck, Akihiko Hirota, Jim Hoge, Yau-De Huang (黃耀德), C. M. Violette Impellizzeri, Homin Jiang (江宏明), Atish Kamble, Ryan Keisler, Kimihiro Kimura, Derek Kubo (久保義晴), John Kuroda, Richard Lacasse, Robert A. Laing, Erik M. Leitch, Chao-Te Li (李昭德), Lupin C.-C. Lin (林峻哲), Ching-Tang Liu (劉慶堂), Kuan-Yu Liu (劉冠宇), Li-Ming Lu (呂理銘), Ralph G. Marson, Pierre, L. Martin-Cocher (馬柏翔), Kyle D. Massingill, Callie Matulonis, Martin P. McColl, Stephen R. McWhirter, Hugo Messias, Zheng Meyer-Zhao, Daniel Michalik, Alfredo Montaña, William Montgomerie, Matias Mora-Klein, Dirk Muders, Andrew Nadolski, Santiago Navarro, Chi H. Nguyen, Hiroaki Nishioka, Timothy Norton, Michael A. Nowak, George Nystrom, Hideo Ogawa, Peter Oshiro, Harriet Parsons, Scott N. Paine, Juan Peñalver, Neil M. Phillips, Michael Poirier, Nicolas Pradel, Rurik A. Primiani, Philippe A. Raffin (瑞菲利), Alexandra S. Rahlin, George Reiland, Christopher Risacher, Ignacio Ruiz, Alejandro F. Sáez-Madaín, Remi Sassella, Pim Schellart, Paul Shaw (蕭仰台), Kevin M. Silva, Hotaka Shiokawa, David R. Smith, William Snow, Kamal Souccar, Don Sousa, Ranjani Srinivasan, William Stahm, Anthony A. Stark, Kyle Story, Sjoerd T. Timmer, Laura Vertatschitsch, Craig Walther, Ta-Shun Wei (魏大順), Nathan Whitehorn, Alan R. Whitney, David P. Woody, Jan G. A. Wouterloot, Melvyn

Wright, Paul Yamaguchi, Chen-Yu Yu (游 晨 佑), Milagros Zeballos, Lucy Ziurys.

詞彙表

GRAVITY：由歐洲南方天文台運作的干涉儀，連接了甚大望遠鏡的四具望遠鏡，產生高解析度的近紅外光影像，包括銀河系中心的恆星影像。

二劃

人馬座 A* Sgr A* (Sagittarius A*)：銀河系中心的緻密電波源，很可能是我們銀河系中心的超大質量黑洞，相當於四百萬個太陽質量，距地球兩萬六千光年。

三劃

大型毫米波望遠鏡 LMT (Large Millimeter Telescope)：墨西哥的 50 公尺電波望遠鏡，位於內格拉休火山上，海拔 4,593 公尺；事件視界望遠鏡的一員。

大霹靂 Big Bang：我們宇宙的起點，物質和能量在此時從非常小的點爆發出來。根據目前宇宙學家使用的模型，大霹靂發生於一百三十八億年前。從那時以來，宇宙一直在膨脹。

干涉法 interferometry：以波的疊加為基礎的技術。在電波天文學，可以結合不同望遠經接收到的電波，透過干涉模式產生高解析度的影像(參見「特長基線干涉技術」、「電波干涉儀」)。

四劃

中子星 neutron star：非常緻密的塌縮星體，重量約等於太陽，但直徑只有約 20 到 25 公里，由中子構成（見「原子」）。許多大型恆星在最後階段會變成中子星。

中國國家航天局 CNSA (China National Space Administration)：中國政府的太空總署，不過只負責衛星和太空探測器，不包括載人太空任務。

天文單位 AU (astronomical unit)：1 天文單位等於地球到太陽的平均距離，是天文學中的標準測量單位。1 天文單位等於 = 149,597,870,700 公里。

太陽質量 solar mass：質量的標準天文單位，2×10^{30} 公斤 。

五劃

史密松天文物理觀測站 SAO (Smithsonian Astrophysical Observatory)：位於美國麻薩諸塞州劍橋的天文學研究機構。

白洞 white hole：時－空中一個假設性的地方，與黑洞相反，不會吸引物體，而會吐出物體。

白矮星 white dwarf：核融合終止後，多數恆星會變成一顆緻密的圓球，大小與地球類似，重量約等於一個太陽質量。一開始它們的溫度很高，會發出藍白色的光，不過會以很長的時間慢慢冷卻。

六劃

光子 photon：電磁輻射中的光粒子。所有波長的光都可以是波也可以是粒子。

光年 light-year：光在真空中行走一年的距離。一光年 = 0.307 秒差距 = 9.46047×10^{12} 公里。

光速 light speed：每秒 299,792.458 公里。速度永遠不變。不管是資訊或物質都無法以比光速更快的速度移動。

光譜學 spectroscopy：測量分散為個別顏色（光譜）的光的方法。由於量子物理學描述的過程，不同元素的原子吸收或發射的光，顏色範圍狹窄，因此可以根據這些顏色來辨認。透過紅移和都卜勒效應，可以測量視線方向上的速度。

全球定位系統 GPS (global positioning system)：用來確定地球上所處位置的衛星網絡。

同步加速輻射 synchrotron radiation：電子以接近光速通過一個磁場而轉向時產生的電磁輻射。用來描述黑洞的電波發射。

宇宙微波背景（3 K 輻射）CMB (cosmic microwave background; 3 K radiation)：宇宙早期轉為透明時發出的黑體輻射，在整個宇宙都可以在無線電和微波的波段偵測到。大約在大霹靂後三十八萬年時發射。

次毫米波陣列 SMA (Submillimeter Array)：事件視界望遠鏡網絡的一部分，由八個電波望遠鏡組成的干涉儀。位於夏威夷的毛納基亞，海拔 4,115 公尺。

行星 planet：由氣體或岩石構成的球狀天體，以最小的阻礙繞太陽公轉。並不會透過核融合自己產生輻射，只能反射陽光。我們的太陽系有八大行星（水星、金星、地球、火星、木星、土星、天王星、海王星）。繞著其他恆星而轉的行星稱為系外行星。

七劃

低頻陣列 LOFAR (Low-Frequency Array)：歐洲的電波干涉網絡，具有三萬個低頻電波天線，搜尋著宇宙初期的訊號。運作中心位在荷蘭。

吸積盤 accretion disk：圍繞在巨大質量天體周圍的旋轉氣體盤，就像漩渦一樣，把磁場和物質（電漿、氣體或塵埃）運送到中心。

系外行星 exoplanet：不繞著太陽，而是繞著其他恆星轉的行星。

八劃

事件視界 event horizon：圍繞在黑洞周遭一個看不見的邊界，越過邊界後，物質、電波和所有資訊都會掉入黑洞中再也出不來。

事件視界望遠鏡 EHT (Event Horizon Telescope)：一個全球特長基線干涉網絡，由毫米波電波望遠鏡組成，捕捉了人類第一張黑洞影像。

奇異點 singularity：黑洞事件視界之後的地方，時－空的彎曲變得無限，質量變得緻密。宇宙形成的最初階段則稱為「大霹靂奇異點」（Big Bang singularity）或「初始奇異點」（initial singularity）。

弧秒 arc second：角度單位，又稱角秒。一個圓有 360 度，每一度有 60 弧分，每一弧分有 60 弧秒；一個圓可以分為 1,296,000 弧秒。在天文中用來表示天空中的橫向距離或大小。

拉德堡德大學 Radboud University：位在荷蘭東部奈梅亨的大學，1925 年成立時是天主教大學。

金星淩日 Venus transit：金星從太陽前方經過。藉由測量此現象，有可能計算地球和太陽間的距離（也就是天文單位）。

阿塔卡瑪大型毫米波陣列 ALMA (Atacama Large Millimeter Array)：簡稱阿爾瑪陣列。在毫米和次毫米波段運作的最大望遠鏡，其網絡由六十六個電波天線構成，位於智利的阿塔卡瑪沙漠約海拔 5,000 公尺高處。

阿塔卡瑪探路者實驗 APEX (Atacama Pathfinder Experiment)：簡稱阿佩克斯。位於智利的 12 公尺電波望遠鏡，在阿爾瑪陣列附近。

九劃

南極望遠鏡 SPT (South Pole Telescope)：位在南極的阿蒙森－斯科特南極站（Amundsen-Scott South Pole Station）的 10 公尺望遠鏡，高度為海拔 2,817 公尺，是事件視界望遠鏡網絡的一部分。

哈伯－勒梅特定律 Hubble-Lemaître Law：由於宇宙膨脹，距離我們愈遠的星系遠離我們的速度愈快。可以和紅移與光譜結合起來測量太空中的距離。

哈伯太空望遠鏡 Hubble Space Telescope：由美國航太總署和歐洲太空總署共同運作的強大太空飛行器，已經透過幾種電磁光譜觀測外太空，包括紅外光、可見光到紫外光。

恆星 star：氣體構成的熾熱球體，經由核融合產生能量。我們的太陽也是恆星。恆星的體積和質量愈大，溫度愈高，壽命也愈短。

星系 galaxy：具有數千億個恆星、行星及氣體星雲，並以重力連結、繞著中心旋轉的系統。我們所在的星系是銀河系。

活躍星系核 AGN (active galactic nucleus)：在星系中心放射大量輻射的區域。這個現象可由超大質量黑洞解釋。

甚大望遠鏡 VLT (Very Large Telescope)：擁有四具 8 公尺望遠鏡的天文台，由歐洲南方天文台操作，位在智利的帕拉納爾山（Cerro Paranal），海拔 2,850 公尺。

秒差距（視差秒）parsec (parallax second)：長度的天文單位，約相當於 3.26 光年或 206,000 天文單位。這個詞彙的來源與利用恆星的視差來測量距離有關。

紅巨星 red giant：老化膨大的恆星；只剩接近核心的一層區域會發生核融合。這顆星會膨大並發出紅光。

紅移 redshift：由於宇宙的膨脹，星系快速遠離我們，光偏移到波長較長的顏色，或者「較紅」的顏色（見「都卜勒效應」）。發自黑洞邊緣的光也會紅移，原因是時一空的嚴重彎曲。

美國天文學會 AAS (American Astronomical Society)：天文學專業機構，出版兩份重要的天文學期刊。

美國國家科學基金會 NSF (National Science Foundation)：美國負責為研究計畫撥款的機構。

美國國家航空暨太空總署 NASA (National Aeronautics and Space Administration)：簡稱美國航太總署。美國的太空總署。

美國國家電波天文台 NRAO (National Radio Astronomy Observatory)：美國的研究機構，操作（或共同操作）許多電波望遠鏡，包括阿爾瑪陣列、特大陣列和特長基線陣列。

重力 gravity：具質量物體之間的相互吸引力。在廣義相對論中透過時一空的變形來解釋。

重力透鏡 gravitational lens：根據廣義相對論，重力透鏡效應可以在光受到非常大質量的天體影響而偏轉時發生。如果光波在飛往地球時經過一個巨大天體，例如星系、恆星或黑洞，光波不會以直線經過，而會偏轉彎曲。發生偏轉時，可以觀察到類似於玻璃光學鏡片造成的效應，因而可以由此推論出重力透鏡的形式和質量。

十劃

原子 atom：物質的基本建構單元，構成我們的元素。原子包括重而帶正電的質子和中性的中子，位於原子核，在外側則有一層或多層輕而帶負電的電子。

原恆星 protostar：尚在形成階段的年輕恆星。

埃菲爾斯伯格電波望遠鏡 Radio Telescope Effelsberg：100 公尺電波望遠鏡，位於艾費爾山脈，由波昂的馬克斯普朗克電波天文研究所操作。

核融合 nuclear fusion：透過把原子核融合在一起（原子核主要來自氫，然後是氦），恆星藉此產生能量。

格陵蘭望遠鏡 GLT (Greenland Telescope)：位於格陵蘭的 12 公尺望遠鏡，是事件視界望遠鏡和全球毫米波特長基線陣列（Global mm-VLBI Array）的一部分。

海斯塔克天文台 Haystack Observatory：麻省理工學院的電波天文台，位於美國麻薩諸塞州的韋斯特福德。

特大陣列 VLA (Very Large Array)：由二十七具 25 公尺電波望遠鏡組成的電波干涉儀，位於新墨西哥，分布區域達 36 公里寬。

特長基線干涉技術 VLBI (Very Long Baseline Interferometry)：一種干涉測量技術，使用相距甚遠的電波望遠鏡，相互連結起來，同時觀測同一個電波源。實際影像在觀測後於電腦上形成。

特長基線陣列 VLBA (Very Long Baseline Array)：美國的特長基線干涉儀網絡，由十具 25 公尺天線組成，天線間的距離達 8,600 公里。歐洲與之對等的網絡為歐洲特長基線干涉網絡（European VLBI Network），簡稱 EVN。

狹義相對論 special theory of relativity：愛因斯坦相對論的其中一個，表明時間和距離的變化是相對運動的結果。與廣義相對論不同，狹義相對論並沒有考慮重力，在接近光速時特別重要。

脈衝星 pulsar：快速自旋的中子星，像燈塔一樣射出電波，以固定間隔閃爍。

馬克斯普朗克學會 Max Planck Society：德國的大型頂尖研究機構，在幾個不同科學領域都有附屬機構。

十一劃

國際太空站 ISS (International Space Station)：唯一常駐於太空的太空站；在地球上方 400 公里的軌道運轉。

梅西爾 87 M87 (Messier 87)：一個巨大的橢圓星系，距地球五千五百萬光年。中心的超大質量黑洞就是事件視界望遠鏡的天文學家第一個捕捉到影像的黑洞。此星系最早由梅西爾編目。

梵蒂岡先進技術望遠鏡 VATT (Vatican Advanced Technology Telescope)：位於格雷厄姆山，由梵蒂岡天文台操作的光學望遠鏡。

毫米波 millimeter wave：頻率約介於 43 到 300 吉赫之間的電波，波長介於 1 到 10 毫米之間。

毫米波電波天文學研究所 IRAM (Institut de Radioastronomie Millimétrique)：德國、法國和西班牙的合作研究單位，操作法國的諾艾瑪陣列望遠鏡（海拔 2,600 公尺）和西班牙韋萊塔峰的伊朗姆 30 米望遠鏡（海拔 2,920 公尺），這兩具望遠鏡也都是事件視界望遠鏡的一部分。

球狀星團 globular cluster：大多由十分古老的恆星聚集成球狀，這些恆星可達十萬個，以重力相連，形成自旋的星系。

造父變星 Cepheid variable：發出週期性脈衝的星，週期可介於一天到一百天。愈亮的造父變星發出脈衝的週期愈慢。透過測量脈衝週期，便有可能計算真正的亮度，或稱光度（luminosity），再把真正光度與測量到的相比，可以算出造父變星的距離。距我們愈遠，光看起來愈微弱。

都卜勒效應 Doppler effect：描述光的顏色／頻率因為兩個物體相對運動而產生的偏移。在天文學中，可以透過此效應來測量沿著視線的移動。

麥斯威爾望遠鏡 JCMT (James Clerk Maxwell Telescope)：位於夏威夷的

電波望遠鏡，在次毫米波段運作，亦是事件視界望遠鏡的一員。

麻省理工學院 MIT (Massachusetts Institute of Technology)：著名的理工學院，位於美國麻薩諸塞州的劍橋。

十二劃

傅立葉變換 Fourier transform：把波換成頻率，以及把頻率換成波的數學運算。因為電波干涉技術可以測量「影像頻率」，故用來產生影像。

尋找外星智慧 SETI (search for extraterrestrial intelligence)：指六〇年代開始出現，在外太空尋找生命的諸多計畫的統稱。

視差 parallax：一個天體從兩個不同地點觀察時，看起來位置移動的現象。利用此效應以及天文單位，有可能測量恆星與地球的距離。

超新星 supernova：大質量恆星在壽命將盡時發生的非常明亮的爆炸。

量子物理學 quantum physics：用以描述一種物理系統，該系統中的某些條件只能取得特定的（離散／量子）值。主要應用在最小的基本粒子。

黑洞 black hole：太空中的一種天體，質量集中在非常小的一點。周圍區域的重力非常強大，甚至連光都無法逃逸。黑洞是由質量很大的恆星變成超新星之後塌縮而成的；黑洞也會在星系中央形成，其質量有可能達太陽的數十億倍，稱為「超大質量」黑洞。

黑體輻射（普朗克輻射）black-body radiation (Planck radiation)：每個不透明物體都會發出的輻射，只依物體的溫度和大小而定。恆星和宇宙微波背景會發出這種輻射。

十三劃

暗物質 dark matter：未知的物質形式，它的存在只能由其重力對宇宙產生的效應來推測。一般認為暗物質占宇宙總質量的 85%。

暗能量 dark energy：目前我們瞭解甚少，一般認為它導致宇宙更快速膨脹。今天的暗能量占宇宙所有能量的 70%。

電波干涉儀 radio interferometer：電波望遠鏡的網絡，透過同步觀測同一天體以達到高解析度，解析度相當於網絡中兩具最遠望遠鏡距離那麼大的望遠鏡。

電磁波 electromagnetic wave：沒有質量的電波，在真空中以光速前進。例子包括光、紅外光或熱輻射、微波、無線電波，還有 X 光和伽瑪射線。

電漿 plasma：由質子和電子構成的熾熱氣體，原子在此會分解成獨立的構成單元。

十四劃

蓋亞 Gaia：歐洲太空總署發射的太空船和望遠鏡，用來測繪我們銀河系中的恆星。

銀河系 Milky Way：我們自己的星系，呈盤狀並有旋臂結構。擁有的恆星介於兩千億到四千億之間。我們的太陽以兩億年的週期繞著銀河系中心公轉。

銀河系中心 Galactic center：我們銀河系的中心，距地球兩萬六千光年。

十五劃

噴流 jet：集中而熾熱的電漿流，從某些宇宙天體的磁場中射出。超大質量黑洞的噴流以接近光速射出，可向著太空延伸數百萬光年之遠。

廣義相對論 General theory of relativity：由愛因斯坦提出的理論，描述空間、時間和重力之間的關係。質量扭曲了空間，而扭曲的空間決定了質量的運動及時間的經過。

廣義相對論磁流體動力學 GRMHD (general relativistic magnetohydrodynamics)：用來模擬黑洞周圍磁場中的氣體運動的方法。

歐洲太空總署 ESA (European Space Agency)：建造太空望遠鏡和操作衛星的歐盟太空總署。

歐洲南方天文台 ESO (European Southern Observatory)：操作智利的光

學望遠鏡如甚大望遠鏡和拉西拉天文台（La Silla Observatory），同時也是阿爾瑪陣列和阿佩克斯的合作單位。

歐洲研究委員會 ERC (European Research Council)：歐盟機構，為優秀科學家進行的基礎研究提供資金。

熵 entropy：一個系統中亂度的量度。不加入額外能量的情況下，一個系統內的熵只可能提升。

十六劃

霍金輻射 Hawking radiation：以物理學家霍金命名的模型，表明黑洞可以由於量子效應而逐漸消散。還未得到實驗證實。

十八劃

蟲洞（愛因斯坦－羅森橋） wormhole (Einstein-Rosen Bridge)：時－空中距離遙遠的兩處的一種潛在連接通道。廣義相對論容許這個「通道」的存在，但實際上可能並不存在。

雙星 binary star：由兩個互相旋繞的恆星構成的系統。在銀河系中，每兩個恆星就有一個存在於雙星或多星系統中。如果其中一個恆星塌縮為黑洞，可以慢慢吞噬掉另一顆星，並產生 X 光（稱為 X 光雙星）。

十九劃

類星體（類似星體的電波源） quasar (quasi-stellar radio source)：非常遙遠星系的活躍星系核（見「黑洞」），會放出大量電波，光度非常高。

更多天文學詞彙及相關資訊，可參考：

https://www.spektrum.de/lexikon/astronomie/

https://www.einstein-online.info

圖片出處

圖 1　© EHT (Event Horizon Telescope)

圖 2　© Heino Falcke, SARAO (South African Radio Astronomy Observatory), NRAO (National Radio Astronomy Observatory)

圖 3　© ESO (European Southern Observatory)

圖 4　© ESO

圖 5　© ESO

圖 6　Hubble Space Telescope © NASA & ESA (European Space Agency)

圖 7　© Adam Evans, Flickr, Creative Commons Attribution 2.0 Generic

圖 8　紅色：Radio image taken with the VLA. 黑白和其他顏色：Hubble Space Telescope © NRAO & NASA

圖 9　© Jordy Davelaar / Radboud University

圖 10　© EHT, Astrophysical Journal Letters

圖 11　© Salvador Sánchez

圖 12　© William Montgomerie

圖 13　© ESO

附注

前言：我們眞的看得見黑洞

1. 在布魯塞爾的歐盟記者會直播：https://youtu.be/Dr20f19czeE。ESO 新聞稿：https://www.eso.org/public/germany/news/eso1907。黑洞放大影片：https://www.eso.org/public/germany/videos/eso1907c。NSF 記者會：https://www.youtube.com/watch?v=lnJi0Jy692w。
2. 見插入照片，圖 1，第 i 頁。

第 1 章：人類，地球，月亮

1. 低空地球軌道的空氣密度是 5×10^{-9}g/cm^3，一般空氣密度則是 1,204 kg/m^3 (10^{-3}g/cm^3)：Kh. I. Khalil and S. W. Samwel, "Effect of Air Drag Force on Low Earth Orbit Satellites During Maximum and Minimum Solar Activity," *Space Research Journal* 9 (2016): 1–9, https://scialert.net/fulltext/?doi =srj.2016.1.9.
2. Ethan Siegel, "The Hubble Space Telescope Is Falling," Starts with a Bang, *Forbes*, October 18, 2017, https://www.forbes.com/sites/startswithabang/2017/10/18/the-hubble-space-telescope-is-falling/#71ac8b1b7f04; Mike Wall, "How Will the Hubble Space Telescope Die?" Space.com, April 24, 2015, https://www.space.com/29206-how-will-hubble-space-telescope-die.html.
3. Job 26:7 (King James Version).
4. Psalms 90:4 (KJV).
5. S. M. Brewer, J.-S. Chen, A. M. Hankin, E. R. Clements, C. W. Chou,

D. J. Wineland, D. B. Hume, and D. R. Leibrandt, "^{27}Al+ Quantum-Logic Clock with a Systematic Uncertainty below 10^{-18}," *Physical Review Letters* 123 (2019): 033201, https://ui.adsabs.harvard.edu/abs/2019PhRvL.123c3201B.

6. 羅默和惠更斯用木衛一（Io）做為時鐘，並確定這個時鐘在地球位於繞日軌道上距木星較遠時，比起幾個月前稍微慢一點。來自木星的光比預期慢了幾分鐘；木衛一時鐘變慢了。

7. 邁克生出生於普魯士，兩歲時和父母一起搬到美國：https://www.nobelprize.org/prizes/physics/1907/michelson/biographical.

8. 然而，愛因斯坦是否真的受到邁克生－莫立實驗的重要影響，並不確定。電磁學的接近相對論或許更重要。見 Jeroen van Dongen, "On the Role of the Michelson-Morley Experiment: Einstein in Chicago," *Archive for History of Exact Sciences* 63 (2009): 655–63, https://ui.adsabs.harvard.edu/abs/2009arXiv0908.1545V.

9. 2014 年 2 月 15 日，Andre and Marit's Moon bounce wedding：https://www.youtube.com/watch?v=RH3z8TwGwrY.

10. Adam Hadhazy, "Fact or Fiction: The Days (and Nights) Are Getting Longer," *Scientific American*, June 14, 2010, https://www.scientificamerican.com/article/earth-rotation-summer-solstice.

11. M. P. van Haarlem, and 200 contributors, "LOFAR: The Low Frequency Array," *Astronomy and Astrophysics* 556 (2013): A2.

第2章：人類，地球，月亮

1. P. K. Wang and G. L. Siscoe, "Ancient Chinese Observations of Physical Phenomena Attending Solar Eclipses," *Solar Physics* 66 (1980): 187–93, https://doi.org/10.1007/BF00150528; also see https://eclipse.gsfc.nasa.gov/SEhistory/SEhistory.html#-2136.

2. Yuta Notsu, et al., "Do Kepler Superflare Stars Really Include

Slowly Rotating Sun-like Stars?: Results Using APO 3.5 m Telescope Spectroscopic Observations and Gaia-DR2 Data," *The Astrophysical Journal* 876 (2019): 58, https://ui.adsabs.harvard.edu/abs/2019ApJ...876...58N.

3. Tweet by Mark McCaughrean, @markmccaughrean, January 5, 2020, https:// twitter.com/markmccaughrean/status/1213827446514036736.

4. 關於石器時代人造物品的解釋，如法國拉斯科洞穴（Lascaux）、法國多爾多涅（Dordogne）的鷹骨雕刻、英格蘭巨石陣（Stonehenge）、愛爾蘭那奧斯（Knowth）的月球地圖等，仍不夠明確且有爭議。參見 Karenleigh A. Overmann, "The Role of Materiality in Numerical Cognition," *Quaternary International* 405 (2016): 42–51, https://doi.org/10.1016/j.quaint.2015.05.026; P. J. Stooke, "Neolithic Lunar Maps at Knowth and Baltinglass, Ireland," *Journal for the History of Astronomy* 25, no. 1 (1994): 39–55, https://doi.org/10.1177/002182869402500103. 話雖如此，比起天象研究最早的明確文字紀錄，人類對天空的好奇心勢必更早開始。

5. Jörg Römer, "Als den Menschen das Mondfieber packte," *Der Spiegel*, July 16, 2019, https://www.spiegel.de/wissenschaft/mensch/mond-in-der-achaeologie-zeitmesser-der-steinzeit-a-1274766.html.

6. 「國際天球參考系」（International Celestial Reference System，ICRS）是透過「特長基線干涉技術」（Very Long Baseline Interferometry，VLBI）對類星體的觀測而制定的坐標系；在這個系統中，地球在太空中的方向是根據「國際地球自轉與參考系統服務」（International Earth Rotation and Reference Systems Services，IERS）的地球定向參數（Earth Orientation Parameters）決定的。這參考系的利用方式之一，是可以把地球上的「國際地球參考系統」（Terrestrial Reference System，ITRS）與衛星坐標連結起來：https://www.iers.org/IERS/EN/Science/ICRS/ICRS.html.

7. John Steele, *A Brief Introduction to Astronomy in the Middle East*

(London: Saqi, 2008). 研究古代中東的學者曾看到「替身國王」的記載。在美索不達米亞，如果國王遇上凶兆，會在日食或月食發生時讓替身代替國王坐上王座。被選上的替身通常是囚犯或精神有問題的人。同時真正的國王必須過著農民的簡樸生活。要過了一百天後，祭司才會宣布凶兆已經化解。

8. Matthew 2:1–13 (KJV).《聖經》中並沒有指名這些博士是國王，甚至也沒說有三位。從文本和歷史脈絡來看，這幾個人有可能是受過占星學訓練的專家。我的部落格貼文及其中引用的文章有更詳細的討論：Heino Falcke, "The Star of Bethlehem: A Mystery (Almost) Resolved?" October 28, 2014, https://hfalcke.wordpress.com/2014/10/28/the-star-of-bethlehem-a-mystery-almost-resolved；引用文章：George H. van Kooten and Peter Barthel, eds., *The Star of Bethlehem and the Magi: Interdisciplinary Perspectives from Experts on the Ancient Near East, the Greco-Roman World, and Modern Astronomy* (The Hague: Brill Academic Publishers, 2015).

9. Bede, *De Natura Rerum*; Johannes de Sacro Bosco (b. 1230 AD), *Tractatus de Sphaera*, see http://www.bl.uk/manuscripts/Viewer.aspx?ref=harley_ms_3647_f024r.

10. John Freely, *Before Galileo*: *The Birth of Modern Science in Medieval Europe* (New York: Overlook Press, 2014).

11. Sebastian Follmer, "Woher haben die Wochentage ihre Namen," *Online Focus*, September 11, 2018, https://praxistipps.focus.de/woher-haben-die-wochentage-ihre-namen-alle-details_96962.

12. 印度天文學家阿耶波多（Aryabhata，出生於公元476年）仍相信地球為中心的觀點，但認為地球會自轉；參見Kim Plofker, *Mathematics in India* (Princeton: Princeton University Press, 2009)。有關印度天文學的更多介紹，見N. Podbregar, "Jantar Mantar: Bauten für den Himmel," scinexx.de, September 15, 2017, https://www.scinexx.de/dossier/jantar-mantar-bauten-fuer-den-himmel.

13. Joseph Needham, with the research assistance of Wang Ling, *Science and Civilisation in China: Vol. 2, History of Scientific Thought* (Cambridge: Cambridge University Press, 1956), cited in"The Chinese Cosmos: Basic Concepts," Asia for Educators, http://afe.easia.columbia.edu/cosmos/bgov/cosmos.htm.

14. 舉例來說，見 Peter Harrison, *The Territories of Science and Religion* (Chicago: University of Chicago Press, 2015)。這裡有作者撰寫的概要：https://theologie-naturwissenschaften.de/en/dialogue-between-theology-and-science/editorials/conflict-myth.

15. 還有一個同樣因電影而變得有名的迷思，是基督教暴徒殺害希帕提亞（Hypatia），並焚毀亞歷山大圖書館的故事。希帕提亞的例子不支持「科學 vs 基督教」說，但並不減損她做為一名勇敢而有智慧的女性的重要事實。她遭到殺害有政治上的理由，而當時亞歷山大圖書館早已不在。除此之外，事實證據非常薄弱。參見 Charlotte Booth, *Hypatia*: *Mathematician*, *Philosopher*, *Myth* (Stroud, UK: Fonthill, 2016). See also Maria Dzielska, "Hypatia wird zum Opfer des Christentums stilisiert," Der Spiegel, April 25, 2010, https://www.spiegel.de/wissenshaft/mensch/interview-zum-film-agora-hypatia-wird-zum-opfer-des-christentums-stilisiert-a-690078.html; 以及 Cynthia Haven, "The Library of Alexandria—Destroyed by an Angry Mob with Torches? Not Very Likely,"The Book Haven (blog), March 2016, https://bookhaven.stanford.edu/2016/03/the-library-of-alexandria-destroyed-by-an-angry-mob-with-torches-not-very-likely.

16. 一般認為密德爾堡的李普希（Hans Lipperhey）是望遠鏡的發明者，不過也有其他人主張自己是望遠鏡的發明人。

17. Mario Livio, *Galileo and the Science Deniers* (New York, Simon & Schuster, 2020). 這本書的書評提供了相對觀點：Thony Christie,"How to Create Your Own Galileo,"The Renaissance Mathmeticus (blog), May 27, 2020, https://thonyc.wordpress.com/2020/05/27/how-to-create-your-

own-galileo。Christie 指出我們現在對伽利略的印象大多經過美化，對這本書的批評毫不留情。

18. Ulinka Rublack, *Der Astronom und die Hexe*: *Johannes Kepler und seine Zeit* (Stuttgart: Klett-Cotta, 2019).

19. 牛頓是神學教授，在他的同儕間亦是優秀的聖經學者，雖然他暗地裡也偷偷研究煉金術和異教思想。Robert Iliffe, "Newton's Religious Life and Work," The Newton Project, http://www.newtonproject.ox.ac.uk/view/contexts/CNTX00001.

20. 在第四集，韓索羅（Han Solo）驕傲的宣稱自己只用 12 秒差距就完成凱瑟航道（Kessel run）。這聽起來像是在形容時間，但某些粉絲認為這段話意圖表達距離。見 https://jedipedia.fandom.com/wiki/parsec。天文學家聽到這句台詞時，總會在椅子上不舒服的挪動身子。

21. Alberto Sanna, Mark J. Reid, Thomas M. Dame, Karl M. Menten, and Andreas Brunthaler, "Mapping Spiral Structure on the Far Side of the Milky Way," *Science* 358 (2017): 227–30, https://ui.adsabs.harvard.edu/abs/2017Sci...358..227S.

第3章：令愛因斯坦歡天喜地的想法

1. 這個問題可能較屬於哲學問題，不過在什麼都沒有的空間中，亂度為零，不會產生變化，因此也沒有時間可以測量。沒有物質或真空能的空間，會是名副其實的空無，物理學家無法置喙，但數學家或許能使上一點力。

2. 在此，我們以較為廣義的方式談論光，包含所有以光速進行的交互作用。如果是在物質完全不產生交互作用的假設性宇宙中，空間是沒有意義的。這種情況下，問題在於我們該把什麼納入「現實」。愛因斯坦場方程式的解，在時－空中不需要任何光或物質也能存在。當然，在那樣的情況下，空間和時間成了純粹數學概念所描述的「虛無」(nothingness)。

3. 例　如 Philip Ball, "Why the Many-Worlds Interpretation Has Many Problems," *Quanta Magazine*, October 18, 2018, https://www.quantamagazine.org/why-the-many-worlds-interpretation-of-quantum-mechanics-has-many-problems-20181018; Robbert Dijkgraaf, "There Are No Laws of Physics. There's Only the Landscape," *Quanta Magazine*, June 4, 2018, https://www.quantamagazine.org/there-are-no-laws-of-physics-theres-only-the-landscape-20180604.

4. 量子態在成為巨觀物體時喪失訊息的過程，大致上可用「去相干」(decoherence) 的概念來說明。對量子物理學較為深入又容易瞭解的說明，可參考 Claus Kiefer, *Der Quantenkosmos*: *Von der zeitlosen Welt zum expandierenden Universum* (Frankfurt: S. Fischer, 2008).

5. 物理學家會用「光速」做為討論的語彙，理由有其歷史。在現代觀點來看，這種絕對的最大速度也可以基於重力波而稱為「重力的速度」，甚至稱為「因果律的速度」。在相對論中，光速是時－空的基本性質，也就是空間尺度對時間尺度的自然關係。

6. J. C. Hafele and Richard E. Keating, "Around-the-World Atomic Clocks: Predicted Relativistic Time Gains," *Science* 177 (1972): 166–68, https://ui.adsabs.harvard.edu/abs/1972Sci...177..166H. 重要的是，三座鐘都在移動，而不是像地球中心或固定不動的恆星，屬不旋轉的「慣性系統」(inertial system)。在赤道上，地面上的鐘以每小時 1,600 公里的速度往東移動。如果我們搭乘空中巴士 (Airbus) A330，以時速 900 公里往東飛，則我們的速度是飛機加上地球自轉的速度，可達每小時 2,500 公里。往西飛時，我們的速度相對於地心，則比地表慢了時速 900 公里，或說大約是時速 700 公里，但最終仍是往東飛行！往東飛的鐘先生相對於地心移動得最快，因此時間的流逝相對最慢。往西飛行的鐘先生相對來說移動得最慢，因此時間流逝得最快。而乖乖待在地上的鐘相對於地心也不是靜止的。它為我們提供了參考時間，運轉得比地心處的鐘慢，比向東飛的鐘快，比向西飛的鐘慢。由此，這個實驗的確測試了廣義相對論的某些面向與等效原理。

7. R. Malhotra, Matthew Holman, and Thomas Ito, "Chaos and Stability of the Solar System," *Proceedings of the National Academy of Science* 98, no. 22 (2001): 12342–43, https://ui.adsabs.harvard.edu/abs/2001PNAS...9812342M.

8. 我同事葛魯特（Paul Groot）擔任我們系主任多年。

9. 物理學家兼數學家拉普拉斯（Pierre-Simon Laplace）1823 年的著作《天體力學》（*Traité de mécanique céleste*）為天體力學的進展踏出重要的一步。數學家勒維耶（Urbain Le Verrier）在 1846 年透過研究天王星軌道的擾動，成功預測海王星的存在。

10. 編注：這句是在模仿法國漫畫《阿斯泰利克斯歷險記》（*Asterix & Obelix*）的開頭語：「羅馬人已經占領了高盧全境。呃，並不完全……還有一個村莊裡的頑強高盧人仍抵抗著侵略者。」

11. 愛因斯坦一開始是三級職員，不過理論發表時已經升職了。

12. Hanoch Gutfreund and Jürgen Renn, The Road to Relativity: *The History and Meaning of Einstein's "The Foundation of General Relativity"* (Princeton: Princeton University Press, 2015).

13. Pauline Gagnon, "The Forgotten Life of Einstein's First Wife," *Scientific American*, December 19, 2016, https://blogs.scientificamerican.com/guest-blog/the-forgotten-life-of-einsteins-first-wife. 稍微不同的描述，可參見 Allen Esterson and David C. Cassidy, contribution by Ruth Lewin Sime, *Einstein's Wife: The Real Story of Mileva Einstein-Maric* (Boston: MIT Press, 2019).

14. 取自私人信件，引述於 Gutfreund, H. und J. Renn, *The Road to Relativity: The History and Meaning of Einstein's "The Foundation of General Relativity"* (Princeton: Princeton University Press, 2015), 57.

15. Albert Einstein, "How I Created the Theory of Relativity," reprinted

in: Y. A. Ono, *Physics Today* 35, no. 8 (1982): 45, https://physicstoday.scitation.org/doi/10.1063/1.2915203.

16. 嚴格說來，等效原理只適用於質點，在這個例子中，愛因斯坦的腳被拉向地球的力會比頭多一點點。所謂的潮汐力就是此效應所導致。地球相對而言不大，因此效應也很小。不過如果是墜入一個小型黑洞的話，愛因斯坦一定會注意到什麼；事實上他會被拉成麵條一樣的形狀。

17. 對於等效原理已經有一個不錯的測試，是透過電波天文學測量一個三星系統中的一顆脈衝星；另兩顆是白矮星：https://www.mpg.de/14921807/allgemeine-relativitaetstheorie-pulsar; G. Voisin, et al.,“An Improved Test of the Strong Equivalence Principle with the Pulsar in a Triple-Star System,”*Astronomy & Astrophysics* 638 (2020): A24, https://www.aanda.org/articles/aa/abs/2020/06/aa38104-20/aa38104-20.html.

18. Hanoch Gutfreund and Jurgen Renn, *The Road to Relativity: The Historyand Meaning of Einstein's "The Foundation of General Relativity"* (Princeton: Princeton University Press, 2015).

19. Daniel Kennefick,“Testing Relativity from the 1919 Eclipse: A Question of Bias,” *Physics Today* 62, no 3. (2009): 37, https://physicstoday.scitation.org/doi/10.1063/1.3099578.

20. 光線的偏轉有一半是因為空間彎曲，一半是因為時間彎曲。後者已經涵蓋於牛頓的理論中，因此牛頓理論已經預測了一半的偏轉。

21. J.-F. Pascual-Sánchez, “Introducing Relativity in Global Navigation Satellite Systems,” *Annalen der Physik* 16 (2007): 258–73, https://ui.adsabs.harvard.edu/abs/2007AnP...519..258P. 根據簡單的計算，一天 39 微秒的誤差相當於位置相差 10 公里。在許多寫給大眾的文章中都如此陳述，但我們不清楚這是否適用於實際上的系統，因為各個衛星上的鐘都有不同誤差。更精確的計算還在進行中（M. Pössel and T. Müller, in progress）。

22. 關於 GPS 的廣義相對論效應，這篇文章有不錯的概述：

Neil Ashby, "Relativity in the Global Positioning System," *Living Reviews in Relativity* 6 (2003): article no. 1, https://link.springer.com/article/10.12942/lrr-2003-1.

23. 感謝葉軍提供的資訊。E. Oelker, et al.,"Optical Clock Intercomparison with 6×10^{-19} Precision in One Hour," arXiv eprints (February 2019), https://ui.adsabs.harvard.edu/abs/2019arXiv190202741O.

第4章：銀河系及其恆星

1. 參詞彙表「光譜學」。
2. Joshua Sokol, "Stellar Disks Reveal How Planets Get Made," *Quanta Magazine*, May 21, 2018, https://www.quantamagazine.org/stellar-disks-reveal-how-planets-get-made-20180521.
3. 我們身上的氫原子，有少數可能並不曾存在於恆星中，而是從大霹靂以來就存在於擴散的氣體裡，在太空中飄蕩。
4. 飛馬座 11b 最早的英文名是 51 Pegasi b，這也是多數天文學家認得的名字，後來定為 Dimidium。
5. J. E. Enriquez, et al., "The Breakthrough Listen Initiative and the Future of the Search for Intelligent Life," *American Astronomical Society Meeting Abstracts* 229 (2017): 116.04, https://ui.adsabs.harvard.edu/abs/2017AAS...22911604E.

第5章：死星與黑洞

1. G. W. Collins, W. P. Claspy, and J. C. Martin, "A Reinterpretation of Historical References to the Supernova of AD 1054," *Publications of the Astronomical Society of the Pacific* 111, no. 761 (1999): 871–80, https://ui.adsabs.harvard.edu/abs/1999PASP..111..871C.
2. 有些研究者的確認為查科峽谷的象形文字與 1054 年 7 月 4 日出現

於金牛座東部的超新星有關：https://www2.hao.ucar.edu/Education/SolarAstronomy/supernova-pictograph. 最近也有人對這種詮釋提出懷疑：Clara Moskowitz, "'Supernova' Cave Art Myth Debunked," *Scientific American*, January 16, 2014, https://blogs.scientificamerican.com/observations/e28098supernovae28099-cave-art-myth-debunked.

3. Ingrid H. Stairs, "Testing General Relativity with Pulsar Timing," *Living Reviews in Relativity* 6 (2003): 5, https//ui.adsabs.harvard.edu/abs/2003LRR.....6....5S.
4. M. Kramer and I. H. Stairs, "The Double Pulsar," *Annual Review of Astronomy and Astrophysics* 46 (2008): 541–72, https://ui.adsabs.harvard.edu/abs/2008ARA&A..46..541K.
5. 布倫塔勒（Andreas Brunthaler）在他的數據中無意間發現了超新星SN 2008iz。
6. N. Kimani, et al., "Radio Evolution of Supernova SN 2008iz in M 82," *Astronomy and Astrophysics* 593 (2016): A18, https://ui.adsabs.harvard.edu/abs/2016A&A...593A..18K.
7. J. R. Oppenheimer and G. M. Volkoff, "On Massive Neutron Cores," *Physical Review* 55, no. 374 (1939): 374. 但最早提出中子星的人是巴德和茲維基：W. Baade and F. Zwicky, "Remarks on Super-Novae and Cosmic Rays," *Physical Review* 46 (1934): 76–77, https://ui.adsabs.harvard.edu/abs/1934PhRv...46...76B.
8. 史瓦西或許不是在俄羅斯找出解答的，而是在弗日（Vosges）南部的西部戰線；他寫給索末菲（Arnold Sommerfeld）的一封信能夠證明：https://leibnizsozietaet.de/wp-content/uploads/2017/02/Kant.pdf.
9. 幾個月後，荷蘭科學家德羅斯特（Johannes Droste）獨自得出更為優美的解，但完全沒人注意，因為他的成果只發表在荷蘭。在那個時期，能夠在德文世界溝通仍十分重要。
10. Hanoch Gutfreund and Jurgen Renn, *The Road to Relativity: The History and Meaning of Einstein's "The Foundation of General Relativity"*

(Princeton: Princeton University Press, 2015).

11. "LEXIKON DER ASTRONOMIE: Schwarzschild-Lösung," https://spektrum.de/lexikon/astronomie/schwarzschild-loesung/431.

12. 我在寫這個段落時，還以為自己用河流來比喻黑洞實在非常具原創性，然而早有人依此寫了一整篇學術文章：Andrew J. S. Hamilton and Jason P. Lisle, "The River Model of Black Holes," *American Journal of Physics* 76 (2008): 519–32, https://ui.adsabs.harvard.edu/abs/2008AmJPH..76..519H. 這裡則有一整套用來描繪廣義相對論的視覺化模型：Markus Pössel, "Relatively Complicated? Using Models to Teach General Relativity at Different Levels," arXiv eprints (December 2018): 1812.11589, https://ui.adsabs.harvard.edu/abs/2018arXiv181211589P.

13. Jeremy Bernstein,"Albert Einstein und die Schwarzen Löcher,"*Spektrum der Wissenschaft*, August 1, 1996, https://www.spektrum.de/magazin/albert-einstein-und-die-schwarze-loecher/823187.

14. 在此，「點」的意思不是廣義相對論中的「空間中的一點」。中央奇異點是無限彎曲時－空的邊界。

15. Ann Ewing, "'Black Holes' in Space," *The Science News-Letter* 85, no. 3 (January 18, 1964): 39, https://jstor.org/stable/3947428?seq=1.

16. Roy P. Kerr, "Gravitational Field of a Spinning Mass as an Example of Algebraically Special Metrics," *Physical Review Letters* 11 (1963): 237–38, https://ui.adsabs.harvard.edu/abs/1963PhRvL..11..237K.

17. 雖然並非絕對必要，但這種效應是黑洞周圍形成電漿噴流（plasma jet）的重要因子，稱為「布蘭德福－日納傑過程」（Blandford-Znajek process），是潘洛斯過程（Penrose process）的一種變體，可以透過光或粒子的幫助，從黑洞抽取旋轉能。

18. 關於非洲的毫米波望遠鏡（millimeter-wave telescope），可參見：https://www.ru.nl/astrophysics/black-hole/africa-millimetre-telescope; M. Backes, et al., "The Africa Millimetre Telescope," *Proceedings of*

the 4th Annual Conference on High Energy Astrophysics in Southern Africa (HEASA 2016): 29, https://ui.adsabs.harvard.edu/abs/2016heas.confE..29B.

19. "Mistkäfer orientieren sich an der Milchstraße," Spiegel Online, January 24, 2013, https://www.spiegel.de/wissenschaft/natur/mistkaefer-orientieren-sich-an-der-milchstrasse-a-879525.html.
20. Dirk Lorenzen, "Die Beobachtung der Andromeda-Galaxie," Deutschlandfunk, October 5, 2018, https://www.deutschlandfunk.de/vor-95-jahren-die-beobachtung-der-andromeda-galaxie.732.de.html?dram:article_id=429694.
21. Trimble, V., "The 1920 Shapley-Curtis Discussion: Background, Issues, and Aftermath." *Publications of the Astronomical Society of the Pacific 107*, no. 718 (1995): 1133, https://ui.adsabs.harvard.edu/abs/1995PASP..107.1133T.
22. E. P. Hubble, *The Realm of the Nebulae* (New Haven: Yale University Press, 1936). 網路版：https://ui.adsabs.harvard.edu/abs/1936rene.book.....H.
23. M. J. Reid and A. Brunthaler, "The Proper Motion of Sagittarius A*. III. The Case for a Supermassive Black Hole,"*The Astrophysical Journal* 892 (2020): 39, https://ui.adsabs.harvard.edu/abs/2020ApJ...616..872R.

第6章：星系，類星體，以及大霹靂

1. Emilio Elizalde, "Reasons in Favor of a Hubble-Lemaître-Slipher's (HLS) Law," *Symmetry* 11 (2019): 15, https://ui.adsabs.harvard.edu/abs/2019Symm...11...35E.
2. 波爾卡斯（Richard Porcas）是拍下綠堤 90 米望遠鏡最後影像的人。那張照片長久以來一直掛在波昂馬克斯普朗克電波天文研究所的走廊上。
3. Ken Kellermann, "The Road to Quasars" (lecture, Caltech Symposium:

"50 Years of Quasars,"September 9, 2013), https://sites.astro.caltech.edu/q50/pdfs/Kellermann.pdf.

4. Maarten Schmidt, "The Discovery of Quasars" (lecture, Caltech Symposium: "50 Years of Quasars," September 9, 2013), https://sites.astro.caltech.edu/q50/Program.html.

第7章：星系的中心

1. Charles H. Townes and Reinhard Genzel, "Das Zentrum der Galaxis," *Spektrum der Wissenschaft*, June 1990, https://www.spektrum.de/magazin/das-zentrum-der-galaxis/944605.

2. * 發音為「star」，Sgr A* 音近「Sadge A Star」。

3. 編注：這句話是基於哥多林前書 13:12「我們如今彷彿對著鏡子觀看，模糊不清（原文作：如同猜謎）；到那時就要面對面了。」（和合本）

4. 落入黑洞的物質太多時，會產生大量輻射，使得氣體被輻射壓力（radiation pressure）給吹走。物質吸積的上限稱為愛丁頓極限（Eddington limit）。

5. Heino Falcke and Peter L. Biermann, "The Jet-Disk Symbiosis. I. Radio to X-ray Emission Models for Quasars," *Astronomy and Astrophysics* 293 (1995): 665–82, https://ui.adsabs.harvard.edu/abs/1995A&A...293..665F.

6. Heino Falcke and Peter L. Biermann,"The Jet/Disk Symbiosis. III. What the Radio Cores in GRS 1915+105, NGC 4258, M 81, and SGR A* Tell Us About Accreting Black Holes," *Astronomy and Astrophysics* 342 (1999): 49–56, https://ui.adsabs.harvard.edu/abs/1999A&A...342...49F.

7. Roland Gredel, ed., *The Galactic Center, 4th ESO/CTIO Workshop*, ASPC 102 (1996), http://www.aspbooks.org/a/volumes/table_of_contents/?book_id=214.

8. A. Eckart and R. Genzel, "Observations of Stellar Proper Motions Near the Galactic Centre," *Nature* 383 (1996): 415–17, https://ui.adsabs.harvard.edu/abs/1996Natur.383..415E.

9. B. L. Klein, A. M. Ghez, M. Morris, and E. E. Becklin, "2.2μm Keck Images of the Galaxy's Central Stellar Cluster at 0.05 Resolution," *The Galactic Center* 102 (1996): 228, https://ui.adsabs.harvard.edu/abs/1996ASPC..102..228K.

10. A. M. Ghez, M. Morris, E. E. Becklin, A. Tanner, and T. Kremenek, "The Accelerations of Stars Orbiting the Milky Way's Central Black Hole," *Nature* 407 (2000): 349–51, https://ui.adsabs.harvard.edu/abs/2000Natur.407..349G.

11. Karl M. Schwarzschild, Mark J. Reid, Andreas Eckart, and Reinhard Genzel, "The Position of Sagittarius A*: Accurate Alignment of the Radio and Infrared Reference Frames at the Galactic Center," *The Astrophysical Journal* 475 (1997): L111–14, https://ui.adsabs.harvard.edu/abs/1997Ap...475L.111M.

12. M. J. Reid and A. Brunthaler, "The Proper Motion of Sagittarius A*. II. The Mass of Sagittarius A*," *The Astrophysical Journal* 616 (2004): 872–84, https://ui.adsabs.harvard.edu/abs/2004ApJ...616..872R.

13. R. Schödel, et al., "A Star in a 15.2-Year Orbit Around the Supermassive Black Hole at the Centre of the Milky Way,"*Nature* 419 (2002): 694–96, https://ui.adsabs.harvard.edu/abs/2002Natur.419..694S.

14. L. Meyer, et al.,"The Shortest-Known-Period Star Orbiting Our Galaxy's Supermassive Black Hole," *Science* 338 (2012): 84, https://ui.adsabs.harvard.edu/abs/2012Sci...338...84M.

15. R. Genzel, et al., "Near-Infrared Flares from Accreting Gas Around the Supermassive Black Hole at the Galactic Centre," *Nature* 425 (2003): 934–37, https://ui.adsabs.harvard.edu/abs/2003Natur.425..934G.

16. F. K. Baganoff, et al., "Rapid X-Ray Flaring from the Direction of the

Supermassive Black Hole at the Galactic Centre," *Nature* 413 (2001): 45–48, https://ui.adsabs.harvard.edu/abs/2001Natur.413...45B.

17. Gravity Collaboration and R. Abuter, et al.,"Detection of Orbital Motions Near the Last Stable Circular Orbit of the Massive Black Hole Sgr A*," *Astronomy and Astrophysics* 618 (2018): L10, https://ui.adsabs.harvard.edu/abs/2018A&A...618L..10G.

18. Geoffrey C. Bower, Melvyn C. H. Wright, Heino Falcke, and Donald C. Backer, "Interferometric Detection of Linear Polarization from Sagittarius A* at 230 GHz," *The Astrophysical Journal* 588 (2003): 331–37, https://ui.adsabs.harvard.edu/abs/2003ApJ...588..331B.

19. H. Falcke, E. Körding, and S. Markoff, "A Scheme to Unify Low-Power Accreting Black Holes: Jet-Dominated Accretion Flows and the Radio/X-Ray Correlation," *Astronomy and Astrophysics* 414 (2004): 895–903, https://ui.adsabs.harvard.edu/abs/2004A&A...414..895F.

20. F. Yuan, S. Markoff, and H. Falcke, "A Jet-ADAF Model for Sgr A*," *Astronomy and Astrophysics* 383 (2002): 854–63, https://ui.adsabs.harvard.edu/abs/2002A&A...383..854Y.

第8章：影像背後的思路

1. 約翰福音 20:29。引用原文為 Blessed are they that have not seen, and yet have believed.（欽定版聖經）
2. 望遠鏡的影像解析度以角度單位來表示，這裡的角度單位是弧度（rad），而 2π rad 相當於 360°。這個方程式表示，以兩個點的視線夾角而言，兩個光點必須分得多開，才能加以區別。
3. Alan E. E. Rogers, et al., "Small-Scale Structure and Position of Sagittarius A* from VLBI at 3 Millimeter Wavelength," *Astrophysical Journal Letters* 434 (1994): L59, https://ui.adsabs.harvard.edu/abs/1994ApJ...434L.59R.

4. T. P. Krichbaum, et al., "VLBI Observations of the Galactic Center Source SGR A* at 86 GHz and 215 GHz," *Astronomy and Astrophysics* 335 (1998): L106–10, https://ui.adsabs.harvard.edu/abs/1998A&A...335L.106K.
5. Heino Falcke, et al., "The Simultaneous Spectrum of Sagittarius A* from 20 Centimeters to 1 Millimeter and the Nature of the Millimeter Excess," *The Astrophysical Journal* 499 (1998): 731–34, https://ui.adsabs.harvard.edu/abs/1998ApJ...499..731F.
6. H. Falcke, et al., "The Central Parsecs of the Galaxy: Galactic Center Workshop" (proceedings of a meeting held in Tucson, Arizona, September 7–11, 1998), https://ui.adsabs.harvard.edu/abs/1999ASPC..186.....F.
7. J. A. Zensus and H. Falcke, "Can VLBI Constrain the Size and Structure of SGR A*?," *The Central Parsecs of the Galaxy*, ASP Conference Series 186 (1999): 118, https://ui.adsabs.harvard.edu/abs/1999ASPC..186..118Z.
8. 在這裡可以看到視覺化的光線行進軌跡：T. Müller and M. Pössel, "Ray tracing eines Schwarzen Lochs und dessen Schatten," Haus der Astronomie, http://www.haus-der-astronomie.de/3906466/BlackHoleShadow.
9. Tilman Sauer and Ulrich Majer, eds., *David Hilbert's Lectures on the Foundations of Physics 1915–1927* (Springer Verlag, 2009). See also: M. von Laue, *Die Relativitätstheorie* (Friedrich Vieweg & Sohn, 1921), 226.
10. C. T. Cunningham and J. M. Bardeen, "The Optical Appearance of a Star Orbiting an Extreme Kerr Black Hole," *The Astrophysical Journal* 183 (1973): 237–64, https://ui.adsabs.harvard.edu/abs/1973ApJ...183..237C; J.-P. Luminet, "Image of a Spherical Black Hole with Thin Accretion Disk," *Astronomy and Astrophysics* 75 (1979): 228–35, https://ui.adsabs.harvard.edu/abs/1979A&A....75..228L; S. U. Viergutz,

"Image Generation in Kerr Geometry. I. Analytical Investigations on the Stationary Emitter-Observer Problem," *Astronomy and Astrophysics* 272 (1993), https://ui.adsabs.harvard.edu/abs/1993A&A...272..355V. 第一篇文章中的計算和繪圖都是徒手完成，第二篇文章則是以電腦計算、以手繪圖，第三篇文章則兩者皆以電腦完成。

11. 後來，當時支持我研究、我也非常感謝他推薦我獲選柏林－布蘭登堡科學院學院獎（Akademiepreis of the Berlin-Brandenburg Academy of Sciences）的施密特－凱勒（Ferdinand Schmidt-Kaler）教授告訴我，他指導過的一位學生也獨立在文章中採用了黑洞之「影」（shadow）一詞，時間上比我們晚了幾週；只是他的文章是抽象的數學概念。A. de Vries, "The Apparent Shape of a Rotating Charged Black Hole, Closed Photon Orbits, and the Bifurcation Set A4," *Classical and Quantum Gravity* 17 (2000): 123–44, https://ui.adsabs.harvard.edu/abs/2000CQGra..17..123D.
12. Heino Falcke, Fulvio Melia, and Eric Agol, "Viewing the Shadow of the Black Hole at the Galactic Center," *The Astrophysical Journal* 528 (2000): L13–16, https://ui.adsabs.harvard.edu/abs/2000ApJ...528L..13F.
13. Heino Falcke, Fulvio Melia, and Eric Agol, "The Shadow of the Black Hole at the Galactic Center," *American Institute of Physics Conference Series* 522 (2000): 317–20, https://ui.adsabs.harvard.edu/abs/2000AIPC..522..317F.
14. 新聞稿："First Image of a Black Hole's 'Shadow' May Be Possible Soon," Max Planck Institute for Radio Astronomy in Bonn, January 17, 2000, http://www3.mpifr-bonn.mpg.de/staff/junkes/pr/pr1_en.html.

第9章：建造全球望遠鏡

1. 波昂的馬克斯普朗克研究所和亞利桑那的史都華天文台，一同在亞利桑那的格雷厄姆山建造了擁有 10 公尺天線的海因里希－赫茲望遠鏡（Heinrich-Hertz Telescope，HHT）。幾年後德國退出這個計畫時，望遠鏡重新命名為次毫米波望遠鏡（Submillimeter Telescope，SMT），而亞利桑那大學力圖以自身力量維持這具望遠鏡的運作。在夏威夷的毛納基亞則有麥斯威爾望遠鏡（James Clerk Maxwell Telescope，JCMT），天線為 15 公尺。目前在麥斯威爾望遠鏡合作的科學家來自世界各地，其中包含中國、韓國、日本以及台灣的中研院。歐洲的望遠鏡有兩座，由毫米波電波研究所操作，分別位於西班牙韋萊塔峰（Pico del Veleta）和法國阿爾卑斯山的布爾高台，兩者都得到健全的支持並確保能夠長久運作。其他的天文台仍處於計畫階段，包括墨西哥的大型毫米波望遠鏡（Large Millimeter Telescope，LMT）——就地理位置而言對我們十分理想。它預計將會是直徑 50 公尺的超級望遠鏡，但開始運作時間推遲到 2011 年，而且後來也還未能完全落成。甚至在南極也計畫要建造一座專為宇宙學所用的望遠鏡，後來在 2007 年啟用。但還要再過八年，亞利桑那的夥伴馬隆團隊才成功的把這座遙遠南極的望遠鏡連接上特長基線干涉網絡。

2. H. Falcke, et al., “Active Galactic Nuclei in Nearby Galaxies,” *American Astronomical Society Meeting Abstracts* 200 (2002): 51.06, https://ui.adsabs.harvard.edu/abs/2002AAS...200.5106F.
3. P. A. Shaver, “Prospects with ALMA,” in: R. Bender and A. Renzini, eds., *The Mass of Galaxies at Low and High Redshift: Proceedings of the European Southern Observatory and Universitäts-Sternwarte München Workshop Held in Venice, Italy, 24–26 October 2001* (Springer-Verlag, 2003), 357, https://ui.adsabs.harvard.edu/abs/2003mglh.conf.357S.
4. *De Gelderlander*, April 2003.
5. G. C. Bower, et al., “Detection of the Intrinsic Size of Sagittarius A* Through Closure Amplitude Imaging,” *Science* 304 (2004): 704–8, https://ui.adsabs.harvard.edu/abs/2004Sci...304..704B.
6. S. Markoff, et al., eds., “GCNEWS–Galactic Center Newsletter,” vol. 18,

http://www.aoc.nrao.edu/~gcnews/gcnews/Vol.18/editorial.shtml.

7. 這些會議內容收藏在我個人的檔案庫中。智利同事納加爾（Neil Nagar）有時也會參加。

8. Sheperd S. Doeleman, et al., "Event-Horizon-Scale Structure in the Supermassive Black Hole Candidate at the Galactic Centre," *Nature* 455 (2008): 78–80, https://ui.adsabs.harvard.edu/abs/2008Natur.455...78D.

9. *A Science Vision for European Astronomy* (Garching: ASTRONET, 2010), 27.

10. Sheperd Doeleman, et al., "Imaging an Event Horizon: submm-VLBI of a Super Massive Black Hole," *Astro2010: The Astronomy and Astrophysics Decadal Survey* 68 (2009), https://ui.adsabs.harvard.edu/abs/2009astro2010S.68D.

11. Monika Mościbrodzka, et al., "Radiative Models of SGR A* from GRMHD Simulations," *The Astrophysical Journal* 706 (2009): 497–507, https://ui.adsabs.harvard.edu/abs/2009ApJ...706..497M.

12. Monika Mościbrodzka, Heino Falcke, Hotaka Shiokawa, and Charles F. Gammie, "Observational Appearance of Inefficient Accretion Flows and Jets in 3D GRMHD Simulations: Application to Sagittarius A*," *Astronomy and Astrophysics* 570 (2014): A7, https://ui.adsabs.harvard.edu/abs/2014A&A...570A...7M.

13. Monika Mościbrodzka, Heino Falcke, and Hotaka Shiokawa, "General Relativistic Magnetohydrodynamical Simulations of the Jet in M 87," *Astronomy and Astrophysics* 586 (2016): A38, https://ui.adsabs.harvard.edu/abs/2016A&A...586A..38M. 不過德克斯特的研究也已經根據 GRMHD 模擬提供了漂亮的預測：Jason Dexter, Jonathan C. McKinney, and Eric Agol, "The Size of the Jet Launching Region in M87," *Monthly Notices of the Royal Astronomical Society* 421 (2012): 1517–28, https://ui.adsabs.harvard.edu/abs/2012MNRAS.421.1517D.

14. 最後因為申請成功的機率太小，我們那回的申請者少了一半，所以最後實際上的機會為百分之三。
15. 我們歐洲研究委員會計畫的圖像和影片可以在此看到：https://blackholecam.org. C. Goddi, et al., "BlackHoleCam: Fundamental Physics of the Galactic Center," *International Journal of Modern Physics D* 26 (2017): 1730001–239, https://ui.adsabs.harvard.edu/abs/2017IJMPD..2630001G.
16. R. P. Eatough, et al.,"A Strong Magnetic Field Around the Supermassive Black Hole at the Centre of the Galaxy," *Nature* 501 (2013): 391–94, https://ui.adsabs.harvard.edu/abs/2013Natur.501..391E.
17. 博士生：Michael Janssen (Lower Rhine), Sara Issaoun (Canada), Freek Roelofs, Jordy Davelaar, Thomas Bronzwaer, Christiaan Brinkerink (Netherlands), Raquel Fraga-Encinas (Spain), Shan Shan (China); 博士後研究員：Cornelia Müller (Germany); 資深科學家：Ciriaco Goddi (Italy), Monika Mościbrodzka (Poland), Daan van Rossum (Germany); 計畫管理人：Remo Tilanus (Netherlands).
18. 編注：傳說佛里幾亞一地有難以解開的戈耳狄俄斯之結，解開的人便能統治亞洲，而亞歷山大大帝直接用劍將結劈成兩段。
19. 編注：另一位是亞利桑那大學的歐澤爾（Feryal Özel）。
20. L. D. Matthews, et al., "The ALMA Phasing System: A Beamforming Capability for Ultra-High-Resolution Science at (Sub)Millimeter Wavelengths," *Publications of the Astronomical Society of the Pacific* 130 (2018): 015002, https://ui.adsabs.harvard.edu/abs/2018PASP..130a5002M.
21. 編注：典故出自道格拉斯．亞當斯的《銀河便車指南》。
22. 採用這個旋律的想法可能來自主操作員莫爾頓（Bob Moulton），但為整座次毫米波望遠鏡設計操作系統的福爾克斯（Tom Folkers）是實際寫下程式的人。

23. 2016 年 2 月 11 日的推特和圖像，在一次論文口試後，我們在拉德堡德大學的禮堂觀看 LIGO/Virgo Collaboration 的記者會：https://twitter.com/hfalcke/status/697819758562041857?s=21; https://twitter.com/hfalcke/status/697805820143276033?s=21.

24. Interview with Karsten Danzmann on Deutschlandfunk, February 12, 2016, https://www.deutschlandfunk.de/gravitationswellen-nachweis-einstein-hatte-recht.676.de.html?dram:article_id=345433.

25. Mickey Steijaert, "The Rising Star of Sara Issaoun," *Vox: Independent Radboud University Magazine*, June 21, 2019, https://www.voxweb.nl/international/the-rising-star-of-sara-issaoun.

第10章：展開遠征

1. 關於事件視界望遠鏡實驗，見照片及詞彙表：智利阿塔卡瑪沙漠有阿爾瑪陣列和阿佩克斯，美國亞利桑那的格雷厄姆山有次毫米波望遠鏡，夏威夷毛納基亞有麥斯威爾望遠鏡和次毫米波陣列，西班牙韋萊塔峰有伊朗姆 30 米望遠鏡，墨西哥內格拉休火山的大型毫米波望遠鏡，以及位於阿蒙森－斯科特南極研究站（Amundsen-Scott South Pole Station）的南極望遠鏡。南極望遠鏡無法觀察位於北半球天空的 M87 星系。

2. Pink Floyd, "Comfortably Numb," track 6 on *The Wall*, Harvest Records, 1979. Lyrics from: https://de.wikipedia.org/wiki/Roger_Waters.

3. 這一次，楊森和麻省理工學院的電腦科學家鮑曼（Katie Bouman）一起前往墨西哥。我的義大利同事戈迪（Ciriaco Goddi）和克魯（Geoff Crew）一起從海斯塔克天文台前往智利的阿爾瑪陣列。提拉努斯飛到夏威夷，與本間（Mareki Honma）和其他來自亞洲的夥伴在麥斯威爾望遠鏡一起工作。伊索恩再度負責亞利桑那的望遠鏡，同行還有羅洛夫斯（Freek Roelofs）和金（Junhan Kim），後者已經在聖誕節時先為南極望遠鏡做了準備工作。

4. 梅齊格（Peter Mezger）曾是馬克斯普朗克電波天文學研究所次毫米波研究組的主持人。他於 1992 年出版的《望入冷冷的宇宙》（*Blick in das kalte Weltall*）有多具望遠鏡的故事，包括次毫米波望遠鏡／海因里希－赫茲望遠鏡。
5. 波昂的克里希包姆和馬克斯普朗克研究所的西班牙年輕博士後研究員亞祖麗（Rebecca Azulay），還有毫米波電波天文學研究所的托尼（Spaniards Pablo Torne）和桑契斯（Salvador Sánchez）。托尼的專長是天文觀測，桑契斯則是設備。天文台主持人克萊默（Carsten Kramer）開始時也與我們在一起。
6. 實際上完成了兩部影片：*The Edge of All We Know* by Peter Galison of Harvard, www.blackholefilm.com, 以及 *How to See a Black Hole*: *The Universe's Greatest Mystery* by Henry Fraser, Windfall Films，兩部都由 Harvard Group 出品。
7. M. J. Valtonen, et al., "A Massive Binary Black-Hole System in OJ 287 and a Test of General Relativity," *Nature* 452 (2008): 851–53, https://ui.adsabs.harvard.edu/abs/2008Natur..452.851V.
8. 南極的另一人是納多爾斯基（Andrew Nadolski）。
9. 舒斯特（Karl Schuster），毫米波電波天文學研究所主持人。
10. 休斯（David Hughes），大型毫米波望遠鏡主持人。
11. Lizzie Wade, "Violence and Insecurity Threaten Mexican Telescopes," *Science*, February 6, 2019, https://www.sciencemag.org/news/2019/02/violence-and-insecurity-threaten-mexican-telescopes#.

第11章：影像形成

1. 校正團隊包括哈佛的布雷克本和維爾格斯（Maciek Wielgus），亞利桑那的陳志均（Chi-kwan Chan），我的博士生伊索恩和楊森，以及德溫厄洛的馮貝梅爾（Ilse van Bemmel）。

2. A. R. Thompson, J. M. Moran, and G. W. Swenson, *Interferometry and Synthesis in Radio Astronomy, 3rd Edition*, (Springer Verlag, 2017).

3. 校正高解析度資料的拉德堡德管道（Radboud Pipeline）：M. Janssen, et al., "rPICARD: A CASA-Based Calibration Pipeline for VLBI Data. Calibration and Imaging of 7mm VLBA Observations of the AGN Jet in M 87," *Astronomy and Astrophysics* 626 (2019): A75, https://ui.adsabs.harvard.edu/abs/2019A&A...626A..75J. 凱特尼斯（Mark Kettenis）和馮貝梅爾帶領的（JIVE）團隊也參與，再加上波隆那的里格爾（Kazi Rygl）和里烏佐（Elisabetta Liuzzo）。

4. 由強森（Michael Johnson）、鮑曼和秋山帶領的年輕團隊主導了成像工作。哈佛博士生查爾（Andrew Chael）也有參與。歐洲方面，西班牙的克里希包姆和戈麥茲（José Luis Gómez）也扮演重要角色。參與整個成像工作的科學家超過五十位。其中包括伊索恩，甚至理論學者莫西布羅茲卡也試了一下身手。

5. 哈佛的鮑曼和強森帶領一個團隊。我在第二隊，隊友包括我的博士生羅洛夫斯、楊森和伊索恩。西班牙的克里希包姆、戈麥茲及他們的同事組成第三隊，他們擅長 CLEAN 演算法。第四個是亞洲的年輕團隊，由淺田圭一（Keiichi Asada）帶領。

6. FITS: Flexible Image Transport System.

7. H. Falcke, "How to Make the Invisible Visible" (lecture, TEDxRWTH Aachen, 2018), https://www.youtube.com/watch?v=ZHeBi4e9xoM.

8. 2017 年在哈佛舉辦的事件視界望遠鏡成像研討會，可在此看到圖片：https://eventhorizontelescope.org/galleries/eht-imaging-workshop-october-2017.

9. 這包括「正規化最大概似」（regularized maximum likelihood，RML）的兩種方法（eht-imaging 和 SMILI）以及 CLEAN 演算法。

10. 色階由陳志均為首的一個小組決定。

11. Francis Reddy, "NASA Visualization Shows a Black Hole's Warped

World," nasa.gov, September 25, 2019, https://www.nasa.gov/feature/goddard/2019/nasa-visualization-shows-a-black-hole-s-warped-world.

12. 事件視界望遠鏡理論組以下述學者為中心組成：伊利諾的甘米，哈佛的納拉揚，法蘭克福的雷佐拉，及奈梅亨的莫西布羅茲卡。

13. 帶領者為亞利桑那的歐澤爾，日本的淺田圭一，甲慶的德克斯特（Jason Dexter），以及加拿大圓周理論物理研究所的布羅德利克（Avery Broderick）。同時，法蘭克福 BlackHoleCam 團隊的弗洛姆（Christian Fromm）發展了新的「基因演算法」（genetic algorithm），透過與模擬影像比較，用來估計黑洞的參數。

14. 2018 年 11 月在奈梅亨舉辦的合作會議的照片和影片可見於 https://www.ru.nl/astrophysics/black-hole/event-horizon-telescope-collaboration-0/eht-collaboration-meeting-2018.

15. 編注：典故出自道格拉斯．亞當斯的《銀河便車指南》。

16. 事件視界望遠鏡發表委員會由墨西哥的洛伊納德（Laurent Loinard）和我在荷蘭的同事馮朗格維德爾（Huib Jan van Langevelde）帶領，加上美國的納拉揚和沃爾德（John Wardle）。

17. Yosuke Mizuno, et al., "The Current Ability to Test Theories of Gravity with Black Hole Shadows," *Nature Astronomy* 2 (2018): 585–90, https://ui.adsabs.harvard.edu/abs/2018NatAs...2..585M.

18. "UH Hilo Professor Names Black Hole Capturing World's Attention," press release, University of Hawai'i, April 10, 2019, https://www.hawaii.edu/news/2019/04/10/uh-hilo-professor-names-black-hole.

19. 黑洞靠近放大的影片：https://www.eso.org/public/germany/videos/eso1907c.

20. 尼克的音樂影片，包括記者會上拍攝的手機影片及黑洞影像：[Nik], "Wahrscheinlich" (music video), https:/www.youtube.com/watch?v=oaUBCDpsFCw.

21. 對我們提出警告的天文學部落格格主是費雪（Daniel Fischer），

https://skyweek.lima-city.de——感謝你！還有《每日鏡報》（*Der Tagesspiegel*）的奈斯勒（Ralf Nestler）也通知了我們。

第12章：超越想像之外

1. L. L. Christensen, et al., "An Unprecedented Global Communications Campaign for the Event Horizon Telescope First Black Hole Image," *Communicating Astronomy with the Public Journal* 26 (2019): 11, https://ui.adsabs.harvard.edu/abs/2019CAPJ...26...11C.
2. Google 塗鴉：https://www.google.com/doodles/first-image-of-a-black-hole.
3. Tim Elfrink, "Trolls Hijacked a Scientist's Image to Attack Katie Bouman. They Picked the Wrong Astrophysicist," *The Washington Post*, April 12, 2019, https://www.washingtonpost.com/nation/2019/04/12/trolls-hijacked-scientists-image-attack-katie-bouman-they-picked-wrong-astrophysicist.
4. L. L. Christensen, et al., "An Unprecedented Global Communications Campaign."
5. Th. Rivinius, "A Naked-Eye Triple System with a Nonaccreting Black Hole in the Inner Binary," *Astronomy and Astrophysics* 637 (2020): L3, https://ui.adsabs.harvard.edu/abs/2020A&A...637L...3R.
6. 此黑洞的直徑約為 24 公里。
7. 劍橋的斯庫爾伯格（Emilie Skulberg）以黑洞影像的藝術史為主題寫了博士論文。
8. M. Backes, et al., "The Africa Millimetre Telescope," *Proceedings of the 4th Annual Conference on High Energy Astrophysics in Southern Africa (HEASA 2016)*: 29, https://ui.adsabs.harvard.edu/abs/2016heas.confE..29B.

9. Freek Roelofs, et al., "Simulations of Imaging the Event Horizon of Sagittarius A* from Space," *Astronomy and Astrophysics* 625 (2019): A124, https://ui.adsabs.harvard.edu/abs/2019A&A...625A.124R; Daniel C. M. Palumbo, et al., "Metrics and Motivations for Earth-Space VLBI: Time-Resolving Sgr A* with the Event Horizon Telescope," *The Astrophysical Journal* 881 (2019): 62, https://ui.adsabs.harvard.edu/abs/2019ApJ...881...62P.

第13章：愛因斯坦之外？

1. Event Horizon Telescope Collaboration, et al.,"First M87 Event Horizon Telescope Results. I. The Shadow of the Supermassive Black Hole," *Astrophysical Journal Letters* 875 (2019): L1, https://ui.adsabs.harvard.edu/abs/2019ApJ...875L...1E.
2. 關於反物質掉落方式和物質相同的假設，目前歐洲核子研究組織正在進行一個實驗加以測試：Michael Irving, "Does Antimatter Fall Upwards? New CERN Gravity Experiments Aim to Get to the Bottom of the Matter," *New Atlas*, November 5, 2018, https://newatlas.com/cern-antimatter-gravity -experiments/57090.
3. Dennis Overbye, "How to Peer Through a Wormhole," *New York Times*, November 13, 2019, https://www.nytimes.com/2019/11/13/science/wormholes-physics-astronomy-cosmos.html.
4. 關於以資訊為基礎的重力理論的例子，見：Martijn Van Calmthout, "Tug of War Around Gravity," Phys.org, August 12, 2019, https://phys.org/news/2019-08-war-gravity.html; Stephen Wolfram, "Finally We May Have a Path to the Fundamental Theory of Physics . . . and It's Beautiful," stephenwolfram.com (blog), https://writings.stephenwolfram.com/2020/04/finally-we-may-have-a-path-to-the-fundamental-theory-of-physics-and-its-beautiful; Tom Campbell, et al.,

"On Testing the Simulation Theory," *International Journal of Quantum Foundations* 3 (2017): 78–99, https://www.ijqf.org/archives/4105; M. Keulemans, "Leven we eigenlijk in een hologram? Het zou zomaar kunnen," *de Volkskrant*, March 10, 2017, https://www.volkskran.nl/wetenschap/leven-we-eigenlijk-in-een-hologram-het-zou-zomaar-kunnen~bb4boda3/.

5. 事實上，如果以無限長的時間攪拌一碗字母湯，的確有可能隨機產生一本書。問題是我們無法得知此事是否發生，而且除非在正確時刻停止攪拌，這本書在下一瞬間就會消失。與其等待這本書突然出現，實際寫一本是比較有效率的方法。

6. Ethan Siegel, "Ask Ethan: What Was the Entropy of the Universe at the Big Bang?" *Forbes*, April 15, 2017, https://www.forbes.com/sites/startswithabang/2017/04/15/ask-ethan-what-was-the-entropy-of-the-universe-at-the-big-bang.

7. 在量子物理學，我們描述一個量子系統中的資訊保存（也就是波函數的發展）時，會用「么正性」（unitarity）一詞，而測量一個量子粒子的過程則是「波函數的塌縮」（collapse of the wave function）。一個量子粒子的「狀態」和／或波函數只能決定某些測量值的可能性。在量子粒子受到測量前，只能精確測量最有可能的值，也就是幾種測量的平均值。但是，一旦測量到了某個值，就會一直維持不變，直到測量別的東西為止。因此多次測量會改變粒子的值。

8. "Schwarze Löcher erinnern sich an ihre Opfer," Spiegel Online, March 9, 2004, https://www.speigel.de/wissenschaft/weltall/hawking-verliert-wette-schwarze-loecher-erinnern-sich-an-ihre-opfer-a-289599.html.

9. 即使在沒有重力的隔絕量子系統中，資訊也可能熱化而佚失——如果這文章描述的計算正確的話：Maximilian Kiefer-Emmanouilidis, et al., "Evidence for Unbounded Growth of the Number Entropy in Many-Body Localized Phases," *Physical Review Letters* 124 (2020): 243601, https://journals.aps.org/prl/abstract/10.1103/PhysRevLett.124.243601.

第14章：全知與局限

1. 欽定版聖經原文：As the host of heaven cannot be numbered, neither the sand of the sea measure. 耶利米書 33:22。
2. John Horgan, *The End of Science* (New York: Little, Brown, 1997).
3. Ethan Siegel,"No Galaxy Will Ever Truly Disappear, Even in a Universe with Dark Energy," *Forbes*, March 4, 2020, https://www.forbes.com/sites/startswithabang/2020/03/04/no-galaxy-will-ever-truly-disappear-even-in-a-universe-with-dark-energy.
4. Sam Harris, *Free Will* (New York: Free Press, 2012), 5 (Kindle version):「自由意志是一種錯覺。我們的意志根本就不屬於自己的作為。想法和意念從處於背景的原因中浮現，而我們對這些原因毫無知覺，也無法有意識的控制。我們並不擁有自認為擁有的自由。自由意志實際上比錯覺更嚴重，因為意志根本無法擁有概念上的統整性。我們的意志要不是由先前的原因所決定，就是機率的產物，而我們對這些原因和機率都無法負責。」
5. 在這個脈絡下，科學家也開始討論「突現」（emergence）的概念。
6. 熟悉數學的讀者可以參考這個例子：我可以透過傅立葉變換來決定一個光波在平面上的頻率，但我只有對這個波進行從 $-\infty$ 到 $+\infty$ 的積分，才能得到無限準確的值；所以，舉例來說，這個傅立葉變換的正弦函數便會與 δ 函數完全相同。如果我擁有的時間少於永恆，那麼即使是完美的正弦函數，頻率也永遠是不精確的。同理，只有在我擁有無限的頻率或波長時，才可能無限精確的測量一個事件的時間點或位置。但由於每個事件和每個粒子在空間和時間上永遠是有限的，所以測量永遠是不精確的。
7. Natalie Wolchover, "Does Time Really Flow?: New Clues Come from a Century- Old Approach to Math," *Quanta Magazine*, April 7, 2020, https://www.quantamagazine.org/does-time-really-flow-new-clues-come-from-a-century-old-approach-to-math-20200407.

8. Lawrence Krauss, *A Universe from Nothing*: *Why There Is Something Rather than Nothing* (New York: Atria Books, 2014): Pos. 104/3284 (Kindle version).

9. 因此，在宇宙初始，當能量和質量遍布所有空間時，熵實際上比現在還低。每個恆星、行星或人或許可以視為比大霹靂更有「秩序」，但從整個宇宙的尺度而言，幾乎算不上什麼差異。這就好像在遊戲間裡一個裝滿玩具積木的箱子：大霹靂的瞬間，所有東西都在箱子裡，而現在所有東西都分散在廣大的遊戲間中。就算你拿幾塊積木蓋了幾間小房子，整體而言仍是廣大的無序。

10. 可能的例外是「暗能量」，這有可能是真空的能量。

11. 1Martin Rees, *Just Six Numbers*: *The Deep Forces That Shape the Universe* (New York: Basic Books, 2001).

12. K. Landsman, "The Fine-Tuning Argument," arXiv eprints (May 2015): 1505.05359, https://ui.adsabs.harvard.edu/abs/2015arXiv150505359L.

13. 可能的話我很想與霍金討論這個主題，不過我們至少可以閱讀他對此的想法： Stephen Hawking, *Brief Answers to the Big Questions* (London: John Murray, 2018).（中譯本為《霍金大見解》，天下文化出版）

14. 約翰福音 1:1。欽定版聖經原文：In the beginning was the Word, and the Word was with God, and the Word was God.

15. 譯注：因作者的討論著重於 word 作為「話語」的意義，故採用字面上的直譯。

16. 創世紀 11:1-9，巴別塔的建造。在這個著名的故事中，神必須先降下，以便觀看這個塔。

17. 原文「But now abideth faith, hope, love, these three; and the greatest of these is love.」哥林多前書 13:13（易讀版），保羅對愛的讚歌。

科學文化 219

解密黑洞與人類未來

Licht im Dunkeln: Schwarze Löcher, das Universum und wir

原　　著 ── 法爾克（Heino Falcke）、羅默（ Jörg Römer）
譯　　者 ── 姚若潔
科學叢書策劃群 ── 林和（總策劃）、牟中原、李國偉、周成功

總 編 輯 ── 吳佩穎
編輯顧問 ── 林榮崧
責任編輯 ── 吳育燐
美術設計 ── 蕭志文
封面設計 ── 江孟達

出 版 者 ── 遠見天下文化出版股份有限公司
創 辦 人 ── 高希均、王力行
遠見．天下文化 事業群榮譽董事長 ── 高希均
遠見．天下文化 事業群董事長 ── 王力行
天下文化社長 ── 林天來
國際事務開發部兼版權中心總監 ── 潘欣
法律顧問 ── 理律法律事務所陳長文律師　　著作權顧問 ── 魏啟翔律師
社　　址 ── 台北市 104 松江路 93 巷 1 號 2 樓
讀者服務專線 ── 02-2662-0012　　傳真 ── 02-2662-0007；02-2662-0009
電子信箱 ── cwpc@cwgv.com.tw
直接郵撥帳號 ── 1326703-6 號　遠見天下文化出版股份有限公司

電腦排版 ── 蕭志文
製 版 廠 ── 東豪印刷事業有限公司
印 刷 廠 ── 柏晧彩色印刷有限公司
裝 訂 廠 ── 聿成裝訂股份有限公司
登 記 證 ── 局版台業字第 2517 號
總 經 銷 ── 大和書報圖書股份有限公司　　電話 ── 02-8990-2588
出版日期 ── 2021 年 11 月 30 日第一版第 1 次印行
　　　　　　2023 年 11 月 23 日第一版第 2 次印行

國家圖書館出版品預行編目 (CIP) 資料

解密黑洞與人類未來 / 法爾克 (Heino Falcke), 羅默 (Jörg Römer) 著 ; 姚若潔譯 . -- 第一版 . -- 臺北市 : 遠見天下文化出版股份有限公司 , 2021.11
面； 公分 . -- (科學文化 ; 219)
譯自 : Licht im Dunkeln : Schwarze Löcher, das Universum und wir
ISBN 978-986-525-312-7(平裝)

1. 黑洞 2. 宇宙 3. 天文學

323.9　　110015395

定價 ── NT 500 元
書號 ── BCS219
ISBN ── 978-986-525-312-7 ｜ EISBN 9789865253189（EPUB）；9789865253134（PDF）
（德文版 ISBN：9783608983555）
天下文化官網 ── bookzone.cwgv.com.tw

天下文化
BELIEVE IN READING